上海智库报告文库
SHANGHAI ZHIKU BAOGAO WENKU

共商共建共享

全球数据治理的『中国方案』

王健　程海烨　著

上海人民出版社

编审委员会

序

　　智力资源是一个国家、一个民族最宝贵的资源。建设中国特色新型智库，是以习近平同志为核心的党中央立足新时代党和国家事业发展全局，着眼为改革发展聚智聚力，作出的一项重大战略决策。党的十八大以来，习近平总书记多次就中国特色新型智库建设发表重要讲话、作出重要指示，强调要从推动科学决策、民主决策，推进国家治理体系和治理能力现代化、增强国家软实力的战略高度，把中国特色新型智库建设作为一项重大而紧迫的任务切实抓好。

　　上海是哲学社会科学研究的学术重镇，也是国内决策咨询研究力量最强的地区之一，智库建设一直走在全国前列。多年来，上海各类智库主动对接中央和市委决策需求，主动服务国家战略和上海发展，积极开展研究，理论创新、资政建言、舆论引导、社会服务、公共外交等方面功能稳步提升。当前，上海正在深入学习贯彻习近平总书记考察上海重要讲话精神，努力在推进中国式现代化中充分发挥龙头带动和示范引领作用。在这一过程中，新型智库发挥着不可替代的重要作用。市委、市政府对此高度重视，将新型智库建设作为学习贯彻习近平文化思想、加快建设习近平文化思想最佳实践地的骨干性工程重点推进。全市新型智库勇挑重担、知责尽责，紧紧围绕党中央赋予上海的重大使命、交办给上海的重大任务，紧紧围绕全市发展大局，不断强化问题导向和实践导向，持续推出有分量、有价值、有思想的智库研究成果，涌现出一批具有中国特色、时代特征、上海特点的新型智库建设品牌。

"上海智库报告文库"作为上海推进哲学社会科学创新体系建设的"五大文库"之一，是市社科规划办集全市社科理论力量，全力打造的新型智库旗舰品牌。文库采取"管理部门＋智库机构＋出版社"跨界合作的创新模式，围绕全球治理、国家战略、上海发展中的重大理论和现实问题，面向全市遴选具有较强理论说服力、实践指导力和决策参考价值的智库研究成果集中出版，推出一批代表上海新型智库研究水平的精品力作。通过文库的出版，以期鼓励引导广大专家学者不断提升研究的视野广度、理论深度、现实效度，营造积极向上的学术生态，更好发挥新型智库在推动党的创新理论落地生根、服务党和政府重大战略决策、巩固壮大主流思想舆论、构建更有效力的国际传播体系等方面的引领作用。

党的二十届三中全会吹响了以进一步全面深化改革推进中国式现代化的时代号角，也为中国特色新型智库建设打开了广阔的发展空间。希望上海新型智库高举党的文化旗帜，始终胸怀"国之大者""城之要者"，综合运用专业学科优势，深入开展调查研究，科学回答中国之问、世界之问、人民之问、时代之问，以更为丰沛的理论滋养、更为深邃的专业洞察、更为澎湃的精神动力，为上海加快建成具有世界影响力的社会主义现代化国际大都市，贡献更多智慧和力量。

中共上海市委常委、宣传部部长　赵嘉鸣

2025 年 4 月

目　录

前　言 001

第一章　全球数据治理的国际环境和博弈态势 005

第一节　全球数据治理的国际环境 005

第二节　国际数据领域的博弈态势 018

第三节　中国参与全球数据治理的实践 032

第二章　主要发达经济体的数据治理模式 043

第一节　美国：以"美式民主"搭建市场驱动的
"小院高墙" 043

第二节　欧盟：以"充分性认定"打造全球数据监
管影响力 059

第三节　英国、日本：尝试搭建与联通国际
"数据桥" 080

第三章　"全球南方"的数据治理行动 097

第一节　亚洲三大"数据中心"：新加坡、阿联酋、
印度 097

第二节　非洲"数据四小龙"：肯尼亚、尼日利亚、

南非、埃及　　　　　　　　　116

第三节　拉美两大数据"黄金地带"：巴西与智利　132

第四章　**多边机制数据治理焦点：跨境数据流动**　142

第一节　国际与区域组织推动跨境数据流动治理　143

第二节　区域贸易协定的跨境数据流动规制　158

第三节　全球多边跨境数据流动治理的成效和困难　172

第五章　**全球数据治理：困境、挑战与趋势**　177

第一节　全球数据治理的困境　177

第二节　全球数据治理的挑战　182

第三节　全球数据治理的趋势　188

第六章　**共商共建共享：全球数据治理的中国方案**　200

第一节　形成"北京效应"：从理念引领到规则建构的

影响力　　　　　　　　　201

第二节　推动"南北协同"：发展多领域全方位国际

合作伙伴　　　　　　　　211

第三节　坚持"对标输出"：参与制定和适配多边

机制数据规则　　　　　　222

第四节　加快"先行先试"：打造高水平上海国际数

据合作枢纽中心　　　　　231

附录一　中国与全球数据治理相关倡议　　244

附录二　世界主要国家数据领域相关立法及治理行动　　265

参考文献　　290

后　记　　303

前　言

随着数字技术的迅猛发展，数据已经成为数字时代的新型生产要素，驱动数字经济发展的核心引擎，培育新质生产力，扩大数字经济，增长乘数效应的重要动力。数字经济的关键要素，对全球经济、科技、文化等诸多方面产生了深远影响。数据跨境流动对于各国电子商务、数字贸易乃至经济科技文化的交流与合作至关重要，有助于促进贸易便利化，加快产业数字化转型，弥合数字鸿沟，实现以数据流动为牵引的新型全球化。

然而，数据跨境流动也带来了诸多挑战，如国家安全、公共利益、个人隐私以及知识产权等风险问题日益凸显。当前，全球数据跨境治理呈现阵营化、碎片化和无序化趋势，缺乏真正意义上的数据跨境治理方案。中国作为网络大国、数据大国，一直积极推动数据领域的国际合作，探索数字领域规则和秩序，开展数据跨境流动的合作与规范，为破解全球数据治理难题提出有效方案，为全球数据治理贡献中国智慧与中国力量。

国际数据合作领域广泛，涉及全球数据安全和数据治理、数据基础设施合作、多双边数据规则谈判和制定、规范跨境数据流动、科技人才合作等众多领域。数据领域国际合作不仅是中国对外开放合作的一个新领域，也是中美战略博弈的新阵地，具有战略性强、安全性强、关联性强、专业性强的特点，关乎中国国家安全和经济发展，关乎中国在这一领域的国际竞争力、影响力和话语权。

党中央高度重视推动数据领域国际合作和全球治理。2017年12月8日，习近平总书记在第十九届中央政治局第二次集体学习时讲话强调，"要加强国际数据治理政策储备和治理规则研究，提出中国方案"。2023年4月24日，习近平主席在联合国第四届世界数据论坛中指出，中国愿同世界各国一道，在全球发展倡议框架下深化国际数据合作，以"数据之治"助力落实联合国2030年可持续发展议程，携手构建开放共赢的数据领域国际合作格局，促进各国共同发展进步。2024年11月20日，《全球数据跨境流动合作倡议》在世界互联网大会乌镇峰会期间对外发布，习近平主席在亚太经合组织第三十一次领导人非正式会议上指出，这是中国继《全球数据安全倡议》《全球人工智能治理倡议》后，就数字治理关键问题向国际社会提出的又一中国倡议。2024年4月1日，首次全国数据工作会议部署八项重点工作，其中第七项重点任务要求提升数据领域国际合作水平。统筹做好数字经济领域国际合作，完善国际数字治理"中国方案"，持续优化数据跨境流动规则。主动拓展数字经济国际合作也是国家发改委办公厅、国家数据局综合司印发《数字经济2024年工作要点》九个工作部署重点之一，要求加快贸易数字化发展，推动"数字丝绸之路"深入发展，积极构建良好国际合作环境。2025年1月10日召开的全国数据工作会议再次将"着力促进数据领域国际合作深化"作为2025年加快推进数据工作的九项重点任务之一，要求积极参与高标准国际经贸规则建设，打造网络空间命运共同体。2025年4月，国家发展改革委、国家数据局印发《2025年数字经济发展工作要点》，强调加强数字经济国际合作是国家推进2025年数字经济高质量发展重点工作任务之一，提出要加快发展数字贸易，推进海外智慧物流平台建设，促进跨境电商发展，拓展"丝路电商"合作空间，高质量组织 2025 年上海合作组织峰会数字经济论坛，探索数据跨境流动管理新模式。2025 年 5 月，国家数据局还发布《数字中国建设 2025 年行动方案》，强调要坚持以习近平新时代中国特色社会主义思想为指导，全面加强党对数字中国建设的领导，深入贯彻党的二十大和二十届二中、三中全会精神，深入实施《数字中国建设整体布局规划》，加快推动数字领域国际合作，全面提升数字中国建设水平。近年来，中国积极加强与其他国家和地区在数据技术、数据资源开发利用等方面的合作与交流。通过分享经验、共同研发、互利共赢等方式，推动全球数据产业的繁荣发展。截至 2022 年底，中国已与 30 个国家签署电子商务合作谅解备忘录，与 18 个国家和地区签署《关于加强数字经济领域投资合作的谅解备忘录》。中国积极推动数据跨境流动双边国际合作，与德国签署《关于中德数据跨境流动合作的谅解备忘录》、与新加坡数字政策对话机制首次会议就数据跨境领域合作展开交流等。

上海作为全国高水平改革开放的排头兵，必须在推进中国式现代化中充分发挥龙头带动和示范引领作用。上海在数字经济发展方面具有得天独厚的优势，拥有大量的数据资源、先进的数字技术和完善的基础设施。上海正加快建设临港新片区国际数据港先导区、上海数字贸易国际枢纽港临港示范区和虹桥国际开放枢纽全球数字贸易港，在数据跨境流通方面开展前瞻性探索实践，按照"负面清单＋正面指引"的形式，推进重点领域数据跨境分类分级管理，为国家推进数据安全有序跨境流动提供"临港方案"。同时，以建设 DEPA 合作区为切入点，推进电子提单、电子发票、数字身份认证等更多场景落地。

本书将在研判分析全球数据治理的国际环境和博弈态势以及发达经济体和"全球南方"数据较强国家的数据治理模式基础上，着重围绕跨境数据流动这一全球数据治理的焦点问题，从国际组织、区域协定等不同层面切入，对现有跨境数据流动规制做出评估，并从核心议题、面临挑战和发展趋势三个方面展望全球数据治理的重点议程，最终提出共商共建共享的全球数据治理中国方案，即形成"北京效应"，从理念引领到规则建构的影响力；推动"南北协同"，发展多领域全方位国际合作伙伴；立足"对标输出"，参与制定和适配多边机制数据规则；加快"先行先试"，打造高水平上海国际数据合作枢纽中心。

第一章
全球数据治理的国际环境和博弈态势

当今世界，百年未有之大变局加速演进，世界进入新的动荡变革期，大国竞争博弈加剧，国际力量对比发生变化，经济全球化遭遇逆流，新技术产业革命方兴未艾，全球数据领域总体呈现霸权化、阵营化博弈态势，"全球南方"崛起成为新的竞争变量。我们要准确把握数字时代国际环境变化新趋向和国际数据领域博弈新态势，秉持共商共建共享的全球治理观，积极参与全球数据治理。

第一节　全球数据治理的国际环境

百年未有之大变局主要是由全球化深刻调整、国际力量对比深刻变化、新一轮科技革命和产业变革深入发展等历史长周期变动叠加催生而成。地区冲突等因素加快了百年变局的演变，全球数据治理的国际环境突出表现为出现新的动荡和变革。2024年9月22日联合国秘书长古特雷斯在联合国通过《全球数字契约》后表示："技术、地缘政治和全球化改变了权力关系。世界正在经历动荡和转型期。但我们不能等待完美的条件，必须现在就迈出决定性的第一步，更新和改革国际合作，使其更加网络化、公平和包容。"

动荡变革期的主要特点表现为：一方面，大国竞争重归国际政治中心，博弈对抗性上升，阵营对立加剧，全球地缘政治风险点增多；经济全球化遭遇逆流，全球经济复苏乏力，新技术主导的新产业生态可能出现分叉，绿色转型和数字转型引发新的地缘经济之争；全球性挑战依然严峻，传统安全问题的恶化使得应对非传统安全问题变得更为困难和复杂。另一方面，"全球南方"全方位崛起，成为影响全球治理走向的重要变量，我们应积极参与全球治理体系的改革和建设，推动国际秩序朝着更加公正合理的方向发展。

一、大国竞争重归国际政治中心，博弈对抗性上升，　阵营对立加剧，全球地缘政治风险点增多

从2010年美国奥巴马政府提出"亚太再平衡"和2014年克里米亚事件爆发，到"9·11恐怖袭击"后所谓非传统安全替代传统安全的假说破灭，大国竞争的传统安全问题重归国际政治中心。随着特朗普第一任期在2017年12月公布的《国家安全战略》中宣称世界重回"大国竞争"新时代，美国情报界随后便重新定调，其发布的《2018年全球威胁评估报告》提出："大国冲突的风险较之冷战结束以来的

任何时候都要高。"[1]大国竞争突出地表现为俄美对抗和美国对华实施战略竞争。俄美对抗从冷战时期的深度对抗，到后冷战时代的短暂缓和，再到近年来的紧张升级，其演变历程不仅深刻影响着两国自身的命运，更在全球格局中掀起阵阵波澜。2014年后，俄美关系已因乌克兰危机而处于有限对抗与局部合作的状态。2022年乌克兰危机爆发后，俄美关系更是陷入了全面对抗。特朗普第二任期将延续"遏俄弱俄"政策，迫使俄罗斯遭受"战略失败"，即便双方存在因美国内政和国际形势等变化而改善的可能，但概率很小，幅度有限，俄美全面对抗有可能贯穿普京六年任期，甚至延续到2030年代上半期。

中美关系从2010年中国成为第二大经济体后就出现了根本性转变，奥巴马提出"亚太再平衡"战略，声称将把美国海外军事力量的60%部署到亚太地区，把平衡中国作为其全球军事战略的重点。2015年5月，著名美国知华派学者兰普顿更是明确中美关系正在越来越接近"临界点"。2016年特朗普上台并于2017年12月发布《国家安全战略》报告，将中国明确称为"对手"和"修正主义国家"。这份报告是美国开启对华战略竞争的标志。同时，特朗普还提出了"印太战略"，在拜登时期得到了提升与扩展，并形成了以所谓"投资、联盟和竞争"进一步改变中国周边战略环境的"三加一"组合政策，在中国周边不断加强双边军事同盟和小多边同盟，形成更具操作性的协作平台，并在台海、南海等问题上不断挑衅中国的核心利益。特别是2022年《美国国家安全战略》将中国定义为"唯一有

---

[1]　Director of National Intelligence, Statement for the Record，"Worldwide Threat Assessment of the US Intelligence Community"，February 13, 2018.

能力综合运用经济、外交、军事和技术力量对稳定开放的国际体系构成持续挑战的竞争对手"，将未来十年视为决定世界地缘政治竞争的"决定性十年"，而且认为前三至五年更为关键。这也决定了美国将未来十年，特别是未来五年视为遏制中国发展的"最后窗口期"，对中国进行封锁、打压等行动将会更加激进。特朗普第二任期，美国对华战略遏制从而达到消耗中国战略资源的做法不会减弱，只会增强。

同时，在大国竞争的背景下，美国以所谓价值观和意识形态划线，大搞集团政治和阵营化。正如印度地缘政治专家坎坦所指出的那样，美国政府总是喜欢给世界划分阵营，冷战时期搞资本主义与社会主义的阵营对立，而现在又想搞所谓民主政体与专制政体的阵营对立。[1]2022年德国总理朔尔茨在美国《外交事务》杂志撰文指出，世界正面临着时代转型，一个跨时代的构造转变。俄乌冲突结束了一个时代。新的大国已经或重新出现，包括经济强大和政治自信的中国。在新的多极世界中，不同国家和政府模式正在争夺权力和影响力。[2]《2023年慕尼黑安全报告》也将未来国际秩序的变革描述为重新构想的基于规则的自由主义国际秩序与基于专制的威权主义国际秩序之间的竞争，并认为世界正进入争夺未来国际秩序的关键十年。[3]

[1]《印度专家：美国政府总是喜欢给世界划分阵营》，载金羊网，2024年8月3日。

[2] Olaf Scholz,"The Global Zeitenwende: How to Avoid a New Cold War in a Multipolar Era", *Foreign Affairs*, January/February, 2023, https://www.foreignaffairs.com/germany/olaf-scholz-global-zeitenwende-how-avoid-new-cold-war.

[3] "Re: Vision Munich Security Report 2023", MSC, February 2023, https://d3mbhodo1l6ikf.cloudfront.net/2023/Munich%20Security%20Report%202023/MunichSecurityReport2023_Re_vision.pdf.

也正是在大国竞争与阵营对抗背景下，全球地区热点不断加剧，非传统安全领域的挑战愈加严峻。据英国国际战略研究所研究表明，2023年全球共记录了183起地区和地方冲突，这是五年来最高的数量。同时，乌克兰危机延宕至今、巴以冲突持续并显现难以遏制的扩散性效应，叙利亚局势突变、苏丹和埃塞俄比亚内战、缅甸战乱、非洲萨赫勒地区危机等层出不穷。在新的传统安全风险不断出现之际，恐怖主义、气候变化、网络安全、难民危机、粮食安全、公共卫生等非传统安全威胁也在持续蔓延，国际安全形势不稳定性、不确定性更加突出，人类社会亟待通往持久和平与普遍安全世界的指引。

二、经济全球化遭遇逆流，全球经济复苏乏力，新技术主导的新产业生态可能出现分叉，绿色转型和数字转型触发新的地缘经济之争

自2008年全球金融危机以来，国际贸易和国际投资活动的持续放缓引发各界对全球化前景的广泛担忧。英国脱欧、中美经贸摩擦、美国退出一系列国际组织以及新冠疫情等重大事件使得经济全球化遭遇逆流，面临严峻挑战。1970—2020年，全球贸易占全球 GDP 的比重总体显著提升。然而，2008年的全球金融危机和自2020年起的新冠疫情分别对全球贸易产生了显著的负面冲击。同样，自20世纪80年代国际贸易进入"全球价值链时代"以来，全球价值链（Global Value Chain，GVC）贸易在2008年以前的快速全球化时期显著增长，但在此之后出现了停滞甚至下降的趋势，全球价值链扩张逐渐停滞。同时，依赖贸易主导的增长模式遭遇了严重挫折，特别是在重大

突发事件的影响下，全球价值链可能面临断裂风险，对中间品的进口以及国内生产安全造成冲击。加上大国博弈加剧，全球化开始由市场逻辑主导逐渐转向了安全逻辑主导。特朗普第一任期推进贸易保护主义，打"关税战"，推行"脱钩断链"。拜登上台后，发起百日供应链评估，延续了特朗普时期的对华惩罚性关税，并以制止中国"产能过剩"，保护战略产业发展为由对华加征 180 亿美元的关税，逐步形成了以安全、人权等为由的对华贸易管控体系。在此推动下，全球产业链供应链出现了"在岸化""近岸化"和"友岸化"三大趋向。据 2022 年世界经济论坛发布的《转变中的贸易》报告显示：96% 的受访企业表示将更多制造业转移到离本土更近的位置，防止供应链中断。短短一年里，欧洲将制造业和供应商转移到本土市场或附近市场的公司数量比 2021 年增加了 1 倍多。事实上，墨西哥和加拿大已经替代中国成为美国第一和第二大贸易伙伴，东盟自 2020 年以来已经成为中国第一大贸易伙伴，地缘经济已经开始沿着世界政治的裂痕出现分裂。国际货币基金组织第一副总裁戈皮纳特认为，全球经济关系正在以冷战结束以来从未见过的方式发生变化，呈现出越来越碎片化迹象。《世界开放报告 2024》指出，2023 年世界开放指数为 0.7542，同比下降 0.12%，较 2019 年下降 0.38%，较 2008 年下降 5.43%。实际上，部分大国实行的脱钩断链、"去风险"等行为，正在破坏世界经济增长所依托的市场导向和效率优先原则，干扰了正常的国际经贸往来。

需要指出的是，由于美国的关税和管控，中美的直接贸易在彼此整个贸易中所占比例在不断下降，中国占美进口份额已由 2016 年特朗普当选时的 21% 下降至 2023 年的 13%。但是，通过第三国的转口贸易和加大对"一带一路"沿线国家市场的开拓，中国占全球贸易中的整体比重不降反升，在全球出口中所占的份额比 2016 年上升了 1.5 个百分点。麦肯锡全球研究院研究指出，世界对华综合依存度指数从 0.4 上升到 1.2。根据信息技术与创新基金会（ITIF）报告，在全球七个关键先进技术领域，中国在全球市场的份额由 1995 年不到 4%，上升到 2018 年的 21.5%，再到 2022 年的 25.3%。美西方在很大程度上还离不开中国产品，中美贸易更多由以往的直接贸易变成了经由第三方的间接贸易。因此，供应链的市场韧性可能会延缓"全球再分配"时间。当然，美国政府未来会更加审慎或减少与被视为中国企业"后门"的国家谈判新的贸易协定，同时会倾向于向这些第三国加征关税。例如，美国已开始收紧原产地规则及加强海关执法，通过收紧原产地规则，修改关税豁免的"最低限度规则"，施压墨西哥、越南等伙伴国协调外国直接投资审查，并要求这些国家配合提升其进口产品的原产地透明度，提供更多关于钢铁、电动汽车等被加征关税产品的原产国信息，防止中国通过出口、转口贸易和转移投资来规避关税或进入己方市场。特朗普还扬言要通过进一步对华加征至少 60% 的关税、取消中国永久性正常贸易地位（PNTR）和加大高科技封锁以实现所谓的"强脱钩"，同时对其他贸易对象加征 10%—20% 关税，特别是对越南、墨西哥、韩国等对美贸易顺差增加迅猛的国家加征更高关税。因此，美国对华经济围堵将更加疯狂，势必会加剧全球贸易体系的分裂和区域化。

在新一轮科技革命和地缘政治对抗相互叠加的背景下，技术因素对国家间关系尤其是大国关系的构建作用越发突出。特朗普第一任期就发动针对中国的"技术战"，不仅在出口管制、投资审查等领域加大对中国的施压，打击中国领先科技企业，搞"清洁网络计划"，还通过美国司法部主导的"中国行动专项"阻碍中美科技领域的人文交流。拜登政府延续了特朗普第一任期的对华科技战战略，不断以所谓"小院高墙"推动与中国在高科技领域的"脱钩"，逐步形成了对华高科技出口管控、对华投资审查、对华敏感数据审查和对中国产品加征关税这四位一体的防控打压体系。拜登任期末还不断出台措施，对中国芯片产业开展新一轮严厉制裁。这次行动的核心是将136家中国芯片企业列入"实体清单"，实施所谓的"精准打击"。这些企业将面临来自美国的严格限制，涉及技术、设备和原材料等多个层面。美国这次将目标对准了28 nm及以上制程的传统芯片领域。这一举措明显针对中国芯片产业链的整体发展，试图通过限制传统工艺来遏制中国半导体产业的崛起。考虑到美国科技界精英对特朗普的支持，以及副总统万斯、特朗普家族等与硅谷之间错综复杂的社会关系网络，特朗普第二任期的对华科技竞争或将拥有更为坚实的支撑，技术鹰派对中美关系的影响力预计将大幅增强。事实上，与贸易脱钩相比，投资脱钩趋势在外国直接投资（FDI）中最为明显，在外国直接投资中，地缘政治的邻近性越来越超过地理上的邻近性和产业上的经济性。中国在全球绿地外国直接投资中的份额从2018年的11%下降到2021年的5%以下，仅在2023年前三个季度，投资流出就超过1000亿美元。美财政部制定公布了美国对华投资限制监管框架，重点是阻止美顶级风险投资者和私募股权基金转移专利、数据、软件等知识产权等西方无形资产，并发布"拟议规则"，限制或禁止美国人及其控制的非美国实体在受关注国家（目前是中国大陆和港澳地区），开展涉及受限制国家安全技术和产品的相关交易。相对于2023年8月发布的行政令，本次拟议规则对行政命令所涉及的产品或服务范围进行了更进一步的阐释和扩展，新增了先进封装以及极紫外光刻设备相关的内容和引入算力标准、扩展了被禁止和需通知的人工智能领域交易的范围，如涉及集成电路设计、制造或封装的相关国家的投资必须进行通报，涉及超级计算机、电子设计自动化软件、某些制造和先进封装工具以及某些先进集成电路的设计、制造或封装的交易将被禁止，充分体现了美国不断升级对华人工智能领域限制的趋势。由此可见，由于贸易和投资的限制，中美高科技领域的"脱钩"风险极大，今后可能会导致中美相关新产业生态出现分叉，即出现所谓的科技平行世界。

此外，随着绿色转型和数字转型，美西方国家将推动构建具有明显排他性的"俱乐部式"组织。2022年6月底，七国集团（G7）峰会通过《七国集团气候俱乐部声明》，要求对所有进口产品征收全面关税来惩罚气候保护意向较低的经济体。2023年12月1日，由35个国家和欧盟组成的气候俱乐部正式成立，目前成员国已经扩大至41个。同时，欧洲不断推进关税的绿色含量，严格执行《净零工业法案》《关键原材料法案》设定的基准。到2030年，欧洲年度部署的战略零净技术达到其所需制造能力的40%；欧洲关键矿物的生产，对单一第三方供应商的依赖不得超过65%。此外，欧盟已进入碳边境调节机制过渡期，将在2026年起进入实质性实施阶段。《欧盟森林砍伐条例》也已于2023年6月生效，禁止进口某些特定商品，除非企业能证明产品未导致森林砍伐或森林退化。英国已经正式宣布将于2027年1月正式引入碳边境调节措施，美国、澳大利亚、加拿大、日本也在考虑碳关税问题。

同时，围绕关键矿产的地缘政治经济也日趋激烈，锂、钴、镍、锰、镓、铟、稀土等关键矿产被认为是战略性新兴产业和尖端技术开发的"维生素"。国际能源署预测，在清洁能源技术不断部署的推动下，到 2040 年，对关键矿产的总体需求可能会增加六倍之多，其中对锂、石墨、钴和镍的需求将增加 24 至 50 倍。关键矿产的储藏、开采、加工和使用地缘分布不均衡，非常集中于某国或地区，通常前三大生产国的产量占全球总量的 50% 以上。例如，世界锂资源储量主要分布在阿根廷、智利、玻利维亚"锂三角"地区。澳大利亚、智利和中国作为前三大生产国，锂资源产量占全球比重超过 90%。刚果（金）的钴储量占比接近全球的 50%，产量占 70% 以上。镍产量以印尼、菲律宾和俄罗斯居多，占比达到 60%。2022 年以来，美国进一步寻求与欧盟和七国集团等建立一个所谓"金属北约"——矿产安全伙伴关系（Minerals Security Partnership，MSP）。目前，已有美国、澳大利亚、加拿大、爱沙尼亚、芬兰、法国、德国、印度、意大利、日本、韩国、挪威、瑞典、英国和欧盟 15 个成员，并致力于将更多富含矿产的发展中国家纳入其中，以"去风险"名义构建将中国排斥在外的关键矿产供应链并持续扩张。这不仅会进一步加剧中美全面竞争态势，世界各国也被深度裹挟到关键矿产的大国竞争之中，触发关键矿产价格的剧烈波动，影响到相关产业链供应链的稳定和安全。

三、"全球南方"全方位崛起，成为影响全球治理走向的重要变量，中国正积极参与全球治理体系的改革和建设，推动国际秩序朝着更加公正合理的方向发展

习近平总书记指出："全球治理格局取决于国际力量对比，全球

治理体系变革源于国际力量对比变化。""全球南方"的群体性崛起，推动世界格局呈现更为明显的多极化态势。由此，建立在非多极化格局基础上的战后国际秩序已不能充分反映全球力量对比的变化，特别是发展中国家和"全球南方"的政治、经济、文化等权益诉求，使得"全球南方"必然成为战后国际秩序的变革力量。2024年10月24日，习近平总书记在金砖国家领导人对话会上明确指出"'全球南方'群体性崛起，是世界大变局的鲜明标志"。"'全球南方'国家共同迈向现代化是世界历史上一件大事，也是人类文明进程中史无前例的壮举。"[1]"全球南方"的崛起，不仅加速了世界经济格局的演变和世界政治格局的多极化进程，还增强了全球治理体系的平等性、均衡性，促进了全球治理体系不断适应变化的国际政治经济环境，推动全球治理体系朝着更加公正合理的方向发展。

以2010年中国成为世界第二大经济体为标志，"全球南方"（Global South）和发展中国家群体性崛起，正在加速世界经济格局变化。2018年，新兴市场国家和发展中国家对世界经济增长的贡献率已达到80%。根据2023年国际货币基金组织的数据，按购买力平价计算，2007年新兴市场与发展中经济体的国内生产总值已超过发达经济体，2023年占全球的份额将达到58.9%，较发达经济体所占份额高17.7个百分点；预计未来五年新兴市场与发展中经济体的GDP占全球的份额还将进一步上升到61.5%。特别是在未来五年新兴经济体还将保持持续增长态势，平均值将维持在4.0%左右，较发达经济

---

[1] 习近平：《汇聚"全球南方"磅礴力量，共同推动构建人类命运共同体——在"金砖+"领导人对话上的讲话》，载中国政府网，2024年10月24日。

体经济增速的平均值高 2.3 个百分点。美国高盛集团预测，到 2050 年，世界前三大经济体将是中国、美国、印度。根据普华永道按购买力平价推测，到 2050 年，全球前十大经济体中，南方国家的中国、印度、印度尼西亚将位居第一、二、四位。此外，还有巴西和墨西哥等。[1]

"全球南方"崛起促进世界政治格局变化，其战略自主性普遍提高。早在 2012 年，有学者就发现，巴西、印度、印度尼西亚、土耳其、南非、沙特阿拉伯等国的战略自主性在加强，即所谓"全球摇摆国家"（Global Swing States）。[2]2023 年 4 月，《经济学人》又将在中美战略博弈和乌克兰危机中没选边站的印度、巴西、印度尼西亚、土耳其、越南、沙特阿拉伯、埃及、阿联酋、卡塔尔、尼日利亚等 25 个经济体，称为 T25（Transactional 25），即交易型 25 国。他们的人口和GDP 分别占到了全球 45% 和 18%。[3]2022 年 5 月的"东盟—美国特别峰会"上，广大东盟国家的共同呼声是要和平、要合作，不要选边站队，不要分裂对抗。2023 年 2 月，东盟轮值国印度尼西亚表示将坚定致力于地区和平稳定繁荣，主张东盟不能成为任何外部势力的代理人、不能陷入大国博弈的漩涡，发挥其独特优势和经济增长中心作用。

"全球南方"崛起促进全球治理体系改革。在发达经济体参与全

---

[1] "The Long View: How Will the Global Economic Order Change by 2050?," PWC, February 2017, p. 4.

[2] Daniel M. Kliman and Richard Fontaine, "Global Swing States: Brazil, India, Indonesia, Turkey and the Future of International Order", GMF /Center for a New American Security, November 2012.

[3] "How to survive a superpower split", *Economist*, April 11, 2023, https://www.economist.com/international/2023/04/11/how-to-survive-a-superpower-split.

球治理的能力和意愿双双下降的背景下，"全球南方"国家联合自强，积极参与全球治理议程设定，提升了在国际议题上的话语权。2024年，巴西担任二十国集团轮值主席国，秘鲁承办亚太经合组织领导人非正式会议，俄罗斯主办金砖扩容后的首次峰会，显示"全球南方"国家在全球治理中发挥愈加重要的作用。在推动国际金融架构改革上，"全球南方"也发挥了重要作用。2024年亚太经合组织领导人非正式会议上，在发展中国家成员的努力推动下，成果文件之一《马丘比丘宣言》重申将继续推动世贸组织改革，完善其职能，实现经济可持续和包容性增长。金砖国家联合发布的《喀山宣言》也重申有必要改革现行国际金融架构，推动国际金融体系更好反映世界经济格局变化。2024年上海合作组织阿斯塔纳峰会指出，成员国支持进一步完善和改革全球经济治理体系。同年5月，中国和巴西联合发布关于政治解决乌克兰危机的"六点共识"，为停火止战创造条件，已得到超过110个国家的积极回应。9月，中国和巴西会同有关"全球南方"国家在纽约联合国总部举行乌克兰危机"和平之友"小组部长级会议。美国《外交政策》杂志刊文称，当前全球政治中最显著的趋势之一是，"全球南方"正在各个领域发挥更大影响力。

随着金砖国家、上海合作组织等南南合作的平台不断扩大，"全球南方"在联合国等国际组织的影响力和话语权持续增强。例如，在联合国安理会改革问题上，"全球南方"国家呼吁增加发展中国家的代表性，推动国际秩序朝着更加公正合理的方向发展。此外，"全球南方"国家还在推动国际规则和标准的修订，以更充分地反映发展中国家的诉求。2025年，全球治理的"南方时刻"还将延续。"全球南方"国家还将承担一系列全球治理的全球性活动，如巴西将承办金砖峰会和《联合国气候变化框架公约》第三十次缔约方大会，南非将承办二十国集团峰会。如果"全球南方"国家能够抓住机遇，其在全球治理领域的话语权将进一步得到增强。

第二节　国际数据领域的博弈态势

数据作为新型生产要素，是数字化、网络化、智能化的基础，也是未来大国竞争的重点领域。目前，地缘战略思想正在重塑数字空间的未来，主要大国之间在数字地缘战略上的博弈已经拉开序幕。赫伯特·席勒（Herbert Schiller）等学者提出"信息地缘政治"概念，强调信息对于实体空间的影响与控制。当前，国际数据领域的博弈主要呈现以下态势。

一、美国已基本完成数字地缘战略布局，集中力量对华开展数字技术竞争

美国作为全球最重要的数字强国，已基本完成数字地缘战略布局，是全球数字地缘政治中的守成国和霸权国，数字技术的国际政策和各国国内政策都深受美国地缘战略思想的影响。在战略定位上，美国将中国、俄罗斯、朝鲜、伊朗等列为明确的数字地缘战略竞争对手，其中中国是唯一有能力挑战美国数字霸权的国家。拜登政府在一系列战略文件和法律法规中多次强调数字技术对于美国国家安全和全球领导权的重要意义，明确将人工智能、量子科技、区块链等数字技

术领域的主导权视为数字地缘的战略支柱，特别是在人工智能领域对中国进行全方位打压。目前，美国商务部、财政部、国防部分别建立了实体清单、涉军名单等制裁制度，甚至有意推动关键技术领域美国企业对华投资的安全审查机制，全方位审查中国数字企业与美国之间的合作。《芯片战争》作者米勒（Chris Miller）明确提出，算力决定了中美战略竞争的胜负。美国商务部长雷蒙多也表示，人工智能是这一代人的决定性技术。

数据成为下一步美国遏制中国基础研究、数字基建、数字经济发展、数字科技进步的核心关口。美国明确指出中国是直接威胁美国国家数据安全的"外国对手"与禁止获取美国敏感数据的规制对象，限制中国访问的"敏感数据"，涉及人类基因组、生物识别、个人健康等前沿基础研究领域。同时，随着中美紧张局势加剧，美国加大对中国数字基础设施国际合作的打压。例如，对5G的市场封锁和对未来6G的市场隔离；又如推动更多海底电缆绕过中国，中国在海底电缆网络中的影响力正迅速减弱，海外数据中心建设也受到影响。此外，美国还限制TikTok使用、严查大型跨境电商Shein和Temu包裹，并禁止数据经纪商向中国提供相关数字产品与服务，遏制中国跨境电商和数字产业发展。

在能力建设上，美国正加强对数字经济的投入。2022年8月10日，美国总统拜登正式签署《芯片和科学法案》，其中最受关注的是，2022—2026年间联邦政府将提供527亿美元行业补贴，当中390亿美元用于资助企业建设、扩大或更新在美国的晶圆厂，110亿美元用于资助半导体的研究和开发，此外有关半导体行业的投资享受25%的税收抵免。法案整体金额达2800亿美元，分五年执行。这也是美国几十年来少有的产业政策支持，计划为美国半导体产业提供高达527亿美元的政府补贴。在美国白宫发布的相关说明书中，"芯片法案"的目的被概括为降低成本、创造就业、加强供应链以及对抗中国。2024年7月1日美商务部宣称，"芯片法案"通过迄今，已宣布高达295亿美元的拟议资金，涉及11个初步条款备忘录，以振兴美国的半导体产业。[1]

在制度监管上，美国构建与完善从跨境数据"调取到封阻"的安全监管体系，与敏感技术出口管制和外国投资风险审查等形成三大监管支柱。美国对关键技术、产品和服务等安全性持谨慎态度。目前已具备了一套成熟的跨境数据"调取"机制。[2]《澄清域外合法使用数据法》（以下简称《CLOUD法》）将"数据控制商"视作主要监管对象，无论其将数据是否存储在美国境内都应接受管辖，且适用于美国企业和在美国境内运营的外国企业，只要境外企业在经营活动中与美国存在足够的联系，都在约束范围内。[3]美国还以跨国执法与业务往来为由，与盟友及合作伙伴签署了一系列跨境数据流动相关协议，强化其对境外数据的"长臂管辖"权。相比之下，之前对于防范境外调取美国境内的数据，即实施数据流出"封阻"环节的行动相对薄弱。最先在《1986年存储通信法》第2702—2703节涉及对外披露数据作出限制[4]，《CLOUD法》则在此基础上进一步修正。第105条提

［1］ See https://www.commerce.gov/news/press-releases/2024/07/us-department-commerce-announces-preliminary-terms-rogue-valley.

［2］ 洪延青：《"法律战"旋涡中的执法跨境调取数据：以美国、欧盟和中国为例》，《环球法律评论》2021年第1期。

［3］ See "H. R. 4943—CLOUD Act", February 6, 2018, https://www.congress.gov/bill/115th-congress/house-bill/4943.

［4］ See "Electronic Communications Privacy Act of 1986 (ECPA)", https://bja.ojp.gov/program/it/privacy-civil-liberties/authorities/statutes/1285.

出境外需要调取存储在美国境内数据的严苛条件，首先必须满足"有资格的外国政府"认定条件，即拥有良好的法治环境、对获取数据的监管机制与执法能力以及对跨境数据和开放互联网的相关承诺等，还要遵循隐私保护、数据使用最小化、限定范围及数据相互访问等重要原则，以此提升从境外调取美国境内数据的难度。[1]

2024 年是美国加快升级跨境数据安全规制强度、密集性实施对中国"数据脱钩"的关键一年。美国陆续发布多项涉及跨境数据安全的监管新规，包括拜登总统签署的《关于防止相关国家访问美国大量敏感个人数据和美国政府相关数据的行政命令》（第 14117 号行政令），以及美国众议院通过的《2024 年保护美国数据免受外国对手侵害法案》（H. R. 7520，《第 7520 号法案》）和《保护美国人免受外国对手控制应用程序法案》（H. R. 7521，《第 7521 号法案》）等。目前，两份众议院法案均被提交参议院，不排除后续会被参议院通过并最终成为法律的可能。此次升级的多项数据安全监管举措，意在弥补与完善跨境数据"封阻"机制，更强调对数据经纪商和数字科技企业涉及数据、产品与服务等实施"封阻"，以便防范其他法域从境外跨境调取美国境内数据的一系列动作。

在联盟战略上，美国建立美欧贸易与技术委员会，构建美、日、韩、荷等技术和设备封锁联盟。2021 年 6 月美欧宣布设立贸易和技术委员会（TTC），并于当年 9 月举行首次部长级会议。这一跨大西洋经济合作新机制已成为美欧沟通优先事项与促进技术合作的重

---

[1]　夏燕、沈天月：《美国 CLOUD 法案的实践及其启示》，《中国社会科学院研究生院学报》2019 年第 5 期。

要平台，也是美国拉拢欧洲以改变中美欧经济大三角关系的重要制度工具。TTC的主要内容是美欧在信息通信技术（ICTS）、人工智能技术和清洁技术等领域的技术合作，以及在汽车充电基础设施、半导体信息透明等方面的标准联合。2023年1月27日，美日荷三国高层在华盛顿进行闭门会谈并达成协议，日荷两国将启动对华出口半导体设备的管制。最引人关注的是，美国将半导体设备顶流——荷兰阿斯麦（ASML）以及日本东京电子、尼康等公司抬上"出口管制措施"名单，限制其对华出口光刻机。目前，美国将对中国的芯片设备限制逐渐延展到成熟芯片。2024年5月，美国务院正式公布"美国际网络空间和数字战略"，以所谓"技术向善"（tech for good）愿景国际化、制度化，维持民主价值观和制定规则为由，建立排他的"数字团结"联盟，将不可信供应商排除在技术生态之外。受美国影响，《全面与进步跨太平洋伙伴关系协定》（CPTPP）、《区域全面经济伙伴关系协定》（RCEP）等区域多边数字贸易协定对华数字不信任与终止数据跨境流动合作的阻碍增加，美国还试图在二十国集团（G20）、亚太经济合作组织（APEC）、世界贸易组织（WTO）等国际组织形成与其利益相符的政策偏好，尝试将全球治理机构打造成美国对华实施数据制裁的机制。

二、数据领域国际合作呈现政治化与阵营化的分裂态势，但围绕不同议题开展区域治理合作的需求也很迫切

首先，政治化。美西方主要以所谓"民主价值观"划分合作伙

伴，为全球数字合作贴上"民主化"政治标签，用意识形态挤压其
他法域数字发展空间：在多边机制上，美国在 G7 领导人峰会上推动
实施"民主国家可信任的数据自由流动"倡议；推动在《OECD 隐
私框架》（*The OECD Privacy Framework* 2013）和《APEC 隐私框架》
（*APEC Privacy Framework* 2015）[1]，以及在 APEC 框架下的跨境隐私
规则（Cross-border Privacy Rules，CBPR）体系成员国通过提供可互
操作性的机制支持数据自由流动等[2]。美国在 CPTPP 中鼓励成员国
禁止数据存储本地、禁止对跨境数据征税、禁止索要公司源代码等
要求。[3] 在印太地区，美国启动"印太经济合作框架"（Indo-Pacific
Economic Framework for Prosperity，IPEF）回归了印太数字贸易治理
体系，确保跨境数据自由流动与禁止数据本地存储是美国谈判的重点
之一。[4] 同时，《美日数字贸易协定》和《美墨加协定》并行，美国
正不断加强与盟友的跨境数据流动合作。"英美数据桥"将在 2023 年
10 月 21 日生效，英国组织能够将个人数据传输到获得"欧美隐私框

---

[1] "The OECD Privacy Framework 2013", https://www.afapdp.org/wp-content/uploads/
2018/06/oecd_privacy_framework.pdf; "APEC Privacy Framework 2015", https://www.apec.
org/docs/default-source/publications/2017/8/apec-privacy-framework-(2015)/217_ecsg_2015-
apec-privacy-framework.pdf?sfvrsn=1fe93b6b_1.

[2] "Global Cross-border Privacy Rules (CBPR) Framework (2023)", p.21, https://www.
globalcbpr.org/wp-content/uploads/Global-CBPR-Framework-2023.pdf.

[3] "Comprehensive and Progressive Agreement for Trans-Pacific Partnership (CPTPP)",
https://www.dfat.gov.au/trade/agreements/in-force/cptpp/comprehensive-and-progressive-
agreement-for-trans-pacific-partnership.

[4] "Indo-Pacific Economic Framework for Prosperity (IPEF)", https://ustr.gov/trade-
agreements/agreements-under-negotiation/indo-pacific-economic-framework-prosperity-ipef;
周念利、于美月：《美国主导 IPEF 数字贸易规则构建：前瞻及应对》，《东北亚论坛》
2023 年第 4 期。

架的英国扩展"认证的美国组织，也不必再接受风险评估。美欧正统筹双边数字贸易规则，为重新整合全球跨境数据流动规则展开制度合作。2023 年 7 月，《欧美数据隐私框架》生效，美国进一步强化美欧数字联盟关系。[1]

其次，阵营化。全球数据规制呈现三种类型：一是以新兴经济体为代表将维护数据安全放置首位的出境限制策略，倾向通过数据存储本地化、限制数据自由流动等措施保护国家数据安全。面对全球跨境数据流动中存在的各类安全与风险问题，包括中国在内的新兴发展中国家主要通过加强对数据的主权控制，并应用本地化策略来对跨境数据流动实施严格的监管。比如，俄罗斯允许数据在境外传输以及处理，但对于公民的个人信息，则要求必须在本国境内的服务器上存储和处理。印度则不断完善数据本地化政策，要求外来企业建立相应的数据中心，对金融数据强制进行本地化存储。二是以欧盟为代表将个人隐私权前置的规制型策略，依赖于不同法域间形成对个人隐私相同规制水平的能力，从而提升数据流动的成本。《一般数据保护条例》(General Data Protection Regulation, GDPR) 兼顾数据保护和数据自由流动双重目标，通过设立严格的数据保护标准，既保障数据能够在欧盟内部自由流动，又支持数据驱动的创新和经济增长。GDPR的实施对全球数据保护产生了"多米诺骨牌效应"。目前，除了欧盟法域内的国家之外，全球还有至少 20 个国家以 GDPR 为蓝本，制定了非常接近的法律法规，有 14 个国家获得了欧盟委员会的"充分

---

[1]　程海烨、王健：《美欧跨大西洋数据流动的重启及其前景》，《现代国际关系》2023 年
　　　第 10 期。

性决定"认证。总体来看，全球已经有 71% 的国家制定了相关的数据保护立法，9% 的国家正在制定立法，只有 15% 的国家还没有制定。[1] 三是以美国为代表在保护本国敏感与关键数据的基础上、鼓励数据自由流动获得数字经济产业竞争优势，并争夺对数据流出的绝对管辖权。拜登总统签署的《第 14117 行政令》和美国众议院通过的《第 7521 号法案》和《第 7520 号法案》等一系列美国数据安全监管新规，旨在精准保护美国关键与敏感数据，防止外国敌手（foreign adversary）对本国应用程序的控制等。[2] 美国在与其他经济体签订的双边或者多边贸易协议中一直强调有限例外原则，旨在推动数据跨境自由流动，从而利用自身技术市场优势实现数据跨境流动的经济利益最大化。同时，出于维护数据安全和数据霸权的需要，美国对数据采用严格的出口管制并适用长臂管辖。在出口管制方面，美国《出口管理条例》（*Export Administration Regulations*）限制特定领域的数据出口，受管制的技术数据若传输到位于美国境外的服务器，则需获得美

---

[1] Sarah O'Brien, Asélle Ibraimova, "The Fourth Anniversary of the GDPR: How the GDPR Has Had a Domino Effect", May 24, 2022, https://www.technologylawdispatch.com/2022/05/privacy-data-protection/the-fourth-anniversary-of-the-gdpr-how-the-gdpr-has-had-a-domino-effect/.

[2] "Executive Order on Preventing Access to Americans' Bulk Sensitive Personal Data and United States Government-Related Data by Countries of Concern", https://www.whitehouse.gov/briefing-room/presidential-actions/2024/02/28/executive-order-on-preventing-access-to-americans-bulk-sensitive-personal-data-and-united-states-government-related-data-by-countries-of-concern/; "H.R.815—Making Emergency Supplemental Appropriations for the Fiscal Year Ending September 30, 2024, and for Other Purposes", https://www.congress.gov/bill/118th-congress/house-bill/815/text; "H.R.7521—Protecting Americans from Foreign Adversary Controlled Applications Act", https://www.congress.gov/118/bills/hr7521/BILLS-118hr7521rfs.pdf; "H.R.7520—Protecting Americans' Data from Foreign Adversaries Act of 2024", https://www.congress.gov/bill/118th-congress/house-bill/7520/summary/53.

国商务部产业与安全局（BIS）的出口许可。在长臂管辖方面，美国《CLOUD 法》规定无论网络服务提供商的通信内容、记录或其他信息是否存储在美国境内，只要该网络服务提供者拥有、控制或监管上述内容、记录或信息，均需要按照该法令的要求保存、备份、披露。通过《CLOUD 法》，美国将过去数据管辖的数据存储地原则转变为数据控制者原则，扩大了其获取海外数据的权力。此外，外国政府若想通过网络提供商访问调取储存在美国的本国数据，则必须是该法所定义的符合条件的外国政府并满足其要求的一系列条件。[1]

再次，数据领域议题合作需求迫切。在竞争分裂加剧的同时，国际社会意识到在数据隐私泄露、跨国网络犯罪与恐怖袭击事件、人工智能与生物制药等前沿科技领域开展数据跨境流动的重要性与紧迫性，将围绕上述议题进一步深化各国间的合作。此外，全球监管规制力量与新兴科技发展速度不匹配，寻求控制、运用与驾驭科技的方法，也是各国需要共同面对的议题。随着市场和技术的发展瞬息万变，传统监管政策的制定方法，很难从制定和实施的节奏上进行适应。全球在跨境数据、量子通讯、人工智能等前沿领域未形成统一的技术标准与规范共识，各方抢夺规制话语权。同时，科技企业对技术的投入研发与应用能力远超出国家权力控制范围，数字私权力与数字公权力之间存在张力。如何把握监管目标、内容设定，监管的节奏和力度，以及监管的适用性等，各国也需要合作制定相应对策。

---

[1]　参见商务部国际贸易经济合作研究院、上海数据交易所：《全球数据跨境流动规则全景图》。

三、"全球南方"逐渐成为国际数据中心的重要支柱，在数据治理领域的话语权也不断提升，但数据鸿沟仍然在扩大

全球数据中心行业已成为数字时代的基石。2023 年，全球数据中心市场价值为 937 亿美元，预计 2018 年至 2025 年期间的复合年增长率约为 22%，将保持强劲增长轨迹。"全球南方"拥有庞大的数据规模，正呈现爆炸式增长态势，逐步形成发散在各个区域的数据中心。

一是东南亚已建立了大量的数据中心。其中，新加坡是全球十大数据中心之一。新加坡拥有 100 多个数据中心，占东南亚数据中心总容量的 60%。2024 年，数据中心为新加坡带来 12.1 亿美元收入。马来西亚目前拥有大约 50 个数据中心，并正在通过税收减免和其他福利吸引投资者，努力成为该地区的下一个大数据中心。泰国位于东南亚中心地带，拥有约三十个数据中心，于 2023 年 11 月取得重大进展，亚马逊、谷歌和微软同意投资 3000 亿泰铢（约合 84.6 亿美元）在该国发展数据中心基础设施。亚马逊网络服务公司表示，计划在十五年内建立一个数据中心，预算为 50 亿美元。到 2023 年底，印度尼西亚拥有约 73 个现有数据中心，并计划再建设 16 个。雅加达、西爪哇和巴淡岛已成为数据中心的主要枢纽，吸引了本地和外国投资者以及跨国公司。越南目前拥有约三十个数据中心，越南的云和数据中心行业是世界上增长最快的行业之一。越南河内有望成为重要的数据中心，预计到 2028 年，数据中心市场将从 2022 年的 5.61 亿美元增长到 10.4 亿美元，复合年增长率为 10.7%。菲律宾拥有大约 20 个数据中心，马尼拉是建设数据基础设施的首选地点。该行业正在

快速增长，预计该国数据中心的容量将增加五倍，到 2025 年达到约三百兆瓦。

二是非洲地区已经成为全球数据中心新"蓝海"。2021 年非洲数据中心建设市场规模为 21.889 亿美元，预计到 2026 年底将达到 32.371 亿美元，2021 年至 2026 年的复合年增长率为 6.68%。目前，非洲已有超过 100 个数据中心，主要分布在南非、尼日利亚、肯尼亚、埃及和摩洛哥。非洲的数据中心主要集中在南非、尼日利亚、肯尼亚、埃及。南非是非洲的顶级数据中心市场，拥有先进的技术和大量的投资。南非的数据中心市场规模预计在 2023 年将达到 346 兆瓦，并以 15.7% 的复合年增长率增长，到 2029 年预计达到 829 兆瓦。南非的数据中心市场预计将吸引超过 22 万台机架，主要集中在约翰内斯堡和开普敦。尼日利亚的数据中心市场增长迅速，预计到 2026 年将在非洲数据中心市场占据较大份额，其中约 31 亿美元预计将投资于尼日利亚。肯尼亚正在成为东非的技术中心，其数据中心的增长率为 84.45%。微软与阿布扎比的 G42 公司宣布将在肯尼亚建立一个耗资 10 亿美元的"生态友好型"数据中心，项目位于地热资源丰富的奥卡瑞。埃及虽然正在吸引大量投资，但由于缺乏宽松的电信管制制度，其数据中心行业的增长相对较慢。埃及政府建设了数据和云计算中心，由中国能建和华为联合承建，是埃及乃至北非第一个分析和处理大数据的人工智能中心。

三是中东地区数字经济进入加速期，特别是海湾地区正在打造数据中心。海合会国家将数字经济视为"新的石油"。瑞银集团报告认为，到 2030 年，中东地区国家数字经济占国内生产总值（GDP）的比重将从 2022 年的 4.1% 上升到 13.4%。其中，软件、互联网和数据中心将是投资最集中的领域。数字新基建，聚焦5G、数据中心及智慧城市项目需求旺盛，互联网商业、跨境电商平台和电子游戏产业蓬勃兴起，并在人工智能领域发力。中东地区国家十分重视数据中心建设。预计到2029年，中东数据中心市场规模将达到96.1亿美元，较2023年几乎翻一番，凸显了海湾地区成为区域数据中心的战略努力。沙特阿拉伯预计2029年数据中心市场的容量将达到855兆瓦，是目前数据中心容量的两倍，目前约为429兆瓦，包括在建的位于利雅得、吉达和达曼的数据中心，此外投资还集中在沙特阿拉伯的新智慧城市新未来城（NEOM）。阿联酋制定了人工智能战略来支持其发展和进步，将自己定位为人工智能领域的地区和全球领导者。与沙特阿拉伯一样，阿联酋预计到2029年将数据中心容量从346兆瓦增加一倍至841兆瓦。美国数据中心运营商Equinix正在迪拜建设其第四个中心，并计划扩展到其他地区。卡塔尔和巴林等也分别通过"国家愿景2030"和"经济愿景2030"来推进数据中心建设。此外，Center3（stc）、Mobily、Ooredoo和Khazna Data Centers等公司也在投资海湾地区蓬勃发展的数据中心市场。Infobip已在沙特阿拉伯启动运营并建立数据中心，为强大的人工智能和云服务奠定了基础。除了海湾地区，其他中东国家也在积极推动数据产业发展，例如约旦的亚喀巴数字中心于2024年第一季度扩建数据中心，进一步增强中东的数据存储和处理能力。如今，约旦已经成为连接欧洲和印度的海底电缆的关键全球中心和集线点。

四是拉丁美洲的数据中心市场规模在近年显著增长。拉丁美洲数据中心服务市场在2015年的收入为28.7亿美元，2021年增至43.7亿美元。在这些国家中，巴西和墨西哥是最大的市场，分别占总收入的 47.6% 和 25.8%。巴西的数据中心市场尤其活跃，例如 Scala 数据中心在圣保罗开设了容量为 18 MW 的新数据中心，这是拉丁美洲最大的数据中心，总容量达到 90 MW。墨西哥对数据中心行业的吸引力与日俱增，已经成为拉丁美洲的核心技术中心之一。墨西哥目前有 166 个数据中心，是世界十大数据中心枢纽之一。在未来五年内，墨西哥将新建多达 73 个数据中心，到 2029 年，数据中心产业对墨西哥经济的预期贡献将超过 755 亿美元，占墨西哥 GDP 的 5.2%。2024 年 2 月 27 日，亚马逊宣布将在墨西哥投资 50 亿美元建设数据中心，这是该公司迄今为止在拉丁美洲最大的投资项目，进一步提升亚马逊在墨西哥的云计算能力。此外，智利、哥伦比亚、阿根廷和秘鲁也是重要的数据中心市场参与者。例如，智利政府专门提出《2024—2030 年国家数据中心战略计划》，总投资将超过 40 亿美元，将使智利数据中心行业在未来五年内规模扩大一倍。

总之，随着"全球南方"深度参与全球数据治理，其在多边机制中制定数据规则的话语权正不断提升。构建全球统一的数据规则的关键在于多方监管协调并达成共识性协议。东盟在统一区域数据规则方面稳步前进，向国际社会贡献多个从区域层面制定数据领域规则的实践方案。东盟成员国在数据规则治理理念方面存在显著差异，比如印度尼西亚和越南要求数据本地化存储，而新加坡、马来西亚国和泰国等则允许在满足一定数据保护条件下进行数据跨境转移。对此，为了满足成员国需求，东盟推动《APEC 隐私框架》保障，尤其重视个人隐私的国家数据跨境流动安全性，同时提出《东盟跨境数据流动示范合同条款》等灵活性政策，为鼓励数据跨境流动的部分成员国增加双重选择。《APEC 隐私框架》下设的 CBPR 体系相关数据治理规则得到了美国、日本等发达经济体的关注。2023 年 5 月 24 日，欧盟和东盟在布鲁塞尔联合发布了《东盟示范合同条款和欧盟标准合同条款的联合指南》，东盟相关规则也同样得到欧盟的认可。"全球南方"在联合国、G20、金砖国家、上海合作组织等积极制定数据规则。以中国为代表的发展中经济体支持加快落实《全球数字契约》《子孙后代问题宣言》在内的《未来契约》，为数据规则营造包容、开放、安全和可靠的空间。为推动落实联合国相关决议，巴西在 G20 里约热内卢峰会上呼吁各成员国积极制定应对数据泄露、前沿技术领域风险的监管规则；金砖国家喀山峰会宣言同样支持联合国发挥更大作用，突出金砖国家机制在推动全球数据治理、提升发展中国家规则能力建设方面的作用。

然而，全球数字鸿沟仍然还在进一步扩大。发达国家与发展中国家之间的数据接入、数字基建、数字能力、数字产出、数字人才等鸿沟加剧，在人工智能、量子通信、芯片制造等前沿科技领域的发展水平差距拉大。2024 年 4 月 15 日至 19 日，联合国科学和技术促进发展委员会第 27 届会议在瑞士日内瓦举行。与会联合国机构代表警告，随着前沿技术快速发展，数字鸿沟扩大风险不容忽视。贸发会议秘书长蕾韦卡·格林斯潘在开幕会议上表示，人工智能、绿色技术和物联网等前沿技术正飞速发展，可能导致数字鸿沟进一步扩大。这些前沿技术正在重新定义各行各业、劳动力市场以及生产力的本质，带来益处的同时也构成挑战。从网络犯罪、虚假信息到仇恨言论，风险是真实存在的。最大的风险是发展中国家的数十亿人随之落伍。截至 2023 年，低收入国家中只有 37% 的人使用互联网。国际电信联盟秘书长多琳·波格丹-马丁也在会上表示，全球仍有 26 亿人无法使用互联网，无数人处于数字鸿沟"错误的一边"，他们面临着网络安全问题、网速慢、技能不足、经济承受能力不足等挑战。数字鸿沟正在扩大，尤其是在性别不平等方面。以最不发达国家为例，这些国家只有30%的妇女能够使用互联网，这将阻碍数字经济的发展。[1]

第三节　中国参与全球数据治理的实践

全球数据治理是全球治理改革的重要组成部分。数据作为新型生产要素，具有潜在价值大、发展变化新的重要特点。中国是首个将数据作为生产要素的国家，具有数据规模和数据应用优势。当前，中国政府高度重视数据领域法治建设和国际合作，秉持共商共建共享的全球治理观，主要从以下三方面参与全球数据治理实践。

一、围绕数据安全、人工智能、跨境数据流动等新议题　发出全球倡议

当前全球各国纷纷从国家安全和产业应用高度意识到数据作为生产要素和国家资源的重要性。基于各国自身利益出发和基于谨慎或保守的原则，各国正在对数据安全监管和信息技术监管提出具有各自特点的条例或法案，导致数据在国际间跨境流动中存在障碍，无法发挥数据的最大价值。这也使得全球分工合作日益密切的背景下，信息在

---

[1]《联合国机构警告数字鸿沟扩大风险》，载新华网，2024年4月16日。

国际环境下交换共享大大受限。

2020 年 9 月 8 日，中国国务委员兼外长王毅在"抓住数字机遇、共谋合作发展"国际研讨会高级别会议上首先提出《全球数据安全倡议》，指出有效应对数据安全风险挑战，应遵循秉持多边主义、兼顾安全发展、坚守公平正义三大原则。主要内容包括：一是客观理性看待数据安全，致力于维护全球供应链开放、安全和稳定；二是反对利用信息技术破坏他国关键基础设施或窃取重要数据；三是采取措施防范和制止侵害个人信息的行为，不得滥用信息技术对他国进行大规模监控，或非法采集他国公民个人信息；四是要求企业尊重当地法律，不得强制要求本国企业将境外产生、获取的数据存储在本国境内；五是尊重他国主权、司法管辖权和对数据的管理权，不得直接向企业或个人调取位于他国的数据；六是应通过司法协助等渠道解决执法跨境数据调取需求；七是信息技术产品和服务供应企业不应在产品和服务中设置后门，非法获取用户数据；八是信息技术企业不得利用用户对产品依赖，谋取不正当利益。[1]

《全球数据安全倡议》为全球制定数字安全国际规则提供了新的蓝本，推动开启了新的全球进程，并得到多方支持和参与。2021 年 3 月 29 日，《中阿数据安全合作倡议》签署，标志着中阿正致力于打造开放、公正、非歧视的数字发展环境，双方数字领域战略互信和务实合作进入新阶段。[2]同时，该倡议与联合国网络安全领域共识一脉相承，体现了国际社会维护网络和数据安全的共同呼声，有利于弥补

[1]《全球数据安全倡议》，载外交部网站，2020 年 10 月 29 日。
[2]《中阿数据安全合作倡议》，载外交部网站，2021 年 3 月 29 日。

国际规则漏洞，也展现了中国坚持多边主义、推进全球治理的决心。2022年6月，"中国＋中亚五国"外长第三次会晤在努尔苏丹举行，通过了《"中国＋中亚五国"数据安全合作倡议》，呼吁应秉持发展和安全并重的原则，致力于维护开放、公正、非歧视的营商环境，应在相互尊重基础上，加强沟通交流，深化对话与合作，共同构建和平、安全、开放、合作、有序的网络空间命运共同体。[1]

2023年10月18日，习近平主席在第三届"一带一路"国际合作高峰论坛开幕式主旨演讲中提出《全球人工智能治理倡议》，呼吁"各国应在人工智能治理中加强信息交流和技术合作，共同做好风险防范，形成具有广泛共识的人工智能治理框架和标准规范，不断提升人工智能技术的安全性、可靠性、可控性、公平性"，该倡议重点对发展人工智能应坚持"以人为本"理念、"智能向善"宗旨、"安全可控"原则等提出具体要求。[2]这是中国积极践行人类命运共同体理念，落实全球发展倡议、全球安全倡议、全球文明倡议的具体行动，得到国际社会高度关注和积极评价。在人工智能治理领域，中国外交部已先后面向国际社会发布《中国关于规范人工智能军事应用的立场文件》《中国关于加强人工智能伦理治理的立场文件》，而这次提出的《全球人工智能治理倡议》，则更具全局性、战略性视野，不仅秉持了中国在人工智能治理领域的一贯立场，也向世界提出了人工智能治理的基本思路和建设性方案。

2024年7月1日，第78届联合国大会协商一致通过中国主导提

---

[1] 《"中国＋中亚五国"数据安全合作倡议》，载外交部网站，2022年6月8日。
[2] 《全球人工智能治理倡议》，载外交部网站，2023年10月20日。

出的"加强人工智能能力建设国际合作决议"，140多国参加决议联署。决议强调人工智能发展应坚持以人为本、智能向善、造福人类的原则，鼓励通过国际合作和实际行动帮助各国特别是发展中国家加强人工智能能力建设，增强发展中国家在人工智能全球治理中的代表性和发言权，倡导开放、公平、非歧视的商业环境，支持联合国在国际合作中发挥中心作用，实现人工智能包容普惠可持续发展，助力实现联合国2030年可持续发展议程。《全球人工智能治理倡议》是联合国首份关于人工智能能力建设国际合作的决议，得到联合国大会协商一致通过，顺应了广大会员国特别是发展中国家的热切期待，体现了中国对多边主义和联合国的积极支持，是在联合国平台践行人类命运共同体理念的又一重大举措。[1]

2024年11月16日，习近平主席在亚太经合组织第三十一次领导人非正式会议的讲话中，提出"中国正在因地制宜发展新质生产力，深化同各方绿色创新合作，将发布《全球数据跨境流动合作倡议》，愿同各方共同促进高效、便利、安全的数据跨境流动，为亚太高质量发展贡献力量"[2]。随后，在11月19—22日世界互联网大会乌镇峰会期间，发布《全球数据跨境流动合作倡议》，为推进国际数据治理与合作注入强劲动力。《全球数据跨境流动合作倡议》主要包含三个层面的含义：一是弥合全球数据鸿沟、二是实现高水平对外开放、三是开展数据国际合作。[3]一方面，这是继《全球数据安全倡

---

[1]　参见中华人民共和国常驻联合国代表团：《第78届联合国大会协商一致通过加强人工智能能力建设国际合作决议》，2024年7月1日。

[2]　《习近平在亚太经合组织第三十一次领导人非正式会议上的讲话（全文）》，载求是网，2024年11月17日。

[3]　《全球数据跨境流动合作倡议》，载中央网信办网站，2024年11月20日。

议》《全球人工智能治理倡议》后，就数字治理关键问题向国际社会
提出的又一中国方案，明确了中国促进全球数据跨境流动合作的立场
主张和建设性解决思路。在当前国际形势下，对推动国际数据治理规
则制定、促进全球数字经济可持续发展具有示范性的积极作用，也为
进一步推进网络空间命运共同体建设迈出了坚实一步。另一方面，该
倡议有助于促进数据治理规则共识的达成，更为中国深度参与和落实
联合国《全球数字契约》的规则制定与讨论提供中国方案。

此外，中国还积极与各国开展数字经济合作，创建并参与了区域
数据领域的合作架构，在亚太、中东、东南亚、中东欧、中亚、金砖
国家等区域范围内取得了显著的数据国际合作成果。例如，提出《中
国—东盟关于建立数字经济合作伙伴关系的倡议》《金砖国家数字经
济伙伴关系框架》等，制定《跨境电商标准框架》，与各国一道签署
《关于电子商务的联合声明》，并积极推动具有中国特色的"数字丝绸
之路"建设实践平台。

二、积极参与国际数据规则与技术标准制定，推动中国数字经济高水平对外开放

作为国际标准化组织（ISO）和国际电工委员会（IEC）的常任
理事国，中国深度参与国际标准化战略的制定与组织治理的变革，为
国际标准体系的建设贡献诸多中国方案。

中国重点对标国际数据标准，主动调整国内相关规则，建立了统
一的数据分类、数据处理、数据服务集成和数据共享工作流程。ISO/
IEC JTC1/SC32 数据管理和交换分技术委员会在跨行业和领域的数据

管理及交换标准中设立了多个工作组，包括电子业务、元数据、数据库语言和多媒体等。国际电信联盟电信标准分局（ITU-T）数据标准化工作也重点加强了SG13、SG16、SG17和SG20等标准。中国信息技术标准化委员会专门负责对接上述国际标准化体系和业务规则，涵盖基础标准、数据标准、技术标准、平台和工具标准、管理标准、安全和隐私标准、行业应用标准等多个方面。2022年7月7日，国家互联网信息办公室发布的《数据出境安全评估方法》，以及中国电子技术标准化研究院联合中国科学技术大学等36家单位共同研制的《数据安全技术　数据分类分级规则》（GB/T 43697-2024）国家标准等确保数据出境安全的关键法规，初步为中国数据跨境流动形成合规的"中国方案"。

2024年10月28日，全国数据标准化技术委员会成立，重点围绕数据资源、数据技术、数据流通、智慧城市、数字化转型等基础通用标准，以及支撑数据流通利用的数据基础设施标准，保障数据流动利用的安全标准等方面进行统一技术归口。11月23日，国家数据局印发《可信数据空间发展行动计划（2024—2028）》，进一步引导和支持可信数据空间发展，促进数据要素合规高效流通使用，将涉及更多的数据对接流通规则。2025年1月6日，国家发展改革委、国家数据局、工业和信息化部联合印发《国家数据基础设施建设指引》，成为中国国内关于国家数据基础设施建设的首份文件。它明确了行业、区域、企业数据基础设施在国家数据基础设施中的定位，并围绕数据流通利用、算力底座、网络支撑、安全防护等部署了建设任务，为各地区、各行业、各领域结合实际，因地制宜开展数据基础设施建设指明方向。

此外，中国在培养国际专业数字技术人才方面取得显著成就。截至目前，中国已承担 ISO 和 IEC 技术机构秘书处工作 89 个，同时担任 ISO 和 IEC 技术机构主席、副主席职务 88 个。中国成功提出并组建了电子商务、电力机器人、新能源接入电网、脑机接口等领域的国际标准组织技术机构，并在石墨烯、无人机、量子技术、数字孪生、智慧城市、增材制造等新兴技术领域提出了国际标准方案。

表 1-1　数据安全国家标准分行业汇总

标准名称	标准状态	标准内容
大数据服务安全能力要求	GB/T 35274-2017	大数据服务生命周期的安全要求
数据交易服务安全要求	GB/T 37932-2019	数据交易对象安全、交易活动安全、数据交易平台安全
政务信息共享　数据安全技术要求		政务信息共享的数据安全技术要求
大数据安全管理指南	GB/T 37973-2019	大数据活动、角色、职责、风险管理
健康医疗信息安全指南		保护健康与医疗信息的安全管理措施
电信领域大数据安全防护实现指南		电信领域大数据平台建设、运营指南
数据安全能力成熟度模型	GB/T 37988-2019	数据生命周期的安全控制措施、能力成熟度评估模型

资料来源：作者整理汇总。

一方面，中国积极参与国际性、区域性数字领域国际法律规则的制定，以国际、区域合作成果推进国内相关立法的衔接与完善。在联合国、WTO、G20 等国际组织中，中国参与了数字治理核心议题的讨论与谈判。中国支持联合国开发计划署发布的《2022—2025 年数字战略》，并就制定《全球数字契约》向联合国提交了意见书，强调团结合作、促进发展、公平正义、有效治理等四项原则，以及保护数据等七项内容。自 2019 年 7 月至今，中国与美国、欧盟等 76 个 WTO 成员国共同发起与贸易相关的电子商务议题谈判。中国作为重要的参与方和主要提案方，目标是制定高标准的数字贸易规则。中国以建设性的态度参与了所有议题的磋商，先后提出 9 份提案，涵盖 20 余个具体议题，其中大部分提案已被纳入共识。各参与方已在 13 个议题上达成了基本共识，主要涵盖三大领域：促进数字贸易便利化、开放数字环境以及增强商业消费者信任等。

另一方面，中国正借助《全球数据安全倡议》等数字治理方案，探索可供复制的中国示范规则及解释，推动国际数字贸易规则制定的双边、区域和多边谈判，强化国内法治在构建全球数字经济法律体系中的角色与作用，增强中国在数字经济领域的话语权和影响力。中国在 G20 多次为全球数字经济发展、促进数字化转型提出建议。在 2019 年 G20 日本大阪峰会上，中国与 24 个国家和地区的领导人共同签署了"大阪数字经济宣言"，正式启动了"大阪轨道"；在 2022 年 G20 巴厘岛峰会上，中国就数字化转型问题提出了坚持多边主义、发展优先、创新驱动等倡议。中国还与 RCEP、CPTPP、《数字经济伙伴关系协定》（DEPA）等国际高标准多边机制开展数据领域规则谈判与合作。自中国于 2020 年 11 月 15 日成功加入 RCEP 以来，正加快对 RCEP 涉及数据跨境流动相关议题进行完善与修正，以便其更好地与中国国内数据跨境流动规则实践相匹配。同时，中国在 2021 年 9 月和 11 月先后正式申请加入 CPTPP 和 DEPA，对所有条款进行了深入研究，并发布了专门报告。中国已具备对照、适应或接受相关规则的一些基本条件，并在国内设立了自贸试验区和海南自贸港，主动对照相关数字贸易标准先行先试。

三、深化"一带一路"高质量发展与推动"数字丝绸之路"建设

"全球南方"整体崛起，南北关系、东西关系加快调整。中国、俄罗斯、印度、巴西等"全球南方"国家已成为多极化进程中最具能动的力量，正在不断改写世界政治版图，金砖国家机制、不结盟运动、77国集团、南南合作机制等成为构成全球多边主义的重要基础。中国提出共建"一带一路"的重大倡议，包含了"共商共建共享"的全球治理观和"五通"的内容，得到了155个国家和30多个国际组织的响应和参与，成为推动南方国家寻求发展机遇、推进实现现代化的跨国经济合作新载体。

"数字丝绸之路"建设是中国与合作伙伴国家共同发起的数据领域国际合作倡议，合作项目主要集中在数字基础设施、数据中心、智慧城市以及跨境电商等领域。中国与东盟、非洲等国家展开深入合作，项目内容涵盖海底光缆、5G基站等关键数字基础设施建设，同时积极推进"中国—东盟信息港""数字化中欧班列""中阿网上丝绸之路"等项目的数据中心、云计算中心、智慧城市建设，并基于"数字丝路地球大数据平台"实现多语言数据共享。2015年至2024年，"数字丝绸之路"项目中5G及电子通信、数据中心、监控与安全等领域的建设数量位居前三。同时，合作伙伴的范围得到进一步拓展。2023年第三届"一带一路"国际合作高峰论坛数字经济高级别论坛的成功举办，标志着与14个国家共同发布的《"一带一路"数字经济国际合作北京倡议》20条内容正式实施。截至2022年底，中国已与17个国家签订《"数字丝绸之路"合作谅解备忘录》，与30个国家签

订《电子商务合作谅解备忘录》，与 18 个国家和地区签订《关于加强数字经济领域投资合作的谅解备忘录》等。

在中国—东盟"数字丝路"建设中，数字基础设施建设成为双方数字经济合作的标志性项目。中国已经按照"1—3—10—4—6"规划，在东盟多国境内援建了信息基础设施，即 1 个国际海缆登陆站、3 条国际通信海缆、10 路国际陆路光缆、4 个重要通信节点、6 个大数据中心等。中国与东盟多个成员国签署了跨境电子商务合作协议，跨境电商的合作规模、合作领域和便利化程度持续提升，跨境电商产业生态体系日渐完善。中国与东盟的电子商务合作除了涉及商品贸易外，还在技术、经验、投融资等方面开展了深入交流，双方共同致力于智能机器人分拣、自动化智能物流、人工智能客服及电子支付等数字技术的研发与应用。2018 年，阿里巴巴联合马来西亚、泰国等成立了 GET 联盟（全球数字经济教育联盟），为培育数字技术人才、开发数字商业模式、学习数字创新创业经验提供了良好的平台。2019 年，中国首个对国外单一国家建立的数字通道——中新国际互联网数据专用通道建成，致力于推动人工智能、数字处理等技术的开发。

此外，中阿已建立了稳定交流的多层机制合作平台，常态化的多层交流机制将促进双边数字经济合作走深走实。2016 年 12 月，"中国—阿拉伯国家网上丝绸之路经济合作试验区暨宁夏枢纽工程"成为中国与阿拉伯国家开展高层对话、经贸合作、文化交流的网上平台，重点在宽带信息基础设施、卫星应用服务、大数据、云计算、跨境电商、智慧城市等新兴产业领域开展对阿合作。

另外，中非"数字丝绸之路"建设在通信网络和数据中心领域合作成果丰富。非洲使用中方技术推出 5G 网络。2020 年 9 月，华为与摩洛哥电信运营商达成 5G 网络建设合作，华为将尽快部署和开发本地数字生态系统。网络发展得到中企有力支持。中国移动国际有限公司等 9 家机构于 2020 年 5 月宣布将合作投资 2Africa 环非海底光缆系统以服务非洲和中东，并经由东非与其他海缆相连进一步延伸至亚洲。2Africa 全长 37000 公里，在非洲 16 个国家有 21 个登陆点，是全球最大的海缆项目之一，也是非洲覆盖面最广的海缆，建成后将极大提升整个非洲和中东的连接性，为满足上亿用户对 4G、5G 和固定宽带接入的需求打下坚实的基础。中企助力非洲数据中心建设。由中方支持建设的津巴布韦国家数据中心于 2021 年 2 月在首都哈拉雷正式启用，这一项目旨在提升津巴布韦政府的数字化和信息化水平，助力该国吸引外来投资、促进经济转型升级。肯尼亚"2030 年远景规划"重大战略项目孔扎科技新城的数据中心和智慧城市项目由中资企业承建，建成后将为孔扎科技新城政府部门、学校、企业等提供数字基础设施，对于提升肯尼亚数字化水平、打造东非智慧城市样板具有积极意义。

第二章
主要发达经济体的数据治理模式

当前，关于数据治理的博弈主要围绕数据跨境流通、数据存储位置、个人信息保护等核心议题展开，国际数据规则博弈呈现出多元治理机制并存、多套治理模板竞争、多轮博弈持续演进的发展态势。以美国、欧盟、日本为代表的发达经济体正在跨境数据流动监管规则的制定过程中展开多方博弈，试图将符合自身利益诉求的数据跨境流动监管规则推向全球。部分发达国家基于对国际安全、数据主权、个人隐私保护等问题的考虑，采用不同的数据治理方式，对数据跨境流入与流出实施不同程度的监管。

第一节 美国：以"美式民主"搭建市场驱动的"小院高墙"

美国拥有全球数字经济体量最大的显著优势，是大数据诞生的策源地与技术创新的前沿阵地。2022年，美国数字经济蝉联世界第一，达到 17.2 万亿美元；中国位居第二，规模为 7.5 万亿美元。[1]美国已明确以美式民主价值观划分数据领域国际合作伙伴和外国敌手。在与美国盟友与合作伙伴开展数据治理行动时，充分强调美国国家安全、数字经济和数字科技等方面利益全球最大化原则；而面对所谓的"敌手国家"则拉下"数字铁幕"，以此构筑数据领域的"小院高墙"。

一、美国数据战略的三次转型

美国是世界数据领域的领头羊，十分重视数据治理及其对数字经济发展的深远影响。随着国内外数据领域安全、数字经济发展实力对比、数据治理紧迫性等形势变化，美国政府对大数据战略的重要性认知显著提升。美国数据战略在奥巴马政府、特朗普政府和拜登政府时期历经了战略思维的三次转型，即由大数据研发与开放，转向支持数据共享与跨境流动，最后到基于民主价值观的数字合作，充分彰显美国结合时代特征和战略变化及时调整数据规制的特点。

（一）大数据研发与开放：奥巴马政府的《联邦大数据研发战略规划》

美国是全球最早关注大数据的国家之一，美国联邦政府将数据问题纳入战略构思最早始于奥巴马政府。2009 年，热衷于信息技术的时任美国总统奥巴马入主白宫，同年即开通政府数据门户网站，要求各联邦机构将公开的数据和文件按照统一标准分类整合，上传网站，供用户集中检索。它的开通实现了政府信息的集中、开放和共享，极

---

[1]　参见中国信息通信研究院：《全球数字经济白皮书（2023 年）》。

大方便了美国各界对政府数据的利用，也为启动国家大数据战略奠定了思想基础、技术基础和数据基础。

2010 年 12 月，总统科技顾问委员会公开发布了题为《数字未来设计》的报告，强调大数据具有重要战略意义，数据爆炸式增长将带来管控和利用困境，但联邦政府在大数据技术方面的投入不足，应加大投资，将大数据列为优先发展事项。政府部门对大数据的关注度进一步提升。2011 年，美国国家科技委员会专门成立"大数据高级督导组"（Big Data Senior Steering Group），负责确定联邦政府当前需要开展的大数据研发任务，做好部门间的工作协调，制定远景目标。此后，"大数据高级督导组"在大数据战略推进中发挥了重要作用。[1]

美国在全球率先将大数据上升为国家战略。2012 年 3 月，美国国家科学基金会发布《大数据研究和发展倡议》（*Big Data Research & Development Initiative*），指出"大数据是一件大事"，要求提升从大量复杂的数字数据中提取知识和见解的能力，并帮助加快科学和工程领域的发展步伐。《大数据研究和发展倡议》重点提出三大目标：一是要发展前沿核心技术，满足搜集、存储、防护、管理、分析和共享海量数据的要求；二是利用上述技术，推动科学与工程领域的发明创造，增强国家安全，转变教育方式；三是储备人力资源，以满足发展大数据技术的需求。为启动该计划，美国国防部和能源部、国防高级研究计划局、国立卫生研究院、国家科学基金会和美国地址调查局等多个联邦部门和机构宣布将申请 2 亿美元用于在科学研究、国家安

---

[1]　贺晓丽：《美国联邦大数据研发战略计划述评》，《行政管理改革》2019 年第 2 期。

全、生物环境以及教育等领域的大数据技术研发。[1]《大数据研究和发展倡议》颁布后取得的诸多进展解决了不少关键技术难题，在软件工具、硬件设施、人才准备、管理经验等方面皆有突破，为大数据战略的全面实施打下了坚实基础。

为从国家层面对联邦机构的大数据相关项目和投资进行协调与指导，2016 年 5 月，奥巴马政府对"大数据研究和发展倡议"进行补充，正式发布《联邦大数据研发战略计划》，旨在确保美国在研发领域继续发挥领导作用，通过研发来提高美国和世界解决紧迫社会和环境问题的能力，为后续相关战略的完善奠定了基础。《联邦大数据研发战略计划》重点围绕代表大数据研发关键领域的七个战略进行，涵盖了技术研发、数据管理和人才培养等多个方面。[2]

奥巴马政府以《联邦大数据研发战略计划》为标志，为建成国家大数据创新生态系统最终目标指明具体操作与投资方向，将管理战略与技术战略同步推进，同时也强调数据隐私安全战略的重要性。

（二）从数据"技术"到"资产"：特朗普政府第一任期《联邦数据战略》

特朗普政府第一任期内，美国加快了对数据问题的战略规划。2018 年，美国总统管理和预算办公室开始将联邦政府层面的数据战

---

［1］ Rutrell Yasin, "White House launches $200M 'Big Data R&D' initiative", March 29, 2012, https://www.route-fifty.com/digital-government/2012/03/white-house-launches-200m-big-data-rd-initiative/281148/.

［2］ "The Federal Big Data Research and Development Strategic Plan", May 2016, https://obama whitehouse.archives.gov/sites/default/files/microsites/ostp/NSTC/bigdatardstrategicplan-nitrd_final-051916.pdf.

略规划提上日程，来自 23 个机构及联邦政府的 57 名成员组成的团队开始起草《联邦数据战略》和《2020 年行动计划》，并广泛向政府部门、国会、学界和企业界征求意见。2019 年 12 月，《联邦数据战略和 2020 年行动计划》问世。随后，美国国防部等多个部门陆续公布了各自的数据战略，以此响应联邦政府的战略部署，美国数据战略体系由此初具雏形。[1]

《联邦数据战略》核心思想在于"将数据作为一种战略资源"（Leveraging Data as a Strategic Asset），进一步推动数据共享与自由流动。为贯彻这一政策理念，美国将借助政府内外各种社会力量，运用各类技术手段实现这一战略目标。该战略分为使命、原则和实践三部分内容，共同确立了政府机构应如何使用联邦数据的长期框架。首先，制定 40 项具体数据管理实践，重点是支持数据共享与自由流动。总体可分为三个层面：第一，建立重视数据并促进数据共享使用的文化，如通过数据指导决策、评估公众对联邦政府数据的价值和信任感知、促进各个机构间的数据流通等。第二，保护数据，如保护数据完整性、确保流通数据的真实性、确保数据存储的安全性、允许修改数据提高透明度等。第三，探索有效使用数据的方案，如增强数据管理分析能力、促进数据访问的多样化路径等。

其次，提出政府的数据治理框架原则，服务数据跨境流动。伦理方面，应符合基本道德规范，评估联邦数据应用实践对公众的影响，

---

[1] "Federal Data Strategy 2020 Action Plan", https://strategy.data.gov/assets/docs/2020-federal-data-strategy-action-plan.pdf.

确保服务于公共利益；采取合理的数据安全措施，保护个人隐私，确保适当访问和使用数据；促进透明度，阐明联邦数据应用的目的和用途，建立公众信任。意识层面，要确保相关性，保护数据的质量、完整性和可理解性；充分使用现有数据并预期未来用途，注重塑造数据间的互操作性；加强及时响应能力，改进数据收集、分析和传播方式。文化层面，政府机构应投资数据能力培训，促进与数据有关的学习氛围，确保学习的持续性和协作性；培养数据领导者、分配职责，审核数据实践，确立问责制。

再次，确立 20 项具体行动方案，为接下来十年间落实联邦数据战略提供了坚实基础。第一类是机构行动，由单个机构执行，旨在利用现有机构资源改善数据能力。第二类为团体行动，由若干个机构围绕一个共同主题执行，通过一个已建立的跨机构协会或其他现有的组织机制予以协调，将有助于联邦数据战略更快、更一致地实现其目标。第三类可称为共享行动方案，即由单一机构或协会主导，以所有机构为受益人，利用跨机构资源开展行动，为实施联邦数据战略提供政府范围的数据治理引导、指南或工具。

特朗普政府第一任期出台的《联邦数据战略》标志着美国对数据的重视程度持续提升，聚焦点从数据"技术"向数据"资产"转变。该战略不仅从根本上改变联邦政府管理和使用数据，还强调开展数据共享与流动的价值和行动意义。

（三）基于民主价值观的数字合作：拜登政府的《数字战略（2020—2024）》

作为美国第一份强调国际数字合作的政策文件，《数字战略

（2020—2024）》[1]突破了以美国联邦政府为核心、对数据和网络等特定领域专门制定纵向发展战略的传统模式。不仅强调美国与盟友及伙伴国家对发展中经济体部署数字合作行动计划的重要性，而且重视其与美国数字生态体系的对接与协同发展，是美国将数字优势融于国际发展合作、加速成为全球数字领导者的重要指南[2]，也是拜登政府外交政策的中心之一。

《数字战略（2020—2024）》主要围绕以下两大目标展开行动：一是通过负责任地使用数字技术，改善可衡量的发展和人道主义援助成果，增强新兴数字经济体自力更生的数字能力。二是构建数字生态系统的开放性、包容性和安全性，塑造一个自由、和平与繁荣的世界。《数字战略（2020—2024）》具有以下三个特点：其一，将民主价值观置于实施数字合作的首要前提，嵌入双边或多边数字合作协定。对外民主渗透是美国外交政策的基本手段之一。美国国际开发署是美国实施对外民主渗透最重要的机构，使命是向外推广和展示民主价值观，推动塑造符合美式自由、民主和人权的世界。该机构仅支持在包括1789年《人权法案》、1948年《世界人权宣言》等文件基础上开展的国际合作行动。其二，重视与私营部门的合作，呼吁其承担更多的国际责任。尽管美国国际开发署是主要牵头机构，但多次强调政府应与私营部门建立持久、公平的合作关系，通过降低私营部门的投资风险、数字基建成本和减免税收等方式，激励私营部门开展跨国合作。同时，美国国际开发署也支持发展中国家（地区）的数字科

---

[1]　See USAID, "Digital Strategy 2020—2024".

[2]　程海烨：《拜登政府的数字合作战略：意图、行动与限度》，《世界经济与政治论坛》2022年第4期。

技企业与美国政府部门合作，进入全球市场。其三，呈现深化数字合作、收缩对外援助的态势。

拜登政府发布的《数字战略（2020—2024）》凸显了美国以所谓价值观划分国际数字合作伙伴，更加强调美国与盟友及伙伴国家建立长期持久的数字合作关系的重要性，并要求合作伙伴从多个层面承担更多责任、在国际社会维护美国的国家安全与经济繁荣。

二、基于市场驱动的"小院高墙"监管模式

美国重点在促进数据开放流通、保护个人数据隐私、维护国家数据安全和数据权属等方面进行立法规制，对"关键或敏感数据"设置"小院高墙"予以针对性保护与审查。

（一）促进公共数据开放流通

在促进公共数据开放流通方面，美国最早提出"政府数据开放战略"，并搭建了全球首个统一的政府数据开放平台。早在 1966 年颁布的《信息自由法》中，就明确了政府信息应秉持"公开为原则，不公开为例外"的基本要求。

2019 年 1 月，特朗普政府第一任期通过《开放政府数据法》，为政府数据开放和利用提供了更加有力的法律制度保障。一是对收集的数据是否公开进行日常性审查，兼重数据的质量及其利用；二是建立全面的数据清单并定期更新，同时公开联邦数据目录与开发在线存储库；三是设立首席数据官及其委员会的制度；四是建立开放政府数据的报告及评估制度。美国的新法案体现了其结合数字经济的发展特

点，把推进政府数据开放作为增强国家竞争力、赢取全球资源配置优势的重要战略举措，为人工智能等技术产业发展与创新提供数据资源保障。[1]2024 年 4 月 17 日，美国商务部官网还发布《人工智能和开放政府数据资产信息征集请求》，推进透明度、创新以及公共数据资产的负责任使用和传播，包括提供数据驱动的人工智能技术使用等。[2]

（二）保护消费者隐私立法行动

美国正在努力打破以往片段化的立法模式，解决各州在数据保护法律上不一致的问题，数据与隐私保护立法正趋于统一。同时，美国也在进一步加强数据监管力度，为数据主体权利提供坚实的保护，从而维护国家安全和数据主权。

《隐私权法案》(1974) 的颁布标志着美国是世界上最早立法对隐私权进行保护的国家。但在保护消费者隐私方面，美国联邦层面仍未通过统一的数据隐私保护相关法律法规。2022 年 6 月 3 日，美国参议院和众议院发布《美国数据隐私和保护法草案》，尝试通过数据使用最小化和主体分层适用性，对消费者个人隐私进行保护；2024 年 4 月 7 日，美国两党和两院联合公布《美国隐私权法草案》，尽管再次彰显美国联邦政府在数据隐私领域统一监管的决心，但两部草案目前

---

[1] "Open, Public, Electronic, and Necessary Government Data Act or the OPEN Government Data Act", March 29, 2017, https://www.congress.gov/bill/115th-congress/house-bill/1770.

[2] "Request for Information: AI-Ready Open Government Data Assets", April 17, 2024, https://www.commerce.gov/news/blog/2024/04/request-information-ai-ready-open-government-data-assets.

仍然没有通过。对此，美国各州与各行业分别制定了相关法律法规，不断尝试对侵犯隐私行为进行法律规制。

目前，美国出现了两种不同的立法模式，一种是以《加州隐私权法案》为代表，赋予消费者限制经营者使用和披露敏感信息的权利、设立专门的隐私保护机构等，并建立综合性与全面性的监管框架和立法体系。另一种是专门针对受法律管辖实体如个人、公司、信托机构等进行针对性且有限度的监管。

在各州层面，自 2018 年第一部具有综合性的《加州消费者隐私法》和随后的《加州隐私权法案》通过，美国各州有关隐私法案的提案数量每年都在增加。2025 年 1 月 1 日至 2026 年 1 月 1 日，美国内布拉斯加州、新罕布什尔州、新泽西州、明尼苏达州、马里兰州、肯塔基州和罗得岛州等七个州的隐私法或将生效。2024 年，美国共计约有 12 个州通过 19 部隐私法案。[1]

此外，美国在通讯、金融、教育、医疗健康、儿童保护、汽车、劳动等各领域均有设置与保护隐私权相关的法律条款。例如，《金融隐私权法案》对银行雇员披露金融记录及联邦立法机构获得个人金融记录的方式进行限制；《健康保险隐私及责任法案》规定个人健康信息只能被特定的、法案中明确的主体使用并披露，个人可以控制了解其本人的健康信息，但要遵循一定程序标准；《儿童在线隐私权保护法案》规定了网站经营者必须向其父母提供隐私权保护政策的通知，以及网站对 13 岁以下儿童个人信息的收集和处理原则与方式等。

---

[1]　Müge Fazlioglu, "US State Comprehensive Privacy Laws Report", https://iapp.org/resources/article/us-state-privacy-laws-overview/.

（三）构建与完善跨境数据 "调取与封阻" 的立法体系

2015 年，奥巴马政府通过美国《2015 年网络安全法》（*Cyber Security Act of 2015*），成为美国规制网络安全信息共享的一部较为完备的法律。该法由《网络安全信息共享法》《国家网络安全促进法》《联邦网络安全增强法》和《联网网络安全人事评估法》等四部法律和一系列网络事项构成，首次明确了网络安全信息共享的两类范围（即 "网络威胁指标" 和 "防御性措施"），为私营部门和联邦政府建立了自愿网络安全信息共享的机制。该法还规定了私营部门共享网络安全信息的责任豁免，并授权包括联邦政府以外的各种实体监测某些信息系统并进行防御性操作和网络安全措施。此外，该法通过了针对 2002 年《国土安全法》的相关修订，例如增强国家网络安全能力、加强联邦机构网络安全保护、评估联邦政府的网络安全工作人员，以及实施一系列提升网络安全的措施等，有力推动了美国公私实体共享网络安全威胁信息，改善美国网络安全环境，是迄今为止最重要的美国网络安全综合性政策立法。

从特朗普政府第一任期到拜登政府，美国已经构建与完善从跨境数据 "调取到封阻" 的安全监管体系，与敏感技术出口管制、外国投资风险审查等形成三大数据安全监管支柱。

关于防范境外调取本地数据，最先在《1986 年存储通信法》（ECPA）第 2702—2703 节涉及对外披露数据作出限制[1]，《澄清境外数据的合法使用法案》则在此基础上进一步进行修正，第 105 条提出

---

[1] "Electronic Communications Privacy Act of 1986 (ECPA)", https://bja.ojp.gov/program/it/privacy-civil-liberties/authorities/statutes/1285.

境外需要调取存储在美国境内数据的严苛条件，首先必须满足"有资格的外国政府"认定条件，即拥有良好的法治环境、对获取数据的监管机制与执法能力以及对跨境数据和开放互联网的相关承诺等，还要遵循隐私保护、数据使用最小化、限定范围及数据相互访问等重要原则，以此提升从境外调取美国境内数据的难度。[1]拜登政府任期内，美国众议院通过的《2024年保护美国数据免受外国对手侵害法案》（H.R.7520）和《保护美国人免受外国对手控制应用程序法案》（H.R.7521）在今后或有机会防范境外调取美国境内的数据存储。

关于跨境调取海外数据，2018年3月23日，时任美国总统特朗普签署《CLOUD法》并正式生效，旨在解决美国政府与海外数据存储地之间的法律冲突，赋予美国政府在符合特定条件下访问境外存储在美国企业数据的"长臂管辖"权力，同时也规定了外国政府请求美国企业提供存储于美国境内的数据的条件和程序。《CLOUD法》将"数据控制商"视作主要监管对象，无论其将数据是否存储在美国境内都应接受管辖，且适用于美国企业和在美国境内运营的外国企业，只要境外企业在经营活动中与美国存在足够的联系，都在约束范围内。[2]美国为确保其信息通信产业和数字经济领域的全球领先优势，在主张数据跨境自由流动的同时，还通过"长臂管辖"规则获取国外数据，通过出口管制、外资审查等制度对数据出境设置了诸多限制。比如，敏感产品技术出口管制主要涉及《国际紧急经济权力法》

---

[1] 夏燕、沈天月：《美国CLOUD法案的实践及其启示》，《中国社会科学院研究生院学报》2019年第5期。

[2] "H.R.4943-CLOUD Act", February 6, 2018, https://www.congress.gov/bill/115th-congress/house-bill/4943.

（IEEPA）、《1979 年出口管理法》（EAA）以及重点对新型基础技术和数据出口与披露进行严格管制的《2018 年出口管制改革法》（ECRA）等。此外，《2018 年出口管制改革法》和《2018 年外国投资风险审查现代化法》（FIRRMA）还形成了涉及外国投资安全、信息通信技术和服务供应链安全等审查的联动机制，旨在将涉及关键数字基建、敏感数据等美国企业对外投资纳入管辖范围。在此基础上，拜登总统还签署了《关于防止有关国家访问美国人的大量敏感个人数据和美国政府相关数据的行政命令》（2024）等，更加强调数据安全高于公民隐私保护，并将"关键敏感数据"作为规制落脚点、数商交易作为规制切入点，构建以数据跨境流出为主的美式数据安全监管框架。[1]2024 年12 月 27 日，美国司法部发布应对外国敌手获取美国公民敏感个人数据所带来威胁的最终规则，但并没有对美国人大量敏感个人数据或美国政府相关数据的物理或电子存储施加通用的数据本地化要求，也没有要求在美国境内设立计算设施来处理此类数据。[2]可见，美国数据规则总体正逐渐呈现收缩态势。

三、美国数据治理理念的国际推广："美式民主"与"小院高墙"

拜登政府更加强调基于"美式民主"的国际合作，以所谓价值

---

[1]　程海烨、王健：《美国升级跨境数据安全规制新动向》，《现代国际关系》2024 年第12 期。

[2]　"Justice Department Issues Final Rule Addressing Threat Posed by Foreign Adversaries' Access to Americans' Sensitive Personal Data", December 27, 2024, https://www.justice.gov/opa/pr/justice-department-issues-final-rule-addressing-threat-posed-foreign-adversaries-access.

观划分国家间关系成为美国外交政策的主流。在 2021 年 G7 领导人峰会上，时任美国总统拜登提出，只有民主国家才能参与国际合作。2021 年 12 月，拜登总统在美国首次举办的民主峰会中正式提出"国际数字民主倡议"，强调数字技术应为民主国家服务，主张将民主原则融入数字技术发展，打击数字威权主义。2023 年 3 月 30 日，时任美国国务卿布林肯在第二届民主峰会上围绕"推进技术、促进民主"主旨演讲，表示"我们必须支持一个正面的、由价值观驱动的并且尊重权利的数字时代民主愿景"[1]。

基于"美式民主"的数字合作体现在拜登政府的诸多政策文件中。例如，拜登政府注意到中国已在数字基础设施建设、技术开发等关键领域形成影响力。《数字战略（2020—2024）》彰显了美国已与盟友和伙伴国家共建"数字民主俱乐部"，为全球数字合作贴上"美式民主"的政治合作标签。同时，欧盟也将塑造以欧洲人权为中心、以欧洲民主为基础的数字秩序，确保欧盟与其他合作伙伴在全球数字地缘政治合作中的安全性。部分国家要求对数据实现本地存储的行为则被西方国家看作是"数字铁幕制度"和"数字保护主义"。又如，拜登政府推动签署《欧美数据隐私框架》，标志跨大西洋数据流动的重启在一定程度上是追求西方民主和人权的国家之间寻求合作的一种政治表态，意在用西方民主国家的价值观重塑全球数字地缘政治格局，承认西方民主化意识形态则是美欧今后在全球数字规则博弈中要

---

［1］ Antony J. Blinken, "Secretary Antony J. Blinken on Advancing Technology for Democracy", March 30, 2023, https://www.state.gov/secretary-antony-j-blinken-on-advancing-technology-for-democracy/.

求其他国家或地区选边站的首要态度。[1]

目前特朗普政府第二任期奉行强硬与进攻性的"美国优先＋保护主义"外交政策，对中国态度继续强硬，数据政策将更加激进。特朗普在其执政和竞选期间，坚持一切以"美国优先"为核心原则，具有强烈的民族保护主义特征。特别是强调中国是威胁，而不是竞争对手，这也将蔓延到数据领域。在数据安全领域，"美国优先"理念主要聚焦以下两点：一是稳固美国国家数据主权和安全。特朗普当前竞选总统的核心主题是"报复"，强调打压侵犯美国国家数据主权与安全的一切行为。二是确保美国情报优先，通过数据与网络等科技建立间谍网和情报战更加严密。

目前，美国正在打造基于美式民主的跨境数据流动合作圈，对"敌手国家"构筑"小院高墙"，实施"数据脱钩战略"。首先，强化技术联盟策略的关键是盟伴立场、行动一致与互操作性。[2] 在G7领导人峰会上推动实施"可信任的数据自由流动倡议"；推动在《OECD 隐私框架》和《APEC 隐私框架》，以及在 APEC 框架下的CBPR 体系中要求成员国通过提供可互操作性的机制支持数据自由流动等。CPTPP 也鼓励禁止数据存储本地、禁止对跨境数据征税、禁止索要公司源代码等要求。在印太地区，美国通过启动《印太经济繁荣框架》回归印太数字贸易治理体系，确保跨境数据自由流动与禁止数据本地存储是美国谈判的重点之一。这意味着即便盟友及伙伴国家之间的数据保护或监管机制存在差异，数据仍具有在不同监管框架之

---

[1]　程海烨、王健：《美欧跨大西洋数据流动的重启及其前景》，《现代国际关系》2023 年第 10 期。

[2]　唐新华：《美国技术联盟策略演变与国际战略格局重塑》，《当代世界》2024 年第 5 期。

间流动的可能性。

其次，团结盟友及伙伴国家构建以"美国利益优先"为前提的数据跨境流动合作生态圈，维护美国获取境外数据的稳定渠道，形成相互间数据自由流动的闭环模式。美国正以维护网络秩序与国家安全、促进数字自由贸易为由，借此掌控与盟友间的跨境数据流动规则，引导各方在美式模版下开展相关数字合作，并以"美式民主"价值观驱动，实现美国在跨境数据国际规制体系建构中的数字霸权。《欧美数据隐私框架》标志着美欧两种不同监管法域再次就跨大西洋数据流动达成第三次共识性协议。《美墨加协定》（USMCA）在跨境数据自由流动、数据存储非强制本地化等条款中剔除与监管、公共安全等例外规定，进一步体现了"美式规则优先"的倾向。此外，美国还与韩、日、澳、英等盟友签署多个涉及跨境数据流动的双边数字贸易条约，形成以美国利益优先的多边规制体系。

再次，实施对中国等部分国家"数据脱钩"战略，将相关国家封锁进"数字孤岛"，从而形成以美国数据安全为核心的跨境数据监管体系。美国两党和战略界已树立起将中国视为美国"最大地缘政治威胁"和"国际秩序首要挑战"的一致共识。[1]美国此次升级跨境数据安全的监管政策，揭露其对中国正实施"数据脱钩"和"小院高墙"策略。根据美国在全球数字技术监管体系的战略布局，将中国等相关国家排除在外，并借助数据安全审查和数据出口管制等不断加深"高墙"政策，阻断数据流入中国，迫使其与全球"数据脱钩"，最终

---

[1] Christopher Carothers and Taiyi Sun, "Bipartisanship on China in a Polarized America", *International Relations*, September 26, 2023, https://doi.org/10.1177/00471178231201484.

成为"数据孤岛"、迟滞数字科技发展。[1]但在金融服务、支付处理、监管合规等相关交易，以及美国跨国公司内部辅助业务运营、美国联邦政府资助的医疗与研究活动、联邦法律或国际协议要求或授权的交易等，均可实现数据跨境流动。

综上，美国对关键敏感数据的监管正在加速收紧，将不断出台数据跨境监管政策，数据跨境主张发生持续变化，以此服务基于美式民主的数据领域"小院高墙"。

第二节　欧盟：以"充分性认定"打造全球数据监管影响力

欧盟强调建设欧洲"共同数据空间"和"单一数据市场"，从GDPR 到《人工智能法》，欧盟正持续在个人隐私保护、跨境数据流动、数据安全、数字平台、数据交易、人工智能等多项新兴数据领域为全球数据规则制定模版，由此揭开欧盟实现"布鲁塞尔效应"的历史新篇章。

一、欧盟宏观数字战略规划蓝图

欧盟正着力构建系统的数字治理规范，引领全球数据规则"游

---

[1]　黄日涵、高恩泽：《"小院高墙"：拜登政府的科技竞争战略》，《外交评论（外交学院学报）》2022 年第 2 期。

戏"。近两年，欧盟陆续推出一系列以追求"技术主权"和"数字主权"为旗号的数字化转型战略和政策文件，如《塑造欧洲的数字未来》《欧洲数据战略》《欧洲的数字主权》《2030 数字罗盘：欧洲数字十年之路》计划等。

（一）《塑造欧洲的数字未来》：欧洲数字战略宏观图景

　　欧盟委员会于 2020 年 2 月 19 日发布《塑造欧洲的数字未来》战略文件，提出欧盟数字化变革的理念、战略和行动，希望建立以数字技术为动力的欧洲社会，使欧洲成为数字化转型的全球领导者。[1] 未来五年欧盟将重点关注三大目标：

　　第一，开发"以人为本"的技术。主要包括为所有欧洲人投资数字能力建设、保护人们免受网络威胁、确保以尊重个人权利并赢得其信任的方式开发人工智能等；加快为欧洲家庭、学校和医院推出超高速宽带；扩大欧洲的超级计算能力，为医药、运输和环境开发创新解决方案等。围绕这一目标，欧盟将开展以下关键行动，重点包括：提供可信赖的人工智能立法选择；在人工智能、网络、超级计算和量子计算、量子通信和区块链领域建立和部署尖端的联合数字能力；通过修订《降低宽带成本指令》、更新 5G 和其他行动计划，加快对欧洲千兆位互联网络的投资；建设用于互联和自动交通的 5G 走廊；实施欧洲网络安全战略，建立联合网络安全部门，推动网络安全单一市场；实施数字教育行动计划，强化数字技能等。

---

[1]　"Shaping Europe's Digital Future", 2020, https://eufordigital.eu/wp-content/uploads/2020/04/communication-shaping-europes-digital-future-feb2020_en_4.pdf.

第二，发展公平且有竞争力的数字经济。建设充满活力的创新社会，使快速成长的初创企业及中小企业能够获得融资并发展壮大；通过《欧盟数字服务法》加强在线平台的责任并阐明在线服务的规则；确保欧盟规则适合数字经济目标；确保所有公司在欧洲公平竞争；在保护个人和敏感数据的同时，增加对高质量数据的访问渠道。围绕这一目标，欧盟开展的关键行动涉及实施《欧洲数据战略》，使欧洲成为"数据敏捷经济"的全球领导者；持续评估和审查"欧盟竞争规则"对数字时代的适用性，并发起行业调查；通过《数字服务法》一揽子方案进一步探讨事前规则，以确保市场公平；提出产业战略一揽子计划，以促进向清洁、循环、数字和具有全球竞争力的欧盟产业的转化；构建实现便利、具有竞争性和安全性的数字金融框架；应对经济数字化带来的税收挑战等。

第三，通过数字化形成开放、民主和可持续的社会。主要包括利用技术帮助欧洲在 2050 年前实现气候稳定；减少数字部门碳排放；授权公民更好地控制和保护其数据；建立欧洲健康数据空间，促进有针对性的研究、诊断和治疗；对抗线上虚假信息，提供多样化和可靠的媒体内容等。围绕这一目标，欧盟开展的关键行动包括：通过新的和修订的规则加深数字服务内部市场；修订数字身份认证欧洲电子签名及信任体系（eIDAS）规范，以提高其有效性；通过"媒体和音像行动计划"支持相关部门的数字化转型；实施"欧洲民主行动计划"，提高民主系统的适应性，支持媒体多元化，应对欧洲选举中外部干预的威胁；通过"目标地球"计划开发高精度的数字地球模型以改善欧洲的环境预测和危机管理能力；实施"循环电子计划"，保障设备的设计具有耐用性、可维护性、可拆卸性、重复利用性和再循环性；在

2030 年前实现稳定气候、高能效和可持续的数据中心计划，采取措施提高电信运营商的环境友好性；促进基于欧洲通用交换格式的电子健康记录，使欧洲公民可以安全地访问和交换健康数据；构建欧洲健康数据空间，提高健康数据的安全性和可访问性等。

此外，战略文件提出欧洲作为一个全球参与者，要成为数字经济的全球榜样，支持发展中经济体走向数字化，制定数字标准并在国际层面推广。欧洲还将制定"全球数字合作战略"，发布关于外国补贴措施和标准化战略，部署符合欧洲法规的互操作技术等。

（二）《欧洲数据战略》：创建欧洲单一市场，成为全球数据中心

2020 年，欧盟发布《欧洲数据战略》，目标是确保欧盟成为数据驱动型社会的领导者，核心为维护数据主权、提升全球竞争力。该战略提出欧盟未来五年实现数字经济所需的政策措施和投资策略，将在尊重欧洲"以人为本"的核心价值观基础上，通过建立跨部门治理框架、加强数据基础设施投资、提升个体数据权利和技能、打造公共欧洲数据空间等措施，将欧洲打造成全球最具吸引力、最安全和最具活力的"数据敏捷经济体"。[1]

《欧洲数据战略》的目标是让欧洲成为全球数据中心，涉及两大核心支柱建设，即欧洲共同数据空间和欧盟人工智能。

欧洲共同数据空间是欧洲数据战略的基石，它能够将必要的数据基础设施与数据治理机制相结合。首先，通过欧洲公共数据空间实现

---

[1] "A European Strategy for Data", February 19, 2020, https://eur-lex.europa.eu/legal-content/EN/TXT/?uri=CELEX%3A52020DC0066.

安全且高效的数据共享环境，允许数据在不同机构和行业之间自由流动。数据共享环境不仅包含个人数据，还包括商业和工业数据。欧洲共同数据空间通过统一的规则和标准，确保数据的安全和隐私保护，同时促进数据的可访问性和利用率。欧盟计划在多个战略行业建立共同数据空间，通过提供共享数据的工具和平台，促进各行业的数字化转型和创新。其次，建立强有力的治理机制和信任框架。欧盟将制定统一的规则和标准，确保数据在整个欧盟范围内的自由流动和安全使用。为了提升共同数据空间的可信度，欧盟正在投资于标准制定、工具开发和最佳实践的收集，增强数据空间的互操作性和安全性，促进数据驱动的经济和社会价值的创造。再次，欧洲共同数据空间的建设需要大量投资。欧盟委员会计划在2021—2027年间筹集40亿至60亿欧元，用于共同数据空间和云基础设施项目的开发和实施，确保其数据经济的持续增长和竞争力。与此同时，欧盟鼓励各国和行业参与数据空间的建设，推动公共和私营部门的投资。目前，欧盟重点打造工业、绿色、公共交通、健康、金融、能源、农业、技能和公共管理等九类数据公共空间建设。

人工智能发展是欧盟数字化战略又一重要支柱。欧盟委员会发布《欧盟人工智能白皮书：走向卓越与信赖的欧洲方法》，提出建立一个高度发达并可信的人工智能产业创造更好的政策环境，鼓励私营和公共投资相互合作，调动价值链各环节的资源和各方积极性，加速发展人工智能。一方面，欧洲在工业和专业市场具有较大优势，拥有十分出众的研究中心、创新型初创企业，而且在机器人、竞争激烈的制造业、服务业等领域占据世界领先地位，覆盖汽车、医疗保健、能源、金融服务和农业等领域。欧洲已经发展出强大的计算基础设施（如高性能计算机），还拥有大量的公共和工业数据，具备公认的低功耗的安全数字系统优势，对人工智能的发展十分关键。欧盟通过在下一代技术和基础设施方面以及数字能力方面的投资，增强欧洲在关键技术和基础设施方面的技术主权，基础设施应当支持创建欧洲数据池，支持可信的人工智能。另一方面，欧洲在量子计算、量子模拟器等方面具有强大优势，将继续引领人工智能算法基础的进步。此外，抓住下一代人工智能专用处理器的关键是研发低功耗电子产品。欧盟正加快在整个欧盟经济和公共行政部门层面建立一个支持人工智能发展和采用的"卓越的生态系统"，推进科研创新、中小企业发展、数据和计算基础设施访问、国际合作等八项行动。同时，建立可信任的人工智能监管架构。第一层是负责立法和政策制定的欧盟层面；第二层是负责通报、评定、监管市场的成员国层面；第三层是对人工智能系统开发、训练、测试、部署、运维等活动进行全面监管的人工智能系统提供者及其授权代表、部署者、进口方、经销方、运营方、下游供应商等参与人员。

（三）《2030 数字罗盘：欧洲数字十年之路》：增强欧洲数字主权

2021 年 3 月 9 日，欧盟委员会发布《2030 数字罗盘：欧洲数字十年之路》计划，根本目标是落实欧盟委员会主席冯德莱恩关于"增强欧洲数字主权"的要求，旨在增强欧洲的数字竞争力，摆脱对美国和中国的依赖，使欧洲成为世界上最先进的数字经济地区之一，并为欧盟到 2030 年实现数字主权的数字化转型愿景指出方向。

《2030 数字罗盘：欧洲数字十年之路》涵盖数字化教育与人才建设、数字基础设施、企业数字化和公共服务数字化等四个方面。其一，拥有大量能熟练使用数字技术的公民和高度专业的数字人才队伍。到 2030 年，欧盟境内至少 80% 的成年人应该具备基本的数字技能；拥有 2000 万信息技术领域的专业工作人员，其中男女比例需要保持平衡。其二，构建安全、高性能和可持续的数字基础设施。到 2030 年，欧洲所有家庭应实现千兆网络连接，所有人口密集地区实现 5G 网络覆盖，并在此基础上发展 6G；欧盟生产的尖端、可持续半导体产业的产量至少占全球总产值的 20%（产能效率将是目前的 10 倍）；应建成 1 万个碳中和的互联网节点。到 2025 年，生产出第一台具有量子加速功能的欧洲量子计算机，到 2030 年，欧洲应处于量子领域前沿。其三，致力于企业数字化转型。到 2030 年，75% 的欧盟企业应使用云计算服务、大数据和人工智能；90% 以上的中小企业应至少达到基本的数字化水平；欧盟在扩大创新规模、改善融资渠道的基础上使独角兽企业数量翻一番。其四，大力推进公共服务数字化。到 2030 年，所有关键公共服务都应提供在线服务；所有公民都将能访问自己的电子医疗记录（即在网上查阅自己的就诊档案）；80% 的公民应使用电子身份证（e-ID）解决方案。[1]

（四）以"数字欧洲计划"和"地平线欧洲"为代表的欧洲投资战略

"数字欧洲计划"是欧盟于 2021 年 4 月正式批准的旨在弥合数字技术研究与市场化之间鸿沟的专项计划，致力于支持欧盟向绿色化和数字化双重转型，并加强欧盟韧性和数字主权，实施周期为 2021—

---

[1] "Europe's Digital Decade: Digital Targets for 2030", https://commission.europa.eu/strategy-and-policy/priorities-2019-2024/europe-fit-digital-age/europes-digital-decade-digital-targets-2030_en.

2027 年。

2021 年 11 月，欧盟委员会通过"数字欧洲计划"首个工作计划（2021—2022 年度），投入 14 亿欧元重点支持高性能计算，云、数据与人工智能，网络安全，以及高级数字技能等关键方面的能力建设，并加速数字技术在实现"碳中和"、构建区块链服务基础设施、支撑公共服务等领域的应用。在高性能计算方面，"数字欧洲计划"是推动欧洲高性能计算联合体项目的三个关键计划之一，2021—2022 年度重点通过获取和部署新的超级计算能力，构建百亿亿次级超级计算能力和量子计算能力；将欧盟层面和成员国层面的高性能计算资源整合到一个通用平台上，以确保高性能基础设施能被广泛访问；广泛发展基础性高性能计算能力并加强高级数字技能培养，推动高性能计算被各类社群用户广泛使用。在云、数据和人工智能方面，具体措施包括部署符合欧盟规则的云和边缘基础设施和服务、部署"欧盟数据链"和建立人工智能测试和试验设施等。在网络安全方面，"数字欧洲计划"部署欧洲量子通信基础设施，增强加密技术、数字产品和服务的安全性，进而提升欧盟保护其公民和机构的能力。在高级数字技能方面，欧盟加快在数据、人工智能、网络安全、量子和高性能计算等关键能力领域的未来人才培养，在关键能力领域提供更多工作岗位、开展短期培训课程，推动欧洲教育创新等。在加速技术应用方面，重点支持"欧洲绿色协议"和欧洲区块链服务基础设施等。

2024 年 3 月，欧盟委员会通过第二个战略计划——《"地平线欧洲"2025—2027 年战略计划》，确定了新阶段"地平线欧洲"开展研究与创新资助的三大战略方向，分别为：绿色转型、数字化转型，以及建设更具韧性、竞争力、包容性和民主的欧洲。《"地平线欧洲"2025—2027 年战略计划》共设有卓越科学、全球挑战与产业竞争力、创新欧洲三大支柱，在这三大支柱下将实施一系列具体项目或行动，从而实现上述三大关键战略方向。在卓越科学方面，设置欧洲研究理事会（ERC），将科学卓越性作为唯一标准对突破性、高风险、高收益研究提供长期资助，以拓展知识前沿；开展"玛丽·居里行动"（MSCA），为所有研究领域的优秀研究人员提供新的知识和技能以及国际和跨部门交流机会。通过支持和完善可持续、世界级和可访问的各欧盟成员国和泛欧研究基础设施系统，为欧洲研究人员提供支持，满足其从基础知识创造到技术开发的所有需求。在冯德莱恩任期，欧盟提供了丰厚的资金促进欧洲数字化转型，例如 1500 亿欧元的"复苏和复原力基金"、79 亿欧元的"数字化欧洲"和 17 亿欧元的连接欧洲数字化基金等。[1]

二、基于"充分性认定"的权利驱动监管模式

在上述战略文件的指引下，欧盟数据立法在强调数据保护的同时，也高度关注数据安全与隐私保护、数字市场竞争秩序、网络安全、人工智能等突出问题，陆续出台多部针对性立法，为出海企业在欧盟境内开展经营活动带来了巨大的合规挑战。

---

[1] "Second Report on the State of the Digital Decade Calls for Strengthened Collective Action to Propel the EU's Digital Transformation", July 2, 2024, https://ec.europa.eu/commission/presscorner/detail/en/ip_24_3602.

（一）数据安全与隐私保护相关立法

欧盟以 GDPR 为基础，出台了《欧盟机构个人数据保护及自由流动条例》，并制定《电子隐私保护条例》和《GDPR 执行协调规则》，不断夯实数据保护根基。其中，GDPR 为欧盟境内个人数据保护的一般规则；《欧盟机构个人数据保护及自由流动条例》和《电子隐私保护条例》分别针对政府机构和电子通信领域的个人数据保护进行了细化规定；《GDPR 执行协调规则》则是针对在跨欧盟成员国案件中适用 GDPR 的程序性立法。

GDPR 是欧盟层面加强和统一个人数据保护、规范数据国际传输的一部国际性法规，于 2018 年 5 月 25 日正式生效。GDPR 旨在规范欧盟境内的个人数据收集、处理活动，适用于任何收集、传输、保留或处理涉及欧盟个人数据的组织。GDPR 有三大特点：第一，对数据保护的要求标准高。GDPR 设定了严格"充分性认定"标准：企业在征得用户同意搜集其数据时，须提供自身身份、目的和依据等详细信息；除遵守法定义务、维护公共利益和保障言论自由或用于科学研究外，用户可主张"遗忘权"，即要求数据持有人删除其相关数据；数据管理需对其使用个人数据的安全性、可用性、保密性和完整性负责；发生高危信息泄露事件时，应于 72 小时内通知数据保护部门等。第二，管辖主体范围大。凡是涉及以下三大场景的主体，均会受到 GDPR 的约束：（1）在欧盟境内进行个人数据处理或（2）对欧盟公民的数据进行处理或（3）向欧盟市场提供商品或服务等，无论公司是否在欧盟。第三，高昂的违规成本。涉及轻度违规的企业罚款需要缴纳最高可达 1000 万欧元或公司全球年度营业额 2% 的罚款，情节严重者处罚翻倍（2000 万欧元或公司全球年度营业额的 4%）。此外，GDPR 明确了个人数据的相关定义和处理原则，规定了个人数据主体所享有的权利及数据处理者、数据控制者的义务，并专门设立了欧洲数据保护委员会（EDPB）。欧盟委员会还根据 GDPR 第 45 条发布"充分性决定"，用于认定某个非欧盟国家、地区或特定国际组织的数据保护水平与欧盟内部的水平相当，这意味着这些区域的数据保护法规和实践被认为能够提供与 GDPR 相当的保护。目前，GDPR 直接适用于所有欧盟成员国和欧盟经济区成员国（含冰岛、列支敦士登、挪威），共计 30 国。全球共有 15 个国家、地区或特定国际组织通过 GDPR "充分性认定"，可以从欧盟向该地区传输个人数据，即安道尔、阿根廷、法罗群岛、根西岛、马恩岛、日本、泽西岛、新西兰、瑞士、韩国、乌拉圭、以色列、加拿大、英国、美国等。

《欧盟机构个人数据保护及自由流动条例》旨在规范欧盟政府机构的个人数据处理行为，是对 GDPR 中未明确的政府机构处理个人数据的补充规定。该条例沿用了 GDPR 所设置的合法性原则、最小必要原则等基本原则，明确了欧盟机构在向非欧盟机构传输个人数据需对数据接收方进行合法性审核，特别强调了对于用户访问政府网站、小程序等行为数据的保护，并规定了当欧盟机构存在违法处理个人数据行为时的法律责任和救济措施。

《电子隐私指令》针对的是与在欧盟公共通信网络环境下提供公共电子通信服务相关的个人数据保护事宜。《电子隐私指令》要求数字营销（包括电子邮件、短信和彩信以及传真等）以事先获得用户同意（opt-in）为原则，以事后获得用户要求退出（opt-out）为例外，该条规定在欧盟的使用场景十分广泛，且影响深远。2017 年，欧盟委员会公布了《电子隐私条例》(*ePrivacy Regulation*) 草案，进一步强调网络通信服务中的用户隐私保护以及终端用户对于自身电子通信相关数据的控制权。然而，该条例已经过近十轮讨论和修改，目前仍未形成最终文本。

（二）单一数字市场治理

在数据流动方面，欧盟近年立法高度活跃，已出台《欧洲数据治理法》《非个人数据自由流动条例》《开放数据指令》等多部法规，并正在制定《数据法》《欧盟健康数据空间》《短期租赁数据收集条例》《欧洲互操作性法案》等，旨在通过立法不断消除数据流通共享过程中的各种障碍，持续强化个人数据和非个人数据共享流通机制，推进欧洲单一数字市场战略的落地实施。

《欧洲数据治理法》是《欧洲数据战略》的重要战略支柱之一，是增强欧洲公民对数据共享的信任、提升数据可用性机制和克服数据再利用技术障碍的重要法律保障。该法致力于让欧盟经济和社会获取更多数据，并为公民个人和企业提供对他们所生成数据的更多控制权，重点围绕公共部门持有数据的再利用机制、数据中介服务的基本框架以及数据利他主义，对数据流通利用进行宏观层面的框架建构。一是划分数据资源类型。《欧洲数据治理法》依照公民个人和企业数据在现实中的适用情况，将数据分为健康数据、移动数据、环境数据、农业数据、公共行政数据五种类型，为推动公共数据的再利用和经济主体间的横向数据共享奠定了基础。二是针对数据要素的共享利用，建立公共部门数据再利用机制。特别强调支持公共部门的数据在商业或者非商业用途中重复使用，明确提出倡导建立可重复使用公共部门数据的机制，并辅以相关制度予以完善和保护。三是规定"数据利他主义"，即允许私营部门在利他主义的基础上为追求共同利益而与非营利实体共享数据或者使用数据。四是提出"数据中介"商业模式，数据中介机构本质上是数据共享服务提供商，且在交换数据方面保持中立，通过提供一个安全、合规的环境，让企业、个人等各类主体在其中分享数据。数据中介不能独立出售数据，但可以收取交易服务费。《欧洲数据治理法》在2022年6月23日生效，2023年9月起适用。

《关于公平访问和使用数据的统一规则条例》(简称《数据法》)是《欧洲数据战略》的又一重要战略支柱，其核心目标是支持数据单一市场，并将与《数据治理法》共同为促进个人和企业自愿共享数据、协调公共部门数据的使用条件提供法律规制保障。欧盟《数据法》提出了新的要求，明确了谁可以使用和访问互联产品和相关服务的数据以创造价值。它将"确保欧盟内产品或相关服务的用户能够及时获取使用该产品或相关服务所产生的数据，并确保这些用户能够使用这些数据，包括与他们选择的第三方共享这些数据"。《数据法》对GDPR、《数据治理法》、《数字市场法》、《数字服务法案》、《数据库指令》等规范进行了有效补充及发展，以适应数据流通与利用价值愈发凸显的现状。同时，《数据法》在诸多条款上与前述规范进行了协调与衔接，不影响相关规范的适用。概括而言，《数据法》是一项全面的举措，旨在应对欧盟数据带来的挑战和释放数据带来的机遇，强调公平访问和用户权利，同时确保对个人数据的保护。《数据法》于2024年1月11日正式生效。

此外，欧盟还发布了适用于公共部门和政府资助科研项目数据的《关于开放数据和公共部门信息再利用指令》。欧盟可以通过统一平台开放上述数据，并通过开放 API 接口方式实时共享数据。此外，该指令还明确了公共数据开放利用的执行机构（欧盟委员会）和开放数据收费规则，提出开放数据格式及接口要求，建立公共数据专有权授予机制，通过多种手段推动公共数据的开发利用。欧盟还颁布仅适用于非个人数据的《非个人数据自由流动条例》，促进非个人数据在欧盟境内的自由流动，明确要求欧盟成员国废除数据本地化存储要求，并建立成员国政府机构间的数据交换合作机制，保障非个人数据在各成员国之间的跨境自由流动。此外，该条例还针对用户切换服务商的数据迁移进行规定，明确服务提供商应当消除技术障碍，确保用户在不同服务间的有效切换和数据迁移等。

（三）网络安全治理

网络安全是欧盟委员会的优先事项，也是数字化和互联欧洲的基石。在网络安全领域，欧盟当前已出台《网络安全条例》《关于在欧盟全境实现高度统一网络安全措施指令》（以下简称《NIS 2 指令》）《网络弹性法案》，以及《欧洲网络团结法案》等。

欧盟新版《网络安全条例》为实现《欧盟安全联盟战略》和《欧盟网络安全战略》所涉定的政策目标保驾护航，目的是建立基于信息流动保护的标准化做法和措施，确保欧盟各组织机构之间以及与成员国之间交换信息的安全性。《网络安全条例》规定了每个欧盟组织机构需要采取的相应措施——建立内部网络安全风险管理、治理和控制框架，并设立一个新的机构间网络安全委员会（IICB）以监测和支持欧盟实体落实相关条例。此外，该条例延长了欧盟计算机应急组织的功能，强调其作为威胁情报、信息交换和事件响应的协调中心、中央咨询机构和服务提供者的重要性。2024 年 1 月 7 日，该条例生效。在原先《网络与信息系统安全规则》的基础上，《NIS 2 指令》根据公民和企业对现有网络安全的需求，扩展了属于其范围内关键实体的部门和类型，包括公共电子通信网络和服务的供应商、数据中心服务、废水和废物管理、关键产品的制造、邮政和快递服务以及公共管理实体。这些规则还更广泛地涵盖了医疗保健部门，包括医药的研究和开发、医药产品的制造。成员国在确定应纳入该指令范围的具有高安全性的小型实体时，将有一定的自由裁量权。《NIS 2 指令》还加强了公司需要遵守的网络安全风险管理要求。根据《NIS 2 指令》，公司必须采取适当和相称的技术、措施来管理网络安全风险，防止和尽量减少潜在事件的影响。这一要求在《NIS 2 指令》中变得更加具体，包括事件响应和危机管理、漏洞处理和披露、评估网络安全风险管理措施有效性的政策和程序以及网络安全卫生和培训等。

《网络弹性法》是欧盟首部对包含数字元素产品提出强制性网络安全要求的立法文件，标志欧盟在增强网络安全保护、抵御网络威胁等方面迈出重要步伐。该法案涵盖数字元素产品从设计、开发到销售的整个生命周期，明确了制造商、进口商、经销商等相关市场主体的责任与义务，强调建立有效监管执行机制的重要性，避免欧盟成员国在不同法律法规之间可能产生的重叠要求。数字产品的制造商及其授权代理商、进口商、分销商等经济主体均受该法规制。如违反相关义务的，可能面临最高 1500 万欧元或上年度全球营业额 5% 的罚款（以较高者为准）。2024 年 12 月 10 日，《网络弹性法案》正式生效。

为加强欧盟在检测、准备和应对网络安全威胁及事件方面的团结与能力，欧洲理事会于 2024 年 12 月 2 日通过了网络安全立法"一揽子方案"中的两项新法律，即《欧洲网络团结法案》和《关于欧洲网络安全法的修正案》。其中，《欧洲网络团结法案》重点建立了由欧盟范围内国家和跨境网络中心组成的泛欧基础设施欧洲网络护盾（Cyber Shield），即网络安全报警系统，目的是为了更好地监测、准备和应对网络安全风险及相关事件。依据该法，欧盟将对各关键部门（如医疗保健、交通、能源）等部门进行测试，检测评估是否存在安全漏洞，并将建立欧盟网络安全企业储备池，为应对网络安全事件做事前准备。该法案还规定建立网络安全应急机制，提高欧盟的准备水平并增强事件相应能力等。此外，《关于欧洲网络安全法的修正案》通过使未来能够采用所谓"托管安全服务"的欧洲认证方案，增强欧盟的网络韧性。

（四）数字平台治理

随着数字平台电商服务格局的快速发展和演进，数字市场规则制定权和话语权的竞争日益加剧。2020 年 12 月 15 日，欧盟委员会推出《数字服务法》和《数字市场法》提案，标志着欧盟正式对打破互联网科技巨头垄断、促进欧洲数字创新及经济发展等深层问题作出重大立法回应。

《数字市场法》是反托拉斯法在数字领域的拓展和体现，旨在打击数字市场中科技巨头垄断和不正当竞争问题，促进欧洲数字市场的创新、增长和竞争，帮助中小企业和初创企业发展和扩张，从而确保重要数字服务市场的公平性和开放性。该法律适用于被欧盟委员会指定的大型数字平台，即"守门人"。在欧盟现有竞争法规则之外，为"守门人"创制了一套前置式的行为规则，列出了守门人"应当"和"不得"实施的行为清单，维护数字市场的竞争公平和竞争自由。2023 年 9 月，欧盟委员会公布了首批"守门人"及其核心平台服务清单，如守门人违反该法规定，将最高面临全球总营业额 10% 的罚款，屡次违规的罚款最高可达 20%。

《数字服务法》规定了作为消费者与商品、服务和内容中介的数字服务商应承担的义务，为在线平台创设了强有力的透明度要求和问责机制，构建更加公平、开放的欧洲数字市场。该法律侧重于加强数字平台在打击非法内容和假新闻及其传播方面的责任，适用于在欧盟范围内提供数字服务的网络媒介服务提供者，包括在线购物网站、社交网络、在线搜索引擎等。该法采用了阶梯式的监管模式，对于"单纯的管道"服务、"缓存"服务、"托管"服务设置了不同的监管措施，并对达到特定规模的超大型在线平台和超大型在线搜索引擎设置了特殊的合规义务，确保用户的在线安全，阻止有害内容的传播，保护用户隐私和言论自由等基本权利。2023 年 5 月，欧盟委员会指定了首批 17 个超大型在线平台和 2 个超大型在线搜索引擎，相关企业如未能及时履行相应合规义务，可能面临最高全球营业额 6% 的罚款。

上述两部法案的共同目标是建立更加开放、公平、自由竞争的欧洲数字市场，促进欧洲数字产业的创新、增长和竞争力。两部法案以尊重人权、自由、民主、平等和法治等欧洲基本价值观为基础，在赋予监管机构职权、规制数字服务企业方面迈出大胆步伐，建立了明确的事前义务、监管措施、实施措施和威慑制裁等创新举措，强化了对大型在线平台的规制。

（五）人工智能立法

2024年3月13日，欧盟议会以523票赞成、46票反对和49票弃权审议通过《人工智能法案》，并于2024年8月1日正式生效，标志着全球人工智能领域监管迈入全新时代。该法案是全球首部全面监管人工智能的法规，标志着欧盟在规范人工智能应用方面迈出重要一步。

《人工智能法》的主要目的是规范欧盟内部人工智能的开发和使用，改善内部市场的运作，促进以人为本且值得信赖的人工智能的普及。同时，确保在欧盟内防止人工智能系统的有害影响，提供高水平的健康、安全、基本权利（包括民主、法治和环境保护）的保障，并支持创新。在适用范围上，该法案适用于人工智能系统和通用人工智能（GPAI）模型，包括在欧盟市场投放的人工智能技术和系统，或向欧盟市场提供人工智能产品或服务的供应商、部署者、进口商、分销商、产品制造商、授权代表等。该法案采用"长臂管辖"原则，无论上述主体是否位于欧盟境内，都有可能受制于该法案。在风险分类与监管要求上，该法案根据人工智能系统的风险等级进行分类，即不可接受风险、高风险、有限风险、最小风险四个等级，并提出了不同的监管要求。在处罚措施上，对于违反《人工智能法》的将被处以高额罚款，最高可达3500万欧元或上一财政年度企业全球全年总营业额的7%。2025年2月4日，欧盟委员会正式发布《欧盟委员会关于禁止人工智能系统实践的指南草案》，对包括被禁止的人工智能类型进行了详细说明。

三、"布鲁塞尔效应"：欧盟数据监管权力的全球外溢与扩散机制

"欧盟虽是数字技术的幼儿，却是数据监管的巨人。"[1]近年来，为实现"共同数据空间"和"单一数字市场"的战略目标，欧盟在数据领域已经大刀阔斧的出台各项立法举措，以 GDPR、《数字治理法》、《数字服务法》、《数字市场法》和《人工智能法》等为代表，吸引了世界各国对数据领域和新兴科技领域立法的目光，部分法规成为全球数据立法的"黄金标杆"。欧盟作为一个缺乏本土大型数字平台的区域，其在全球数据领域立法与监管的超然地位似乎与相对滞后的数字经济与技术发展形成了鲜明对比。

欧盟正积极向全球输出数据保护规则和监管模式，其数据监管权力不断产生规则外溢效应。首先，欧盟内部正在积极消除境内数据自由流动障碍，为全球数据跨境流动和数据治理提供实践性的重要方案。欧盟内部成员国对于数据跨境流动、数据安全和个人隐私保护三者孰轻孰重的选择，意见并非完全统一。比如，德国将个人隐私保护置于在欧盟境内数据自由流动之前，但法国、西班牙等则认为数据跨境自由流动对提振国家数字经济复苏同等重要。对此，GDPR 等诸多对欧洲数据治理的监管法律出台，彰显欧盟成功地平衡内部一致、消除成员国之间数据保护规则和理念的差异性，促进个人数据在欧盟境内自由流动的有效性与合法性，也为其他国家制定数据相关法规提供

---

[1]　金晶：《欧盟的规则，全球的标准？数据跨境流动监管的"逐顶竞争"》，《中外法学》2023 年第 1 期。

经验借鉴。

其次，欧盟具备向全球单方面输出监管规则的权力，即形成"布鲁塞尔效应"。[1]在数据治理领域，欧盟拥有凌驾于其他司法管辖区之上的影响力，却并没有引发一场数据监管的"逐顶竞争"。以GDPR"充分性认定"认证为例。一方面，欧盟GDPR并没有凌驾其他司法管辖区之上，只要其他司法管辖区通过其认定，就可以开展数据跨境流动。GDPR允许欧盟境内个人数据传输到欧盟委员会认为提供"充分"个人数据保护的国家和地区，"充分性认定"主要考虑第三国或特定实体的个人数据保护规则及司法救济等法律制度情况、数据保护监管机构、已签约数据保护相关的国际协定等因素。截至2024年，共有12个国家通过了欧盟GDPR"充分性认定"决定。[2]另一方面，欧盟凭借其庞大的数字市场规模吸引力、强劲的数据安全和隐私保护监管法律体系、严苛的监管标准、消费群体在欧洲的使用属性和数字经济特质等，吸引诸多国家模仿GDPR的法律标准。全球至少有超过17个国家已经模仿GDPR条例制定并实施了本国的《数据隐私保护法》。[3]此外，GDPR为企业提供了遵守适当保障措施条件下的灵活转移机制，包括公共当局或机构间的具有法律约束力和执行力的文件、约束性公司规则（BCRs），以及通过审批的个人数据

---

[1] 时任哥伦比亚大学法学院教授阿努·布拉德福德（Anu Bradford）认为，欧盟因同时具备庞大的市场规模、强劲的监管能力、严苛的监管规则、非弹性目标、不可分割性等五个方面的重要因素，从而拥有了单方面将监管规则外部化的能力，并将欧盟拥有全球监管影响力称为"布鲁塞尔效应"（the Brussels Effect）。Anu Bradford, *The Brussels Effect: How the European Union Rules the World*, Oxford University Press, 2020.

[2] "GDPR Compliance Countries", https://travasecurity.com/gdpr-compliance-countries/.

[3] "17 Countries with GDPR-like Data Privacy Laws", January 13, 2022, https://insights.comforte.com/countries-with-gdpr-like-data-privacy-laws.

保护标准合同条款（SCC）、行为准则、认证机制等。相关数据跨境流动机制兼顾欧盟内部产业发展、中小型企业发展空间，以及维护数据市场发展秩序。

第三，欧盟与美、日、其他G7国家等发达经济体保持长期数字联盟合作。与美国、日本分别建立美欧贸易技术委员会和欧日数字伙伴关系理事会，批准促进数据跨境流动协定，并积极推进数字身份和AI等战略合作，加强量子研究和半导体、海底电缆、高性能计算/量子计算机、网络安全、5G与6G、在线平台等各方面的合作，旨在构建紧密战略伙伴关系，推动双方的数字化转型。发表的联合声明的主要内容包括：进一步加强新一代通信标准研发；2024年4月30日举行的欧日数字领域部长级会议呼吁各国推进G7广岛峰会所创建的"广岛AI进程"机制；建立负责方定期协商机制，探讨互联网虚假信息及误导信息等对策。

第四，欧盟正积极深化对发展中经济体的数字治理模式和理念影响。与印度建立贸易技术委员会，主要涉及：（1）战略技术、数字治理与数字互联互通工作组。涉及人工智能全球伙伴关系内部协调、半导体行业政策协调、印度和欧盟数字公共基础设施之间的互操作性，向发展中国家推广可信的解决方案。（2）绿色与清洁能源技术工作组。包括可再生和低碳氢气、电动汽车电池和标准等三个合作领域。（3）贸易、投资与弹性价值链工作组。创建具备共同利益的富有弹性的价值链；双方旨在确定和解决市场准入问题，以便共同消除已确定的贸易壁垒；双方还将致力于交换彼此外国直接投资筛选机制的相关信息。欧盟不仅与拉丁美洲和加勒比地区建立数字联盟，还与非盟在2018年12月共同成立了数字经济工作组，推动双方在互联互通、数字技能、数字创业和数字服务等领域的合作。该工作组为非盟 2020 年颁布的《非洲数字转型战略（2020—2030）》提供了政策建议，并进一步推动建立了非盟—欧盟数字促进发展中心。2022 年 2 月，欧盟在第六届欧非峰会（EU—AU Summit）上宣布将"全球门户"计划一半的预算（即 1500 亿欧元）用于非洲地区，其中，加快数字转型是五大重点领域之一。欧盟对非数字政策主要包含欧非国际海底光缆系统、非洲地区光纤骨干网、卫星连接等数字基础设施，以人为中心、包容数字化的数字创新生态，数字治理与安全，以及数字知识共享与合作平台等四个支柱。其中，欧非国际海底光缆系统是欧盟全球海底光缆系统的一部分，其建设将进一步促进欧洲与地中海、大西洋及印太地区的联通，提升欧盟在全球数字联通中的影响力。欧非国际海底光缆系统目前主要包含三条干线，即欧非门户光缆（EurAfrica Gateway Cable）、埃拉连接光缆（EllaLink Cable）和美杜莎光缆（Medusa Optical Fibre Cable）。欧非门户光缆和美杜莎光缆是当前的旗舰项目，埃拉连接光缆则是欧洲与拉丁美洲海底光缆的支线。此外，欧盟还计划建设连通欧洲与东非和印太地区的光缆，同时积极与中国开展数字领域高层对话。

第三节　英国、日本：尝试搭建与联通国际"数据桥"

2022 年，日本、英国数字经济规模超过 1 万亿美元，分别位列全球第四位和第五位[1]，两国正在美国、欧盟两大法域间搭建与联通三方跨境数据流动机制。

一、英国

英国是全球数字经济领域的领军国家之一。英国咨询公司 Public First 最新研究报告表明，到 2030 年，数字化转型将使英国经济增长超过 4130 亿英镑，相当于整个英国经济的 19% 左右。数字经济对英国经济的贡献和影响会随着数字技术的不断发展和应用而进一步增强。

（一）英国数据战略发展历程与重点行动方向

数字经济是英国经济发展的重要支柱，数字化转型是英国数字经济增长的核心动力。自 2009 年英国政府首次推出数字改革白皮书《数字英国》，提出未来英国数字经济发展愿景和策略后，每年英国政府都会发布数字经济相关报告、法规和战略举措。

2020 年 9 月，英国政府发布了《全球英国数字战略》，强调数字技术的应用和普及对于英国经济和社会的重要性，重点阐述了数据有效利用的核心支柱以及政府的优先行动领域两个方面。2022 年 6 月，英国政府发布了新版《英国数字战略》，明确了英国未来发展数字经济的六大支柱：构建世界级的数字基础设施、激发创意和保护知识产权、吸引全球的数字经济人才、为数字化发展提供资金支持、通过数

---

[1]　参见中国信息通信研究院：《全球数字经济白皮书（2023 年）》。

字化提升整个英国的商业与社会服务能力、提高英国在数字经济领域的国际地位。英国致力于成为科技超级大国，为了巩固数字经济的坚实基础，需要建立一个充满活力、有弹性和不断增长的数字经济，具体实施计划包含四大基本支柱：

第一，拥有强大的数字基础设施，在全国范围内推动数字基础设施的覆盖率和质量提高，包括5G网络和超高速宽带等。加强网络安全保护措施，保障用户的信息安全。第二，释放数据的力量，推动数字化技术在各个行业和领域的广泛应用，提高效率和降低成本。加强数字化技术的研发和创新，提高国家的生产力，保持技术领先地位。第三，建立宽松且创新性的监管框架，在全国范围内推动数字基础设施的覆盖率和质量提高，包括5G网络和超高速宽带等。加强网络安全保护措施，保障用户的信息安全。第四，推进数据开放和共享，英国正积极促进各个行业和领域数字技术的创新和发展，加强数据保护和隐私保护，保障用户的权益和安全，打造安全的数字环境，比如2022年1月开始实施的《国家安全和投资法》以及早期引入的《电信法》。同时，重视激发创意和保护知识产权，吸引全球的数字经济人才。包括支持大学发展新思想和新技术、激励企业创新、加强英国国民健康保险制度，以及改善数字人才的培养和招聘、推进数字技能的普及化和提高数字人才的生活质量等。此外，英国还将继续为数字业务生命周期的所有阶段提供充足的资金和数字技术开发平台，通过数字化提升整个英国的商业与社会服务能力，包括推进数字技术的应用、推动政府数字化转型、加强数字服务的整合和互联等。

（二）英国国家数据安全监管体系

英国国家数据安全监管体系分为个人数据安全、政府数据安全、网络数据安全、数据伦理安全和人工智能数据安全五个部分。

1. 个人数据安全：贯穿英国国家数据安全治理始终

个人数据安全是国家数据安全的前提与基础，英国遵循欧盟数据处理全流程控制与个人赋权的方式开展个人数据保护，以新版《数据保护法》和欧盟 GDPR 确定个人数据保护的总体思路，其个人数据保护制度具有颁布时间早、关键法迭代快、覆盖面广等特点。早在 1981 年，欧洲议会就通过了世界上首部涵盖个人数据保护相关规定的"欧洲公约"——《有关个人数据自动化处理之个人保护公约》。基于此，1984 年英国议会颁布首部《数据保护法》，明确提出个人数据隐私保护的原则，禁止未经注册持有个人相关数据，并设立数据保护登记官和数据保护法庭实施监管。1998 年英国议会根据欧盟《个人数据保护指令》的要求重新修订了《数据保护法》，明确个人数据具有的权利和自由，同时设立信息专员作为数据保护的独立专员，监督数据使用方按规定使用个人数据，保护个人数据隐私，维护公民的权利。2016 年，欧盟建立了统一的数据保护机制 GDPR，对英国数据安全治理产生深刻影响。2018 年 5 月英国通过新版《数据保护法》是对 GDPR 的具体实施，旨在使法案更适用于数据量不断增长的数字时代，为英国企业和组织提供支持，也为英国正式脱欧做好准备。2020 年 8 月英国发布《适龄设计规范》，这是一项针对未成年人的数据保护条款，对互联网企业涉及儿童数据处理的各个方面进行了细致的规定。2022 年 6 月，英国政府公布改革《英国数据保护法》计划，主要包括减轻合规负担、保护消费者、实现数据的创新使用及增强国际贸易能力等五个方面，利用英国脱欧的优势，创建一个数据保护框架，使用一种更灵活、以结果为中心的方法来减轻企业的负担，同时还引入了更明确的个人数据使用规则等。

2. 政府数据安全：赢得公共信任和简化监管环境

政府数据开放是开展国家数据治理的重要组成部分，在确保数据安全，保护公众隐私的前提下推进政府数据开放，有利于赢得公共信任和简化监管环境。

英国自2000年已开始关注政府数据开放领域，对公民在数据利用方面赋权，提出和颁布了一系列的法律、政策及倡议。比如《地方政府透明准则》（2014）、《公共信息再利用条例》（2005）、《信息自由法》（2000）等，并与开放政府合作伙伴联盟的创始成员国签署相关协议，通过开放数据惩治腐败、增强民生、提升政府透明度。2012年6月发布《公共数据原则》，规定公共数据将以可重用、机器可读的形式发布，并希望公共数据政策和实践由使用数据的公众和企业明确推动。2011年到2016年间，英国内阁办公室颁布了三份《国家行动计划》，旨在通过开放政府数据，促进经济增长，改善公共服务，提高政府透明度。2013年英国先后出台《开放数据宪章》《抓住数据机遇：英国数据能力策略》《开放政府合作组织英国国家行动计划2013—2015》，充分体现英国政府对于政府数据开放安全治理的重视。

3. 网络数据安全：保障国家数据安全的重要防线

英国政府分别于2009年、2011年和2016年颁布三部《国家网络安全战略》，促进产业发展，维护网络安全。在2013年的"棱镜门事件"及大型企业频繁遭受网络攻击及数据泄露事件背景下，2016年英国政府发布《国家网络安全战略2016—2021》，将网络安全提升至国家安全重点领域，投资 19 亿英镑，支持英国建立大量基础设施，加强网络安全能力，形成较为完备的网络安全战略框架，以一种监督的定位视角，实现"防御—震慑—发展"并重的网络数据安全体系。2010 年 10 月英国政府发布《战略防御与安全评估：保护不确定时代的英国安全》，将网络攻击与恐怖主义、紧急民事、军事危机等并列为英国国家安全面临的一级威胁（最高威胁），并决定在未来四年实施"国家网络安全计划"，用以支持国家网络安全战略的实施。2018 年英国政府为配合欧盟颁布的《网络和信息系统安全指令》，颁布《网络和信息系统安全法规》，法规明确规定网络提供商的法律义务是保护信息系统的可用性和关键服务的连续性。2022 年 1 月内阁办公室发布《政府网络安全战略：2022 年至 2030 年》，阐释了政府将确保所有公共部门组织能够抵御网络威胁、核心政府职能抵御网络攻击等战略部署要求。

4. 数据伦理安全：凸显自动化技术发展的核心理念和要求

英国在数据伦理安全方面开展风险评估治理机制的同时，一直将个人的自主权及人格尊严作为自动化技术发展的核心理念和要求，于 2016 年针对数据伦理安全密集颁布一系列制度。2016 年 9 月，英国标准协会在阿西莫夫三定律的基础上，发布一套更为复杂、成熟和与时俱进的机器人伦理指南，即《机器人和机器系统的伦理设计与应用指南》，成为行业内第一个关于机器人伦理设计的公开标准。2016 年 10 月，英国下议院科学和技术委员会发布《机器人技术和人工智能》报告，阐述人工智能创新发展带来的潜在伦理道德与监管挑战，侧重说明英国将规范机器人技术与人工智能系统的发展，以及如何应对其带来的伦理道德、法律及社会问题。2020 年 11 月，英国数据伦理与创新中心发布其审查算法决策偏差的报告，审查重点关注在警务、地方政府、金融服务和招聘四个部门中使用算法决策，并提出跨领域的建议，如组织应积极使用数据来识别和减轻偏见，确保他们了解算法工具的功能和局限性，从而实现算法向善。

5. 人工智能数据安全：英国国家数据安全治理发展新方向

英国政府通过制定人工智能发展标准和监管原则，确保人工智能数据安全。2015 年 11 月英国率先提出"监管沙盒"概念，同时金融行为监管局发布《监管沙盒报告》，为企业创新和监管之间，提供一个灵活的、受控的合作环境，允许企业用真实的消费者在市场上测试创新，以此实现在保护创新的同时又不会削弱消费者保护，降低风险的不确定性。此后，英国政府 2016 年后持续不定期发布涉及人工智能发展的计划、能力、算法透明度数据标准等涉及人工智能数据安全的多个领域报告，凸显英国政府对人工智能数据安全的关注与担忧。

概括而言，英国国家数据安全制度体系具备以关键法为核心、重视个人数据安全与基本人权、监管领域广、机制改革由外及里等较为典型的特征。英国国家数据安全制度的演进过程为：从遵循欧盟数据安全相关指令，到起草适用于本国的法律法规，再到及时根据国际环境变化、国家现实需求与时俱进地更新制度以适应大数据、人工智能时代的转变。[1]

第一，以关键法为核心，形成较为健全的数据安全制度体系。《数据保护法》和《信息自由法》贯穿国家数据安全治理始终，随着

---

[1]　张涛、马海群、刘硕等：《英国国家数据安全治理：制度、机构及启示》，《信息资源管理学报》2022 年第 6 期。

技术的发展和数据的增长，两部关键法与时俱进，不断进行修订，在英国国家数据安全制度体系中发挥核心作用。第二，重视个人数据安全与基本人权。在英国国家数据安全治理方面，对于个人数据安全和个人权益保护受欧盟法律制度影响较深，认为只有确保个人数据安全和赋予公民足够的法制权力，才能更好地保护国家数据安全。因此，英国在出台的《数据保护法》《数据保护监管行动政策》中均突出个人数据安全和公民权利的立法保障。第三，监管领域广。英国国家数据安全制度涉及电子通信、数字经济、政务开放、个人数据安全等领域，如《通信法》《电子通讯法》《数字经济法》《公共部门信息再利用条例》《开放数据宪章》《政府开放标准指南》等。第四，机制改革由外及里。英国数据安全制度由欧盟个人数据保护GDPR演进而来，形成的数据安全治理理念和体系与欧盟相似，如重视个人数据保护与基本人权、警惕互联网和人工智能技术发展带来的安全风险等。

（三）积极与美国、欧盟等搭建国际"数据桥"

英国数据治理的重点是促进公共数据开放、依据GDPR签署跨国合作协议，正积极在双多边层面推进数据领域国际合作。

在双边层面，英国与美国建立"数据桥"实现双方数据自由跨境流动。自美国与欧盟签署《欧美数据隐私框架》后，英国于2023年9月21日正式确认建立"英美数据桥"，并在2023年10月12日生效，允许英美地区相关机构通过"欧盟—美国隐私框架的英国扩展"进行美英间数据跨境传输。这意味英国企业可以将个人数据传输到美国，无需其他机制，也无需进行传输影响评估和实施额外的传输保障措施。与此同时，英国政府还发布了一系列支持文件，其中包括解释说明、情况说明以及 130 多页对与"英美数据桥"相关的美国隐私保护措施的详细说明。除了此次生效的"英美数据桥"外，英国已于2022 年 11 月 23 日与韩国达成了"英韩数据桥"，并已于 2022 年 12月 19 日生效。英国脱欧后一直积极开展国际数据跨境流动合作，将韩国与美国、澳大利亚、迪拜国际金融中心、哥伦比亚和新加坡列为签署数据充分性协议的优先国家，还计划在长期内与巴西、印度、印度尼西亚和肯尼亚达成伙伴关系。

在区域层面，英国与欧盟 GDPR 数据保护要求保持一致，双方仍然保持数据安全、可信、可互操作的国际流动。尽管英国正式脱欧，但其保护个人数据的法律制度目前仍然与欧盟保持一致。欧盟委员会在 2021 年 6 月 28 日通过 GDPR 和《执法指令》等两项对英国政府的数据"充分性认定"认定，有效期为四年，标志着欧盟和英国之间仍然可以继续进行数据跨境自由流动，而不必采取其他额外的数据保护措施。在此基础上，欧盟和英国之间还签署了《欧英贸易与合作协议》，要求英国与欧盟共同维持高水平的数据保护标准，在实施过程中进行的任何数据传输必须符合传输方的数据保护要求。此后，欧盟和英国之间的公民数据信息可以通过该协议进行跨境自由流动。2022 年 2 月，英国外交大臣还向议会递交《国际数据传输协议》、欧盟《国际数据传输标准合同条款》的"国际数据传输附录"，以及一份规定过渡条款的文件等，确保当跨国企业所在国家无法达到英国"充分性认定"认定标准时，仍然可以通过签署协议确保流动数据的安全性。当第三国未通过英国"充分性认定"认定时，政府公共部门之间的数据传输可以通过政府机构之间的法律文书和行政安排进行。2022 年 3 月 21 日，新的英国国际数据传输协议（IDTA）和新的 2021 年欧盟标准合同条款的附录（SCCs 附录）开始生效，跨国公司、企业集团或从事联合经济活动可在符合 GDPR 和相关条款基础上开展商业数据跨境流动。

在全球层面，英国强调提升在数字经济领域的国际地位，英国"2030 愿景"提出：英国要成为世界公认的科技超级大国，在技术、网络、数字和数据方面处于全球监管的最前沿。一是强化在治理理念和价值观方面的全球领导力。英国将与国际伙伴合作，共同推进数字化领域的创新和发展；继续积极参与国际数字合作机制，如 G7 数字大臣会议、数字经济组织（OECD）等。英国已利用其独特的国际地位于 2023 年成为 CBPR 论坛的首个准成员国，还将参与制定国际数字化标准，建立数字技术的国际标准化体系。二是积极推动数字出口和外来投资。在签订新的贸易协定时将增加"数字贸易"的内容，包括无关税数字贸易、源代码保护和数据自由流动措施等条款。建立数字贸易网络，以促进数字贸易和数字化创新。英国已经与欧盟、美国、日本、韩国等签署相关数字经贸协议。2024 年 12 月 15 日，英国正式加入 CPTPP，成为该协议的第 12 个成员国，同时也是首个加入的欧洲国家。这是英国"脱欧"以来达成的最大贸易协议，预计长远可为英国带来每年 20 亿英镑的经济增长。三是开拓国际伙伴关系实现优先事项。英国将与志同道合的合作伙伴结成联盟，共同开发数字技术，例如高度复杂的研发项目、半导体供应链弹性和电信供应链多元化等。2021 年，英国在伦敦举办了未来科技论坛，汇集了 20 个国家和来自科技领域、民间社会组织和学术界的 100 多位全球领袖，共同探讨数字技术的未来以及需要承担的共同责任。

二、日本

日本缺乏可与美国、中国竞争的"数字巨头"，在一定程度上影响了其传统优势产业的数字化转型进程。根据瑞士洛桑国际管理发展学院（IMD）发布的《2023年世界数字竞争力排名》报告，日本数字竞争力世界排名近五年持续下降，2023年在全球64个国家或地区中仅排名第32位，与中国和美国分列第19位和第1位相比存在一定差距。相对美国、欧盟和中国，日本数据战略出台迟缓，却为完善数据保护法和推动跨境数据自由流动国际合作方面留出了充足的空间。

（一）日本数据战略出台迟缓

日本政府认为，数字化转型是释放经济活力和应对各种风险挑战的有效途径之一，因此需要积极发展数字经济多元模式，打造数字社会，推进经济结构改革，提振国家发展信心。2021年10月，时任日本首相岸田文雄在其首次施政演说中多次提到"数字化"，强调将构建数字社会作为施政重点和国家战略统筹推进，寄望数字化转型给日本经济社会带来"盘活全局"的传导性作用。

纵观日本数字化战略发展历程，可分为以下四个阶段：

第一阶段是2000年的"e-Japan战略"和2003年的"e-Japan战略 II"，重点是加强数字通信等基础设施建设，以建设高速宽带网络等基础设施为目标，在医疗、饮食、生活、中小企业金融服务等七大领域推动实现社会数字化转型。

第二阶段是2009年制定的中长期"i-Japan战略"计划，将"电子政府""医疗健康""教育和人才"等作为三大重点，推动产业和地方改革，提升日本产业的国际竞争力。

第三阶段以 2013 年的《世界最尖端 IT 国家创造宣言》为标志，日本政府开始打造本国 IT 实践月创新社会。宣言提出：其一，创造创新产业和服务，形成促进所有产业发展的社会。其二，建造一个世界高水平的可应对灾难、能够使国民健康与安心的生活体系。其三，建造一个任何人、任何地点和任何时间都可以接受公共服务的一站式社会。

第四阶段以 2021 年发布的《综合数据战略》为标志，日本正式将数据看作智慧、价值、竞争力的"源泉"，以及解决日本社会问题的"王牌"。《综合数据战略》致力于从数据生态架构、数据信任体系以及数据跨境规则等关键领域，推进日本富有特色的数字化制度创新。该战略的基本理念是在确保信任和公益性的前提下，构建能够安心有效地使用数据的系统，使得日本与世界其他国家的数据能够相互流动和利用，通过现实空间和网络空间的高度融合创造新价值，建成以人为本的社会。主要措施包括：在完善数据生态架构方面，分为基建层、数据库层、连接层、应用层、规则层、社会层和价值层，构建从数据采集、存储、加工、分析到应用服务、价值再创造的完整产业链；在建设数据信任体系方面，通过建设数字认证机制、数据平台以及数据市场，完善数据流动机制，明确数据权属关系和价值，营造可信的数据安全流通环境；在完善数据跨境规则方面，争夺全球数字贸易规则主导权，在数字经济规则制定方面占领先机；其他综合性措施包括加强数据人才培养、维护网络安全等。

（二）构建与数据自由流动相匹配的数据安全机制

日本在提出数据战略的同时，致力于完善国内数据安全的相关立法，为推动数据跨境自由流动提供法律保障。

关于个人数据保护领域的数据跨境流动治理规则，日本以 2003 年颁布的《个人信息保护法》作为规范个人数据处理的核心立法，并对该法进行了三次重要的修订，其最新版本于 2023 年 4 月生效，为日本个人数据保护提供了基础性的法律框架。修订后的《个人信息保护法》着重于扩展域外适用效力、提升数据处理者的责任与义务、强化数据主体权利以及违规处罚力度，系统性提高了数据跨境流动的合规标准。特别是在增加数据处理者义务方面，新规要求数据输出者必须将第三方数据接受国及该国数据保护制度情况告知个人数据主体。相较于旧法，现行版本确立了国家与地方政府在个人数据保护方面的职责及政策指导原则，并规定了数据企业和公共机构处理数据跨境的法律责任。

关于数据跨境流动的具体规则，《个人信息保护法》对数据跨境的情形认定及传输条件的标准设定进行了系统界定。该法根据数据主体的不同属性，为数据处理者及行政机构设置了"以获取数据主体同意为原则、三种法定免除获取数据主体同意情形为例外"的四重合规途径：一是个人数据的跨境传输原则上需预先获得数据主体的明示同意；二是可向已确立与日本同等个人信息保护标准的实体传输数据；三是可向被日本官方评定达到充分保护水平的"白名单"国家输出个人数据信息；四是数据处理者及行政机构在获得个人数据主体的同意后，还需遵循个人信息保护委员会的要求，提前向数据主体披露接收国的隐私保护制度详情、第三方实施的数据安全措施以及其他相关辅助信息，确保数据主体在充分知情的情况下作出决定。此规定加强了数据跨境传输过程的透明度和数据主体的权益保护。

日本为监管数据跨境流动参与者的数据处理行为，还专门设立了个人信息保护委员会，并制定了一系列个人信息保护规范指南。其中，与数据跨境流动治理相关的主要有 2022 年 4 月修订的《保护个人信息的基本方针》，2022 年 9 月更新的《关于保护个人信息的法律指南》的通则篇、向境外第三方提供数据篇以及向第三方提供数据的确认与记录义务篇，2023 年 5 月发布的《〈关于保护个人信息的法律指南〉的问答》等。尽管上述指南在本质上不具备普遍法律约束力，但对补充相关法规以及指导个人信息保护委员会的数据治理发挥着关键作用。此外，针对数据跨境流动涉及的充分性认定豁免机制，个人信息保护委员会在 2023 年 4 月专门颁布了《具备与本国相等个人权利保护标准及相关个人信息保护制度的国家》，确保《个人信息保护法》中数据跨境流动治理规则实施的有效性和可操作性。

（三）"可信任的数据自由流动"的提出与辐射

日本为维持其数字经济市场与数据安全，已深度参与一系列全球数据治理协议。

首先，日本提出基于"可信任的数据自由流动"（DFFT）倡议，并积极在 G20 峰会和 G7 领导人峰会中将概念转为实践。在 2019 年达沃斯世界经济论坛上，时任日本首相安倍晋三首次提出 DFFT 倡议。DFFT 旨在协调两个政策目标，一是通过数据跨境自由流通来促进经济增长，二是通过可信的监管保护个人隐私、国家安全和知识产权。其概念核心是"信任"，但在实际政策层面上仍较为含糊。2019

年，日本基于"可信任数据自由流通"原则，在 G20 峰会上与他国签署《大阪数字经济宣言》，并倡导构建"大阪轨道"的数据流通框架。在 6 月 28 日的 G20 大阪峰会领导人数字经济特别会议演讲中，安倍将加快制定 WTO 电子商务规则作为推动数据自由流通的当务之急。同日，峰会上大多数与会成员国和其他世贸组织成员一起，宣布启动"大阪轨道"，并签署《大阪数字经济宣言》，至此标志着"基于可信任的数据自由流动"从概念提出阶段进入实践阶段。由于 G20 中印度、印度尼西亚和南非等对数据治理规则持有不同的立场和考量，并没有签署"大阪数字经济宣言"。此后，日本重点在 G7 内部推动 DFFT 的实践。2021 年 4 月，G7 数字和技术部长会议通过了有关 DFFT 的 G7 合作路线图，包括数据本地化、监管合作、政府获取数据和优先领域的数据共享这四个关键的跨领域合作内容。2022 年 5 月，G7 数字部长会议在德国召开，提出有关 DFFT 的 G7 行动计划，同时着重于促进未来数字监管的互操作性、在数字贸易背景下促进数据跨境流动以及分享有关"国际数据空间"的建设构想。2023 年 4 月，在日本举行的数字和技术部长会议则提出了更为详细的 DFFT 实施计划，划定落地的五项行动，包括基于现有监管方法和工具促进未来可操作性，继续监管合作来支持 G7 政策官员和监管机构之间的对话，在数字贸易的背景下推动数据跨境流动，以及共享关于国际数据空间前景的知识等。

其次，对标"美式模版"高标准数字贸易规则。日本历来将美国视为重要盟友，通过 CPTPP、《美日数字贸易协定》（UJDTA）深度参与"美式模板"，处于全球数字贸易规则制定的高地。日本加入了 2018 年 12 月生效的 CPTPP，确立了关于排除数据本地化条款、免除数据传输税费及规范数据跨境传输等规定。CPTPP不仅为日本确保包括个人数据在内的数据自由跨境流动，同时赋予日本依据"合法公共政策"目标，在不构成贸易歧视或间接贸易壁垒的前提下实施必要的豁免权利。2019年10月，美国和日本签署的《美日数字贸易协定》更是引发国际社会广泛关注。《美日数字贸易协定》就数字贸易壁垒进行协商后制定的最全面、最高标准的贸易协定，包括确保数字产品的非歧视性待遇、所有供应商（包括金融服务供应商）均可跨境传输数据、禁止采取数据本地化措施限制数据存储等11项内容。上述协议顺利地推动日本与美国进一步深化数据领域产业合作。

第三，融通"欧式模版"数字监管模式，不断强化个人隐私保护。日本与欧盟、英国在数字贸易领域合作广泛，特别是在对数据隐私安全的监管方面存在共识。2019年日本依托《个人信息保护法》成为首个通过欧盟"充分性认定"认定的国家，在数据隐私保护方面得到了欧盟的认可，个人数据从欧盟的控制者或处理者传输至日本时，无需再获得额外的授权。在此基础上，日欧双方于2022年10月启动了《欧日经济伙伴关系协定》中有关数据自由流动规则的后续谈判，并于2023年10月的欧盟—日本高级别经济对话中就跨境数据流动达成了协议，进入最后的审核批准阶段。随后，《日英贸易与合作协定》同样采用了高水平的数据保护标准，要求不得限制信息的跨境转移，禁止将数据本地化，禁止要求公开源代码和密码信息等，有利于维护数字知识产权、保障企业利益，其数据保护标准甚至超过《欧日经济伙伴关系协定》。《日英贸易与合作协定》还增加了关于接入和使用互联网开展电子商务的原则、个人信息保护、开放政府数据、计算机设施的位置、使用密码技术的商业信息和通信技术产品5项条款，在"欧式模板"基础上融入了一些"美式模板"特色。对于日本而言，采取这一机制可以在维持高水平数据保护的同时，提升与英国的电子商务自由化水平。

第四，日本接纳"新式东亚模版"，与部分发展中经济体共同建立包容性的数字贸易合作伙伴。尽管RCEP在"电子商务"部分的17项数字贸易规则条款涵盖范围广、深度低，更符合发展中国家的诉求，也低于日本以往的规则主张，但RCEP数字贸易规则的重点是促进数字贸易便利化和改善电子商务环境，增强各成员国在电子商务领域的政策互信、规制互认和企业互通。另外，RCEP对于高水平规则的态度较为审慎，重视数字主权和国家安全，虽然也涵盖数据流动相关条款，但却以保障各国设置公共政策目标和基本安全利益等特定例外为前提。RCEP对于一些较具争议性的议题如源代码、数字产品非歧视待遇等条款并未涉及，如有需要成员国可以就相关领域开展电子商务对话，以非规制性手段拓展合作空间。日本试图通过RCEP平台与中国等东亚国家在数字贸易规则制定中实现共处，同时借助RCEP提振经济发展，因此放弃了前期谈判中高标准诉求，后退一步接纳了RCEP的包容性条款。但是总体来看，日本作为发达国家仍更偏好于高水平的数字贸易规则，如日本在中日韩区域数字贸易协定谈判中提高要价，主张制定高于RCEP水平的数字贸易规则。[1]

---

[1] 施锦芳、隋霄：《日本数字贸易规则制定方式、模板应用及启示》，《长安大学学报（社会科学版）》2023年第6期。

第三章
"全球南方"的数据治理行动

随着"全球南方"的群体性崛起，数据中心正逐渐从发达经济体转向发展中经济体。北美、欧洲及东亚等经济发达地区一直在数据产业方面居于领先地位，但随着这些地区的数据市场趋于成熟，其增速正逐步放缓。与此同时，作为数字产业的后起之秀，位于"全球南方"的东南亚、中东、非洲、拉美等区域正展现出强劲的增长势头，预计未来将保持 15% 至 20% 以上的高速增长，正逐渐成为全球数据产业发展的新引擎。今后，"全球南方"还将不断增强其在全球数据治理中的话语权，积极推动缩小数字鸿沟、维护数据主权、建立全球数据规则的"南方模版"。

第一节　亚洲三大"数据中心"：新加坡、阿联酋、印度

存储与共享的数据中心日益成为数字科技与新兴数据领域的核心

支柱。尽管美国仍然拥有全球最多的数据中心站点，但预计到 2032 年，亚太数据中心市场将从 2023 年的近 250 亿美元飙升至约 720 亿美元，年复合增长率为 12.6%。如今，新加坡、阿联酋、印度已成为亚洲三大"数据中心"。

一、新加坡：更具包容性的数据治理新模式

新加坡因其成熟的数字基础设施和电力稳定性，成为东南亚最具吸引力的数据中心所在地，数据中心总数约占东南亚六成。据"高纬环球"对全球 63 个数据中心城市进行评比，新加坡在市场容量、光纤网络以及云服务能力等三个方面成绩卓越，排名亚太第一。

（一）颁布数据保护法律

新加坡近年来在数据保护方面的立法主要是《个人数据保护法》和《网络安全法》。《个人数据保护法》是针对公民个人数据权利的私权保护和合规义务，《网络安全法》则是针对机构的公权监管和行政执法。二者各有侧重，形成新加坡数据保护的基本法制框架。

《个人数据保护法》重点参考和借鉴了《OECD 隐私框架》以及《APEC 隐私框架》等。2011 年 2 月，新加坡政府宣布草拟数据保护法，遏制过度采集个人数据的行为，保护个人数据不被滥用，并以此提升新加坡整体竞争力。经过《个人数据保护法案（草案）》三轮公开征询意见，新加坡议会于 2012 年 10 月 15 日通过了《个人数据保护法》。该法律规定了同意、目的受限、告知、接入和更正、保护、

保留限制、跨境数据转移限制、公开以及责任等十项基本原则。

在网络安全方面，新加坡原有的《计算机滥用及网络安全法》仅限于网络犯罪，缺乏事前和事中的监管，也缺乏行政执法权力。为了进一步落实新加坡网络安全战略，新加坡议会于 2018 年 2 月 5 日通过了《2018 年网络安全法》，并于 2018 年 3 月 2 日由总统签发，旨在建立一个综合性的网络安全立法，主要分为行政管理、关键信息基础设施、危机处置、网络安全服务许可制四个方面。《2018 年网络安全法》较为具体细致、可操作性较强，是一部具有参考性和指导性的法规。然而，该法诸多规定较为抽象。例如关键信息基础设施的认定、关键信息基础设施所有者的行为准则、职责，尤其是需向网络安全委员报告的关键信息基础设施"实质性变更"情形等仍有待相关的配套规范进一步明确。

（二）引领东亚数字经贸规则

近年来新加坡持续推动数字贸易治理，扩大本国数字经济影响力。新加坡采用的方式主要有两条路径：第一条路径是主动参与和对接已有高标准数字经贸规则；第二条路径是自主发起并成立以本国为核心的数字经贸协定网络。

新加坡积极参与美国、日本等发达国家主导的高标准数字经贸协定，同时主动融入由东盟等周边发展中国家（地区）发起推行的数字经贸协定。新加坡先后加入的数字经贸协定包括 CPTPP、RCEP、"印太经济合作框架"等。其中，CPTPP 在传统电子商务议题的基础上创新性地引入数据跨境流动、本地化存储、源代码保护等国际数字经贸规则，为其他数字经贸协定提供了样本。与 CPTPP 高标准国际数字经贸规则相比，RCEP 议题的核心虽然也从传统边境准入措施转向边境后措施，但标准相对较低，在监管、竞争等规制融合一体化方面覆盖面不全，尤其在发达国家重点关注的数据跨境流动、计算设施等问题上持相对保留态度。美国主导的"印太经济合作框架"（IPEF）在 2023 年 5 月签署首个供应链协议。虽然还未公布数字贸易规则框架，但 IPEF 基本会延续美式经贸规则主张，在数据跨境流动、电子传输等方面主张完全自由化。同时，新加坡还加入 APEC 主导的CBPR 体系，参与推进《东盟—澳大利亚数字贸易框架倡议》，寻求更大程度的互联互通，为电子商务、数字货币、知识产权保护和数据管理制定法律框架和标准。

除此之外，新加坡数字经贸规则建立的重点是其主导的 DEPA。目前新加坡已基本形成了"1+N"的数字经济协定框架。其中，"1"是指新加坡与新西兰、智利在 2020 年签署的 DEPA，"N"是指新加坡签署的其他数字经济协定，包括《新加坡—澳大利亚数字经济协定》《英国—新加坡数字经济协定》《韩国—新加坡数字伙伴关系协定》《欧盟—新加坡数字伙伴关系协定》等。而且，新加坡还在与加拿大、中国等开展双边数字伙伴关系协定谈判，着力促进东盟数字一体化。

新加坡签署的若干数字经济协定还对 DEPA 条款进行了合理扩展和延伸，而且针对性更强。DEPA 是新加坡对数字经贸协定的积极探索，是创造数字贸易时代的全球监管框架，力图使所有经济体都能从数字经济中受益。该协定创新性地采用模块化框架，并以非约束性承诺取代约束性条款，大大提高了包容性。DEPA 并未对源代码转让等国际数字经贸规则作出限制。在后续签署的其他数字经济协定中，新加坡根据缔约国发展情况差异，对源代码转让、金融服务跨境数据流动、海底电缆登陆等均作出要求，增加了关于数字贸易标准和合格规定的内容，补足了 DEPA 的缺失。而且，新加坡签署的其他数字经济协定针对性更强，重点关注特定国家和地区。例如，《新加坡—澳大利亚数字经济协定》重点关注与印度—太平洋地区有关的海关流程；《英国—新加坡数字经济协定》在补充协定的基础上额外签署了数字海关协议，统一成立数字海关工作组。此外，其他数字经济协定均采用"正文＋备忘录"的形式，将双边重点关切内容以备忘录形式补充在协定文本中。[1]

在涉及其他数据治理方面，新加坡主张采用统一的国际标准实现数据系统的交互操作和兼容性，建立全球数字治理框架。新加坡在其代表性数字经贸规则 DEPA 中强调，采用统一的国际标准、健全的个人信息法律框架及具备互操作性的数字系统来实现"三化"目标，即电子商务的便利化、数据转移的自由化以及个人信息的安全化。DEPA 凸显出新加坡的数字经贸治理观，即通过数字经济协定创造一个更广泛的数字经济监管框架，为政府间数字经济合作和全球数字经济治理提供样本，力图使中小型经济体、中小微企业都能从中受益。虽然同为"边境后"规则，但 DEPA 并未涉及高标准经贸规则所涵盖的源代码转让、交互式计算机服务等条款，也并未明确规定缔约方之间的数据传输机制。

---

[1] 赵若锦、李俊、张威：《新加坡数字经贸规则体系构建及对我国的启示》,《国际贸易》2023 年第 12 期。

二、阿联酋：海湾国家建立全球新兴数据国际合作中心的代表

　　以海湾阿拉伯国家合作委员会（海合会）为代表的海湾地区国家将数字经济作为经济转型和多样化发展的主要着力点，降低对石油经济的依赖度，相继出台了国家数字战略、制定数据保护法。目前，海湾国家数字经济发展处在快速上升阶段，数字竞争力居地区前列，数字经济发展潜力巨大。海湾国家的数字基础设施建设发展迅猛，其中互联网普及率达到了92.7%，远超阿拉伯国家56.3%的平均值。阿联酋、卡塔尔、科威特、巴林等的互联网普及率更是达到了95%以上，跻身世界各国互联网普及率排名前50位。

　　拥有强大的数据中心是提振国家数字经济发展、科技创新的重要战略基础。海湾国家一直被视为全球科技领域的新兴地区，尤其是在人工智能（AI）发展方面，标志着其在技术驱动型世界中的领先地位。预计到2029年，中东数据中心市场规模将达到96.1亿美元，较2023年几乎翻一番，凸显了海湾地区成为区域科技中心的战略努力。中东重点区域：阿联酋、沙特阿拉伯、卡塔尔、阿曼、科威特等五国市场在运营的数据中心托管设施总计73处，在建和规划项目75处。阿联酋在运营、在建/规划项目分别为28和26个。预计2024年至2029年，中东数据中心IT负载容量将以14.8%的复合增长率增长，达到2060兆瓦。

（一）阿联酋：地区和全球数字化转型战略典范

　　阿联酋是海合会国家中积极推动数字化转型的区域先驱，持续推

出一系列促进国家数字化转型的相关战略和举措，并制定了前沿科技战略计划。

近年来，阿联酋政府陆续发布《阿联酋数字政府战略2025》和《阿联酋数字经济战略》，加快完善数字政务和数字商务的顶层设计，引导政府部门和相关企业积极参与数字化转型。其中，《阿联酋数字政府战略2025》的主要目标是建立有广泛跨部门政府支持的政府数字化转型战略，包括不抛弃任何人、有弹性、适应数字时代、用户驱动、数据驱动、积极主动等8个特征。阿联酋政府将重点建成世界一流的数字基础设施、提供统一的数字平台和通用的数字驱动基础、实现用户便捷的数字服务需求、提高数字能力和科技水平、立法确保数字化转型升级、提升政府工作效率等多个方面视为战略目标和优先事项。[1] 2022年4月，阿联酋政府还启动了《阿联酋数字经济战略》，核心是将阿联酋GDP从2022年4月9.7%在十年内提升至19.4%，从而促进阿联酋成为地区乃至全球数字经济中心。除此之外，阿联酋政府在2017年就发布了《阿联酋第四次工业革命战略》，通过了《2021年阿联酋区块链战略》和《迪拜区块链战略》，成立区块链全球理事会，共同探索建立一个完全由区块链驱动的城市等。[2] 在人工智能领域，阿联酋致力于成为全球领导者。阿联酋于2017年发布了《国家人工智能战略2031》，2023年进一步发布《生成式人工智能应用指南》，鼓励各部门在教育、医疗、汽车和媒体等领域采用人工

---

[1] "The UAE Digital Government Strategy 2025", https://u.ae/en/about-the-uae/strategies-initiatives-and-awards/strategies-plans-and-visions/government-services-and-digital-transformation/uae-national-digital-government-strategy.

[2] "Digital economy", https://u.ae/en/about-the-uae/economy/digital-economy.

智能技术，并阐述了如何化解技术监管、数据隐私和可靠性等方面的风险，力图实现在 2031 年成为全球人工智能领导者的战略目标。

（二）阿联酋数据保护立法行动

2021 年 9 月 20 日，阿联酋公布首部联邦层面的个人信息保护统一立法，即《个人数据保护法》，于 2022 年 1 月 2 日生效。《个人数据保护法》适用于阿联酋的任何数据控制者或处理者进行的所有个人数据处理活动，以及位于阿联酋境外处理阿联酋境内数据主体个人数据的任何数据控制者或数据处理者的个人数据处理活动。《个人数据保护法》与欧盟 GDPR 相似，对获取个人数据的合法性基础、数据主体权利、数据控制者和处理者的义务、数据保护执法机构职权等进行规制。在数据跨境传输方面，阿联酋《个人数据保护法》其中一个特别之处在于，若以数据主体的明确同意作为合法性基础向缺乏"足够保护水平"的国家跨境传输个人数据，则要求数据跨境传输应当不与阿联酋的公共和安全利益相冲突。此外，阿联酋还有其他数据保护相关法律，主要分为三类：第一类是《消费者保护法》，消费者的个人数据只有经过数据主体明确同意，才可以被用于营销。第二类是《关于在卫生领域使用信息和通信技术的法律》，对医疗健康数据领域方面的数据合规做全流程限制。第三类是在线隐私保护，如《网络访问管理政策》《打击谣言和网络犯罪》等法律。

阿联酋还拥有迪拜酋长国等特殊经济区，其相关立法具有优先适用权。阿联酋的《个人数据保护法》等联邦法律和法令并不适用于制定了数据保护法律的自由区。

在迪拜，迪拜国际金融中心（DIFC）和迪拜健康城（DHCC）

两大自由区分别有各自的数据保护法规。因此，迪拜境内除了 DIFC 与 DHCC 以外，均应遵守阿联酋统一的数据保护法律制度。2020 年 7 月 1 日起，《迪拜国际金融中心数据保护法》生效，具有广泛的适用范围。一方面适用于在迪拜国际金融中心区域内设立的数据控制者或数据处理者的个人数据处理活动（无论处理行为是否发生于迪拜国际金融中心区域内），另一方面适用于在迪拜国际金融中心内将个人数据处理活动作为其稳定经营的一部分的数据控制者或数据处理者，而无论其设立地点。不同于 GDPR，《迪拜国际金融中心数据保护法》对每一具体条款的违规后果均设置具体处罚金额，罚款从 25000 美元至 100000 美元不等。由于同一违法行为可能违反多个条款，以及每一数据主体如遭受损害还可获得赔偿，违法成本相对较高。与《迪拜国际金融中心数据保护法》配套的还有《迪拜国际金融中心数据保护条例》，于 2020 年 7 月 1 日起和《迪拜国际金融中心数据保护法》一并生效，2023 年 9 月 1 日再次进行了修订。此外，迪拜健康城还在 2008 年实施《迪拜健康城数据保护条例》，并在 2013 年修订并命名为《迪拜健康城健康数据保护条例》，重点对健康数据的全流程处理活动制定了详细规则，强调保护患者隐私和数据权益。

在阿布扎比酋长国，阿布扎比全球市场是其重要自由贸易区之一。《阿布扎比数据保护条例》于 2021 年 2 月 11 日生效，要求在阿布扎全球市场开展的数据处理活动都应优先遵从该条例规定。《阿布扎比数据保护条例》与欧盟 GDPR 相似，重在与国际高水平数据保护立法接轨，处理个人数据的合法性基础原则上需要得到个人同意，数据主体应享有知情权、更正权、删除权、可携带权、拒绝权等。

（三）积极开拓数据领域国际合作

海湾国家积极参与全球数据治理，多次承担联合国数字经济治理议题等国际论坛。2024年，沙特利雅得举办了第19届联合国互联网治理论坛，围绕"关于建设我们的多利益相关数字未来"主题，就"数字空间创新与平衡风险，增强数字对和平、发展与可持续的贡献，在数字时代推进人权和包容性，以及改善数字治理"等四个议题展开。

海湾国家积极推动与中国等"全球南方"数据领域合作项目。中阿已建立了稳定交流的多层机制合作平台，常态化的多层交流机制将促进双边数字经济合作走深走实。2016年12月，"中国—阿拉伯国家网上丝绸之路经济合作试验区暨宁夏枢纽工程"成为中国与阿拉伯国家开展高层对话、经贸合作、文化交流的网上平台，重点在宽带信息基础设施、卫星应用服务、大数据、云计算、跨境电商、智慧城市等新兴产业领域开展对阿合作。2018年7月，国家主席习近平在中阿合作论坛第八届部长级会议开幕式上的讲话指出，中阿双方"要努力实现金融合作、高新技术合作'两翼'齐飞"，"要落实好中阿科技伙伴计划"，以及"要加快网上丝绸之路建设，争取在网络基础设施、大数据、云计算、电子商务等领域达成更多合作共识和成果"。2020年7月，中国—阿拉伯国家合作论坛第九届部长级会议发表《中国—阿拉伯国家合作论坛2020年至2022年行动执行计划》指出，在双边经济领域合作上"加强双方在互联网和数字经济发展领域的合作与互鉴"，在科技合作领域要"加强科技人文交流合作"，还"邀请阿方科技管理和技术人员参与中国科技部每年举办的'先进适用技术与科技管理培训班'"，共同"探讨开展科技园区合作"。2021年3月20

日，阿拉伯联盟与中国共同发表《中阿数据安全合作倡议》，阿拉伯国家成为全球首个与中国共同发表数据安全倡议的地区。2022年12月，习近平主席在首届中阿峰会上提出中阿务实合作"八大共同行动"，强调共同落实《中阿数据安全合作倡议》，建立中阿网信交流机制，加强数据治理、网络安全等领域交流对话。中国已同全部22个阿拉伯国家和阿盟签署"一带一路"合作文件，实现全覆盖，并与多个阿拉伯国家的发展战略对接。中阿在共建"一带一路"框架下实施了200多个合作项目。

在与"全球南方"积极开展数字合作时，海湾国家也与美国、欧盟等发达国家进行双多边数字科技协调。阿联酋正加快打造自身在这些领域的优势，于2018年发起成立科技公司G42，重点业务包含了人工智能、互联网、医药健康、能源、基础设施和金融科技等重点技术领域，公司拥有世界最先进的阿拉伯语人工智能大模型、中东最大的数据基础设施服务能力和中东领先的医疗科技服务能力。G42自成立之初只有30人的团队，目前已发展成为一个由来自超过85个国家/地区的22000多名人工智能专家、工程师和战略家组成的充满活力和多元化的社区。阿联酋的人工智能战略可以视为一种"技术对冲"策略，通过实现技术合作伙伴的多元化，避免过度依赖任何大国，试图在美国和中国数字科技竞争关系中寻找平衡。为了支持其日益增长的人工智能雄心，阿联酋正在建立重要的国际合作伙伴关系。

三、印度：强调数据主权的新兴数字经济体

印度飞速的科技进步、新的治理制度，以及为本国量身定制的数

字政策，在短时间内快速促进数字经济发展。然而，随着印度快速的数字扩张，公众对数据滥用带来潜在危害的担忧日益剧增，对平衡数据权利与数字创新的关注也逐步升温。尽管数据已经成为大多数印度私营企业和公共政策的焦点，但印度目前还没有统一、全面的数据保护法。

（一）数据战略

2015 年，"数字印度"倡议启动，建设印度数字基础设施转变为印度政府促进数字治理、加强公民赋权的公共事业。随后，印度政府启动了包括为印度所有村庄提供互联网接入的 BharatNet 计划、"通用移动访问"计划和"智慧城市使命"等，不仅普及全印度民众的数字化程度，而且利用数字基础设施大幅提升在印流通的数据量。根据政府的预测，印度的新兴技术可以创造高达 1 万亿美元的经济价值，其海量数据亦可用于实现该国到 2025 年总体上成为 5 万亿美元经济体的战略目标。

在过去的十年中，印度根据人口规模部署数字基础设施，加快数字化进程。印度根据开放协议框架的层层叠加，形成数字堆栈（digital stack），主要包括数字身份识别系统（Aadhaar 认证）、无纸化系统组件、电子支付系统和"数据赋权保护架构"等。

数字主权是金砖国家数字议程讨论的核心内容。2018 年印度推出的《国家数字通信政策》首次在官方层面提及数字主权概念。除了 ICT 行业发展的战略目标外，该政策还包含数字主权部分，提议采取数据保护和网络安全措施。紧随该政策之后的是《国家电子商务政策》草案和《数字个人数据保护法案》，分别规定了数据本地化和数据保护权的规则。由于彼时政策的法律漏洞给外商直接投资及外国电商巨头规避问责的机会，遭到以印度中小企业为代表的民间社会和商业参与者的强烈批评，电子商务政策最终在其他法规中被淡化。《个人数据保护法案》历经了2018、2019、2021、2022年四个版本整改，通过了第五版的印度《2023年数字个人数据保护法案》，重点涉及数字治理领域中的消费者保护和跨境数据流动两个领域。

在数字身份识别方面，数字堆栈源于印度国家身份识别计划Aadhaar项目，于2010年启动，通过为所有印度居民提供唯一标识符，更准确地为相匹配的居民提供服务。由于标识符是数字化的，它可以通过技术提供解决方案，并利用数字验证来提供无纸化和高效的服务。Aadhaar促成了各种身份验证方式的创建，服务提供商可使用Aadhaar号码，查询由印度政府管理的Aadhaar数据库并进行电子身份验证。此外，Aadhaar的电子签名功能允许任何Aadhaar号码持有者生成合法有效、可验证的数字签名。随着Aadhaar计划和相关服务的逐渐成熟，印度拥有银行账户的人口比例从2011年的35%跃升至2017年的80%。

在数字支付方面，为促进银行便捷支付服务发展，印度政府开发了UPI生态系统。UPI由一个三层数据堆栈构成。基础层由印度国家支付公司构建和运营，由处理支付消息路由的交换机组成；下一层涉及法律允许的银行和其他受监管的金融实体持有用户资金并在这些账户中支付和接收款项；第三层则由金融科技公司运营的支付应用程序组成，这些应用程序可创建客户界面，允许普通用户访问支付生态系统。当前，广泛的互联网和移动产品已被整合到UPI生态系统中，亚马逊、谷歌、Meta 和沃尔玛等公司在印度都依赖其进行交易。截至 2022 年 6 月，估计有 5 亿笔交易使用 UPI 进行，总金额约为 1270 亿美元。

在数据共享方面，印度建立了"数据赋权保护架构"技术系统，可确保个人数据从一个数据受托人到另一个数据受托人的所有传输都通过加密的数字工作流程进行，且该工作流程只有在以电子方式获得用户同意后才会触发。

跨境数据流动方面，《2023 年数字个人数据保护法案》扭转了数据本地化问题的方向。比如，2019 年法案限制了某些数据流，将个人数据分为一般、敏感和关键个人数据三种类型。《2023 年数字个人数据保护法案》取消了上述三种分类，仅规定政府可以通过通知限制数据流向某些国家。虽然该规定并不明朗，但限制数据流动的权力似乎是为了国家安全目的向政府提供必要的法律权力。《2023 年数字个人数据保护法案》更加宽松，减少了企业的义务和对消费者的保护，但在某些情况下赋予了中央政府不受指导的自由裁量权，在很大程度上取决于政府致力于保护隐私的程度。新版法案并不限制数据跨境流动，但印度储备银行等许多印度部门监管机构提出了数据存储的本地化等具体要求。

印度电子与信息技术部于 2022 年 5 月 26 日发布了关于"国家数据治理框架政策"的新草案，旨在实现政府数据收集和管理流程的转型和现代化，通过创建一个大型数据集存储库，在印度实现以人工智能和数据为主导的研究和创业生态系统。该草案包括在数字印度公司下设立印度数据管理办公室，适用于所有政府部门，并将鼓励各州政府采纳该框架的规定，同时也涉及与非个人、匿名数据集以及研究人员和初创企业可访问的平台有关的方法和规则等。[1]

（二）数据领域立法

在个人数据方面，印度通过了 2011 年的《信息技术（合理的安全做法和程序以及敏感的个人数据或信息）规则》规范个人数据，主要限于数据收集、拥有、存储、处理、保留、传输活动，以及企业通过对所有此类活动引入统一要求来披露敏感的个人数据，但对涉及儿童数据的监管以及跨境数据传输未作出规定。尽管该规则在十多年前就已生效，但拖延和不充分的行政和裁决机制一直阻碍着该规则的实施。2017 年，印度政府组建了"数据保护专家委员会"，专门制定个人数据保护法。随后，该委员会于 2018 年发布了报告以及立法草案。2019 年 12 月，印度电子和信息技术部在印度议会提出了一项名为《个人数据保护法案》修订版的立法。2021 年 12 月，印度议会联合委员会发布了《2021 年数据保护法案》。虽然该法案现已被撤回，但其条款表明印度政府在个人数据保护方面的政策转变。目前，该法案参考欧盟 GDPR 定义了个人数据和敏感个人数据、数据受托人和数据委托人，并设立数据保护机构，明确数据受托人因违反法案规定而对数据委托人造成损害，应向数据委托人支付赔偿。此外，法案引入了统一管理者的概念，在儿童保护、跨境数据流动等方面作出了特殊规定。

消费者数据保护方面，2023 年印度制定了《数据隐私法》，要求

---

[1] "India's National Data Governance Framework Policy (DRAFT)", May 2022, https://dig. watch/resource/indias-national-data-governance-framework-policy-draft.

在处理个人数据之前征得同意，并提供法律中明确列举的有限数量的例外情况。除了提名权之外，它还为消费者提供访问、更正、更新和删除其数据的权利。尽管印度首次拥有数据保护的法定框架，仍存在将逐渐导致收集数据的企业制定最低行为和合规标准。印度政府实施和执行法律的方式仍将是关键变量。

在非个人数据方面，2019 年秋季，印度电子信息化部召集了"戈帕拉克里斯南委员会"，就印度如何管理非个人数据集思广益。2020 年 11 月，该委员会发布报告草案，将非个人数据定义为与个人无关的数据（如天气状况、公共基础设施产生的数据），以及个人数据匿名化后的信息（如患者的匿名医疗记录）。这表明印度政府打算创建一个治理框架，不仅关注数据安全，还侧重于在受监管的生态系统中共享非个人数据可能带来的社会效益。

在政府数据方面，《国家数据共享和可访问政策》使印度政府数据资产可供公众访问。该政策适用于印度各级政府及其授权机构使用公共资金产生的所有非个人和非敏感数据。根据该政策，印度政府开发了开放政府数据平台。此外，印度政府还推出了《印度数据获取和使用政策》的修订草案及《国家数据治理框架政策》的草案，目的是在《国家数据共享和可访问政策》的基础上，通过利用新兴技术增加对政府数据的获取。其中，《国家数据治理框架政策》草案侧重于共享政府通过印度数据集计划从印度公民收集的非个人数据。该政策引入了一个新的公民数据治理框架，包括创建印度数据管理办公室，建立印度数据集大型存储库，并为存储和收集此类数据集制定标准。印度数据管理办公室希望私营实体为数据集作出贡献，将接收和审查研究人员、初创公司和私营公司对这些数据集的请求，并且能够限制来自实体的数据请求的数量和范围。

（三）数据治理路径

印度的数据治理制度受到该国历史发展的影响，其价值体现在数据生成的增加、民间社会的积极性和国外的数字创新上。尽管印度制定数据治理制度的努力受到 GDPR 和亚太经合组织 CBPR 体系等全球其他规则的影响，但印度政府也在以下三方面制定了独特且适合自身发展的道路。

首先，在国内数字技术治理的方法中使用本土的技术法律机制。这些监管框架和技术系统通过技术设计实现政策目标。印度认为"数据赋权保护架构"是数据赋能的必要条件，印度官员甚至将"数据赋权保护架构"的设计、开发与在线通信的传输控制协议／互联网协议和用于导航的 GPS 进行类比。"数据赋权保护架构"、非个人数据框架和开放政府平台等技术解决方案使开发数据交易市场成为可能，为数据共享创建可互操作的网格。

其次，向国际社会宣介数据主权的重要性。印度政府推动数据主权，努力确保印度数据在国内得到控制和利用，同时免受外国科技公司的数据帝国主义（或数据殖民主义）的威胁。印度越来越重视数据作为经济增长工具的价值，一直在推动数据存储本地化，以便国内参与者可以使用。同时，印度正采取更为积极的措施监管那些能够访问印度数据的外国技术企业的活动。对于外国科技巨头在印度技术领域所拥有的过度影响力，印度担心这可能导致公民数据在海外被滥用，以及在必要时无法获取这些数据。此外，印度对于市场主导地位可能造成的外国科技巨头与公民、企业和政府之间议价能力失衡的担忧日益加剧。这种担忧在印度政府近期推出的多项数据治理措施中尤为明显，其中最为关键的是推动数据本地化政策。印度政府已经明确指出，在银行、保险和电信等行业特定的法规、《2021 年数据保护法案》以及非个人数据治理框架中，必须将某些类型的数据存储于国内，确保国内的访问权限与控制权。

再次，在双多边合作中，印度与欧盟数字合作关系经历了一段从叙事和规范趋同到共同决策行动的过程。印度和欧盟在数字主权问题上均达成共识：在制定个人数据保护法时，印度借鉴了欧盟 GDPR 的"充分性认定"原则，《2021 年数据保护法案》同样提出了数据授权和保护体系结构，赋予了用户更多的权力来决定他们的数据如何使用。2021 年，印度和欧盟签署了"欧盟—印度互联互通伙伴关系"，为两国在可持续数字、交通和能源网络以及人员、货物、服务、数据和资本流动方面的合作制定了雄心勃勃的目标。互联互通伙伴关系不仅将促进印度与欧盟之间的双边数字合作，还将成为启动南亚、东亚、中亚以及非洲三方倡议的平台，助力实现可持续发展目标。

印度与美国在双多边拥有密切的数据合作空间。2022 年 5 月，拜登政府宣布启动"印太经济合作框架"谈判，韩国、日本、印度等 13 个国家作为初始成员国加入"印太经济合作框架"。创新数字技术发展、共建数字基础设施、构建有韧性的半导体供应链、促进数字贸易发展等四大支柱是"印太经济合作框架"的重点，也是印度积极与美西方发达国家开展数据产业与高端科技合作的重要平台。此外，印度在"四方安全对话"（美日印澳四国联盟）框架下，5G、半导体、人工智能、生物技术、供应链正成为其下一步与其他盟友推进数据发展的核心和关键。印度和美国还是 2022 年 10 月加入《OECD 数字税收框架协议》的国家，双方在数字税收、跨境订单数据流动方面形成多次国际共识。更重要的是，美国贸易代表谈判组在 WTO 电子商务谈判中放弃了对数据本地化存储的限制性要求，这将进一步为印度在 WTO 电子商务谈判中要求数据存储本地留有更多的谈判空间。

在"全球南方"背景下，印度作为"金砖国家"合作机制的创始成员国之一，2022 年与"金砖国家"之间的贸易额突破了 1000 亿美元。在数字经济领域，印度凭借其数字经济发展优势，率先实施试点项目，为金砖国家的数字合作注入了新的活力。印度将其独特的数字堆栈，包括数字标识、支付系统和数据交换层等数字生态系统构建理念，向众多发展中国家推广，引导它们进行数字化转型。印度积极向"全球南方"推广数字基础设施建设，与 8 个国家签署了谅解备忘录，无偿提供印度堆栈，并开放了开源访问权限。目前，印度的基础设施已经覆盖了非洲和亚洲的大部分发展中国家和欠发达地区。在 2023 年 G20 峰会上，莫迪总理强调将把印度与发展中国家和欠发达国家分享数字堆栈作为优先事项。印度外交部长在 2023 年明确表示，印度不会参与创建金砖国家共同货币（单一货币）的项目，而是将重点放在加强本国货币卢比上。经过多年的摇摆立场，印度在 2022 年 11 月和 12 月分别启动了批发型和零售型数字卢比的试点工作。2024 年，作为金砖轮值主席国的俄罗斯计划将重点放在推动以本国货币结算以及支付领域系统交互发展上。从信息传输系统的角度来看，金砖国家合作正在探索开发利用区块链和数字货币的独立支付系统，以提高金砖国家在国际货币体系中的地位。例如，开发金砖桥（The BRICS Bridge）多边支付平台，以及 Dunbar 等项目试验，为金砖国家央行数字货币合作架构探寻方向，进而减少对现有全球支付系统的依赖，逐步实现"去美元化"。

第二节　非洲"数据四小龙"：肯尼亚、尼日利亚、南非、埃及

非洲数字经济发展潜力巨大。据国际金融公司和谷歌公司联合推出的《非洲互联网经济 2020》报告预测，2050 年非洲互联网经济体量有望达到 7120 亿美元，占非洲大陆 GDP 的 8.5%。肯尼亚、尼日利亚、南非、埃及成为非洲数字产业四大集聚地，被视为非洲数字经济"四小龙"。

一、"非洲四小龙"的数据战略

2023 年 3 月，"基加利"国际金融中心发布题为《非洲的基金和基金管理服务》的报告，将肯尼亚与埃及、尼日利亚、南非列为非洲"四大硅谷"。

（一）肯尼亚

肯尼亚内罗毕是非洲东部聚集区，被认为是非洲最成熟的移动支付市场之一。2023 年 3 月，肯尼亚的数字支付用户为 3840 万，渗透率为 69.5%。肯尼亚是东部非洲互联互通关键节点，已连接 6 条海底光缆，未来两年还会新增 2 条。肯尼亚首都内罗毕汇集了 Safaricom、

Airtel Kenya、Telkom 等电信运营商，以及 ADC、icolo、PAIX 等共 7 个数据中心。该区域是东部非洲数字创新创业重镇，2022 年共融资 7.6 亿美元，占非洲总额的 11.7%。作为非洲大陆移动支付的先行者，肯尼亚近年来在信息通信技术、科技创新等领域发展迅速，处于非洲数字革命的前沿。肯尼亚是东部非洲数字经济中心，形成了以内罗毕为核心的产业聚集区，被称为"非洲硅谷"，在移动支付和数据中心方面相对优势明显。

肯尼亚政府十分重视推动科技创新和数字化转型。肯尼亚政府出台多部关于数字经济的发展战略，包括《2030 年远景规划》《国家信息与通信技术政策指南》《工业转型计划》《国家宽带战略》《数字经济蓝图》《数字经济战略》《后疫情时期经济复苏战略》等。2019 年，肯尼亚政府发布《国家人工智能战略》，将人工智能和区块链视为关键技术，给予政策支持。肯尼亚制定了《2022—2032 年国家数字总体规划》，鼓励在人工智能行业进行研发，并制定增加人工智能能力和监管的战略。肯尼亚还与发展合作伙伴合作，参与了"人人享有人工智能"计划，作为迈向国家人工智能战略的一步。同时，肯尼亚政府重视对数字基础设施的投资。肯尼亚数字基础设施联通性已跃升至非洲大陆前列。2021 年，肯尼亚 15 岁以上居民的手机拥有率为 98%、互联网接入率为 65%、移动货币使用率为 94%，均位于非洲国家前列。2021 年，肯尼亚推出了东非地区首个 5G 网络，成为继南非之后第二个推出 5G 网络的非洲国家。肯尼亚信息、通信和数字经济部推出《2023—2027 年战略计划》政策蓝图，肯尼亚政府将继续在政策与法律、数字高速公路和电信基础设施、数字政府服务和产品、网络安全和数据治理、新兴技术等多个核心数据领域加大投资与发展力度。

（二）尼日利亚

尼日利亚的拉各斯，作为西非地区的经济聚集中心，其重要性不容忽视。根据 2022 年的数据，尼日利亚的国内生产总值（GDP）达到了 4774 亿美元，人口数量接近 2.2 亿，使其成为非洲大陆上最大的经济体和人口最多的国家。在这一经济体系中，信息通信技术（ICT）产业对 GDP 的贡献率高达 16.51%。作为尼日利亚的经济龙头，拉各斯市的人口超过 2000 万，吸引了包括 Globacom、MTN Nigeria、Airtel Nigeria 在内的多家电信运营商，以及 Digital Realty、MainOne、Rack Centre、OADC 等数据中心企业在此设立基地。此外，该区域还汇聚了 Flutterwave、Andela、Interswitch、Jumia 等独角兽企业和上市公司，成为西非地区数字创新和创业活动的中心。2022 年，该地区共吸引了 12 亿美元的投资，占非洲总投资额的 18.5%。

尼日利亚致力于成为非洲数字经济的领航者，并为此进行了周密的规划与布局。政府积极实施战略规划，目标在于显著提升数字经济在国民经济中的占比。依据《2020—2030 年国家数字经济政策和战略》这一指导性文件，尼日利亚政府致力于运用数字技术促进经济增长、创造就业机会、提高民众生活水平以及优化政府服务。该政策重点涵盖了八大数字经济政策与战略支柱，包括发展监管体系、培养数字素养与技能、构建坚实的基础设施、发展数字平台、增强公众对数字技术使用和参与数字经济的信心、构建充满活力的数字生态系统、推动新兴技术的应用，以及加强本土数据资源的开发与利用。

在《2020—2030 年国家数字经济政策和战略》引导下，尼日利亚政府制定了各项应对措施，包括数字技能培训、基础设施投资、推进监管改革、制定网络安全法律保障和加强公私合作伙伴关系等。[1]例如，加大对数字基础设施的投资力度，尤其是在偏远地区和农村，力求实现网络的全面覆盖，为数字经济的蓬勃发展奠定坚实基础。同时，注重培养本土数字企业，鼓励它们在技术研发和商业模式创新上不断突破，提升在国际市场的竞争力。积极与国际数字巨头合作，引进先进技术和管理经验，加速本国数字经济的发展步伐。

在技术革新与进步的领域，尼日利亚持续致力于探索人工智能、大数据分析、区块链等前沿技术在不同行业的应用潜力。2024年，尼日利亚政府正式颁布《国家人工智能战略草案》。该草案是一份详尽的行动规划，旨在全面挖掘人工智能的潜力，促进经济增长、增进社会包容性，并在全球范围内确立技术领导地位。尼日利亚对此抱有明确的发展愿景：致力于通过推动创新，实现负责任、道德和包容性的强大人工智能发展，从而成为全球人工智能领域的领跑者。该国的关键战略目标聚焦于三个主要方向：一是提升经济增长与竞争力，二是增进社会发展与包容性，三是增强技术进步与领导力。为实现这些目标，尼日利亚正从以下层面着手推进：首先，构建人工智能基础设施与生态系统，涵盖经济高效的高性能计算资源以及专门的人工智能硬件和软件。其次，利用人工智能技术加速关键行业的转型，显著提升医疗、农业和教育等领域的创新潜力。第三，承诺对人工智能的开发采取负责任的态度，包括强化透明度和问责机制、加强风险管理。第四，深化国际合作，提升国家竞争力，在鼓励创新的同时，也将实

---

[1] "National Digital Economy Policy and Strategy (2020—2030)", https://youngafricanpolicyresearch.org/wp-content/uploads/2023/07/Policy-National_Digital_Economy_Policy_and_Strategy.pdf.

施必要的监管措施。[1]尼日利亚正通过投资基础设施建设、构建稳健的生态系统、确保伦理道德的实践以及开展国际合作，为一个以人工智能为驱动力的未来发展奠定坚实基础。

（三）南非

约翰内斯堡和开普敦作为南部非洲的经济聚集区，具有显著的战略地位。南非作为非洲大陆上经济最为发达的国家之一，不仅是非洲数字经济的领头羊，同时在电信基础设施建设方面也处于领先地位。根据2022年的统计数据，南非的国内生产总值（GDP）达到4057亿美元，位居非洲第三，其信息通信技术产业对GDP的贡献率大约为8%，人口规模为6034万，位居非洲第六。

南非在南部非洲的互联互通中扮演着关键角色，目前已有八条海底光缆连接，预计在未来内还将新增两条。得益于早期的发展，约翰内斯堡和开普敦吸引了众多泛非数字企业聚集，包括电信运营商MTN、Telkom、Vodacom等。该区域已成为非洲数据中心和云计算服务的核心地带，集中了非洲近一半的数据中心容量，汇集了诸如Teraco、ADC、BCX、OADC、MTN Business、DPA、Dimension Data等数据中心企业。此外，国际科技巨头如亚马逊、微软、甲骨文、IBM已在该区域设立云服务区域。华为亦在该区域建立了云服务区域，而BCX则协助阿里云在该区域设立云服务区域。

近年来，南非政府颁布了一系列旨在推动数字经济发展的政策与战略。《国家数字经济战略》（2024—2029）将南非经济社会的数字化

---

[1] "Overview of Nigeria's Draft National Artificial Intelligence Strategy 2024", https://www.afriwise.com/blog/overview-of-nigerias-draft-national-artificial-intelligence-strategy-2024.

转型作为优先发展领域，特别强调了提升互联网普及率、为数字经济和社会提供必要的数字技能、促进数字技术的有效应用以及营造有利于数字投资和创新的环境等关键领域。这些措施旨在缩小数字鸿沟，促进经济增长，并创造可持续的就业机会。在互联网普及方面，实现海底电缆的国际联通成为关键环节，南非正致力于成为非洲数字流量的区域性枢纽中心，实现与欧洲、中东和非洲其他地区的稳健和弹性数字基础设施连接，并为后续的数据中心、云计算等技术的发展奠定基础。此外，南非还制定了《国家人工智能政策框架》，为南非构建坚实的监管环境、培养数字技能和能力、推动人工智能研究和包容性发展提供政策指导。[1]

（四）埃及

作为非洲北部的经济聚集区，埃及在2022年的国内生产总值（GDP）达到4767亿美元，位居非洲第二。信息通信技术产业对GDP的贡献率为5%，而人口数量达到1.11亿，使其成为西亚北非地区数字经济的关键参与者。埃及在国际互联互通中占据着至关重要的位置，目前已有18条海底光缆连接，预计在未来两年内将新增5条，从而巩固其作为连接亚洲、非洲和拉丁美洲三大洲数据枢纽的战略地位。开罗作为埃及的首都，汇聚了包括Orange、Etisalat、Vodafone以及埃及电信在内的多家主要运营商，并拥有12个数据中心。该区域在北部非洲的数字创新和创业活动中扮演着核心角色，

---

[1] "South Africa's Communications & Digital Technology Infrastructure", https://www.dcdt. gov.za/minister-s-speeches/534-south-africa-s-digital-transformation-infrastructure-roadmap. html.

2022 年共吸引投资 7.9 亿美元，占非洲总额的 12.1%。

埃及正在全国范围探索数字经济转型，"数字埃及倡议"是埃及政府促进数字经济转型的纲领性政策文件。2017 年发布的《埃及信息与通信技术战略 2030》指出"通过'数字埃及'计划促进实现《埃及 2030 愿景》目标"，"数字埃及"计划的提出标志着当代埃及数字经济转型的起点。《埃及 2030 愿景》最核心的内容是一个为期三年（2016—2019 年）的经济改革计划，而"数字埃及"计划作为它的辅助制度安排，目的是培养数字经济赋能埃及经济高速增长，摆脱"茉莉花革命"后长期政治动荡使国家陷入的经济困局。"数字埃及"项目的核心目标在于通过数字化转型，为埃及构建数字化驱动增长的基石。该项目依托三大支柱：数字化转型、数字技能与数字职业、数字创新。其战略目标在于实现政府部门及 60 家国有企业服务的数字化，同时构建旨在保障数字化治理、信息安全、人权的法律体系。电子政务的实施有助于提升政府工作效率、降低官僚主义、增强数据的可用性与共享性，进而推动决策的理性化、政府机构与部门间的协调、资源分配的优化。数字化转型的终极目标是构建一个以创新和知识为基础、具有竞争力、平衡多元化的经济体系。该体系将兼顾社会公平正义，以平衡和多元化的生态协作系统为特征，通过地方资源的开发和人力资本的投资，实现可持续发展并提升埃及民众的生活质量。目前，埃及政府正从构建"数字化政府"着手，通过向公众和企业提供各类数字化政府服务，使他们熟悉、掌握并适应数字支付和数字化业务模式，培养数字经济行为习惯。同时，从数字化基础设施、数字化技术、数字金融服务、总体法律和监管环境等四个维度加强数字经济基础，确保数字经济转型的成功实现。

此外，埃及政府视未来十年内人工智能的发展为信息通信技术发展的关键驱动力，认为其对于实现"埃及 2030 愿景"具有至关重要的作用。埃及人工智能国家战略的实施将分为三个阶段。第一阶段，自 2020 年起至 2022 年底，验证人工智能在不同领域的应用价值，并为其广泛应用奠定基础。2021 年，埃及政府发布了以"促进发展与繁荣的人工智能"为主题的人工智能国家战略文件。该战略文件明确了四个战略支柱：面向政务的人工智能、面向发展的人工智能、能力建设、国际合作；以及四个战略引擎：治理、数据、基础设施、生态。第二阶段预计也将持续三年，其核心在于确定实施人工智能战略的关键领域。第三阶段预计将持续至 2030 年，重点在于强化埃及的核心研究能力，并将第二阶段建立的可重复模型转化为可持续应用的解决方案。

二、数据立法情况

非洲联盟（非盟）颁布了《非盟数据政策框架》，用于指导非洲各成员国构建统一的数据环境和协调一致的数据治理体系。依据该框架，非洲国家需建立相应的机制与法规，促进数据在非洲大陆的自由流通，为打造数字单一市场奠定基础。

（一）肯尼亚

针对公民个人信息的保护，肯尼亚《数据保护法案》自 2019 年 11 月 25 日起正式施行，成为肯尼亚数据保护法律体系中的基础性法规。《数据保护法案》适用范围极其广泛，涵盖了所有处理或存储数据的个人和实体。该法案就个人数据的处理方式对数据处理者和数据控制者规定了多项义务，同时清晰界定了他们相对于数据主体所需承担的责任。该法案还设立了数据专员这一职位，并要求任何数据控制者或数据处理者都要在数据专员处进行登记。数据保护专员办公室承担了数据专员职位，此后制定了《数据保护法案》相关的一系列实施条例，如 2021 年《数据保护（合规与执法）条例》、2021 年《数据保护（数据控制者与数据处理者登记）条例》、2021 年《数据保护（一般）条例》以及 2020 年《数据保护（民事登记）条例》等。2024 年，数据保护专员办公室还与信息通信和数字经济部一同发布了《2024 年数据保护（合规审计实施）条例草案》，该草案就《数据保护法案》下数据保护合规审计的管理、数据保护合规审计员的认证与管理、数据保护合规审计的实施等事项作出了具体规定。

在网络安全防护领域，肯尼亚《计算机滥用及网络犯罪法》于 2018 年 5 月 30 日正式施行。该国政府针对涉及计算机系统的违法行为进行了明确界定，旨在确保能够迅速且有效地进行侦查、禁止、预防、应对、调查以及起诉计算机犯罪和网络犯罪，进而推动在处理计算机犯罪和网络犯罪问题上进行国际合作。

（二）尼日利亚

在数据保护方面，尼日利亚堪称西非地区的"领头羊"，具有举足轻重的地位。2022 年 10 月 4 日，尼日利亚国家信息技术开发局发布 2022 年《尼日利亚数据保护法（草案）》，2023 年 6 月 12 日由尼日利亚总统正式签发生效，为尼日利亚个人数据保护实践提供更加系统的法律框架。

《尼日利亚数据保护法》设立了一个数据保护委员会,该委员会的职责是规范个人数据的处理活动,并明确处理个人信息所应遵循的原则。法律还涵盖了数据保护影响评估、数据保护官的任命、违规通知以及对数据跨境传输的限制等议题。根据该法案,违规行为将面临高达 1000 万尼日利亚奈拉(约合 23540 欧元)或上一财政年度尼日利亚总收入 2% 的罚款。此外,若主管当局认定违反《尼日利亚数据保护法》,则可能遭受刑事处罚。《尼日利亚数据保护法》借鉴了欧盟通用数据保护条例(GDPR)中关于数据跨境流动的"充分性认定"标准,在其第八部分中规定,个人数据的接收方必须受到法律、具有约束力的公司规则、合同条款、行为准则或认证机制的约束,以确保个人数据得到充分保护;同时,个人数据接收方所在国的个人数据保护水平不得低于法定标准。然而,鉴于《尼日利亚数据保护法》及其他相关法律尚处于初级阶段,其执法力度具有一定的弹性,因此,关于数据跨境流动的更多条件尚待进一步的磋商与明确。

(三)南非

南非重视对个人信息的立法保护。依据《南非宪法》第 32(1)条,公民享有获取政府所持有的信息以及为行使或保护其权利所必需的、由他人持有的信息的权利(即信息获取权)。为实现此权利,南非颁布了《促进信息获取法》,该法于 2000 年正式生效,共包含七个主要部分:引言条款、公有主体记录的获取、私有主体记录的获取、对决定的申诉、人权委员会、过渡性安排以及一般性条款。同时,《南非宪法》第 14 条与《促进信息获取法》第 9 条对信息获取权的限制进行了明确阐述，并着重指出了对隐私、商业机密以及促进良好治理的合法保护的重要性。

《南非个人信息保护法》作为该国首部数据保护法规，旨在规范公私机构在处理个人信息方面的行为，并确立了处理个人信息的最低合规标准，同时保障了数据主体的权益。法律在个人信息跨境传输、数据泄露应对及处罚措施等方面与国际标准，特别是欧盟的通用数据保护条例（GDPR）保持一致。在个人信息跨境传输方面，法律明确禁止企业未经许可将数据主体的个人信息转移至国外第三方，除非该第三方受到与南非法律相当的保护水平的法律、约束性企业规则或约束性协议的约束。然而，存在若干例外情况，包括：（1）数据主体明确表示同意；（2）信息转移对于履行数据主体与企业之间的合同或执行数据主体请求的先合同措施是必需的；（3）信息转移对于合同的订立或履行是必需的；（4）在无法及时征询数据主体意见的情况下，若能征询其意见，数据主体极有可能同意，出于维护其利益的考虑而进行的信息转移。至于法律惩处，违反《个人信息保护法》的行为将面临最高 10 年的监禁或不超过 1000 万南非兰特（约合 577176 美元）的行政罚款。

除此之外，南非《电子通讯与交易法》重点对电子通讯和交易活动进行规范；《消费者保护法》则从消费者隐私的角度对商品和服务侵犯消费者隐私的行为进行规范。

（四）埃及

埃及对公民个人隐私权的保护予以高度重视。其《宪法》中包含有关隐私权保护的条款，同时，诸如《网络安全法》《电信法》以及

《电子签名法》等法律文件亦明确规定了隐私保护的相关内容。2016年1月12日，埃及通信和信息技术部向立法改革高级委员会提交了《网络安全和信息犯罪法》草案，该法案于2018年正式通过。同年，埃及还通过了《消费者保护法》。埃及《宪法》已将个人隐私权保护确立为基本原则，《民法典》规定了侵犯隐私数据的侵权责任，《劳动法》对雇员个人数据的保护作出了规定，《网络安全法》则明确了网络经营者的个人数据保护义务。至2020年，埃及颁布了首部《数据保护法》（DPL），该法律被认为是全球范围内最为严格的十大数据保护法规之一。

在数据管辖范围上，埃及坚持属人兼属地原则。如果被侵犯的数据主体是埃及本国公民（无论其是否在埃及境内）或居住在埃及境内的外国人，无论其侵权行为实施者是否为埃及人。同时，埃及《数据保护法》适用于境内设立的所有数据机构，包括数据控制者、数据处理者及数据持有者等，即便数据处理行为不在埃及境内发生，也会受到该法的管辖。在个人数据处理活动的适用类型上，埃及《数据保护法》进行了限缩。此外，考虑到网络空间国家安全及数据主权的重要性，埃及国家安全机构在其职责范围内进行的个人数据处理也不受该法规制。

埃及对于个人敏感数据施以更严格的保护措施。《数据保护法》第12条专门规定了个人敏感数据的处理规则。数据控制者或处理者如需进行个人敏感数据的收集、访问、转移、存储、保留或处理，必须获得埃及数据保护中心的许可，除非该处理行为已经取得数据主体"明确的书面同意"，否则将受到严格的处罚。

埃及还专门设立个人数据保护的专门执法机构，提高法律实施质效。数据保护中心最高权力机构是理事会，理事成员分别来自国防部、内务部、情报总局、行政管理局、信息技术产业发展局、电信管理局等部门，每届任期为三年。无论是个人数据的收集、存储、跨境传输，还是个人敏感数据的处理以及电子直销等，都需要取得数据保护中心的许可或认证。

埃及赋予数据主体明确的法定权利，加强其对个人数据的有效控制。根据埃及《数据保护法》第 2 条，数据主体的权利内容得到了专门规定，旨在强化对个人数据的保护，涵盖数据访问权、数据撤回权、数据限制权等多项权利。此外，该法律规定数据控制者与数据处理者承担同等的数据保护义务。

在跨境数据传输领域，埃及遵循"不低于本国数据保护要求"的原则。当数据传输至埃及以外的其他任何第三国时，必须满足两个条件：首先，数据输入目的国必须提供不低于埃及个人数据保护同等水平的保护；其次，跨境输出已经获得数据保护中心的许可。由此可见，埃及法律在数据跨境传输的限制条件上，并未采纳欧盟 GDPR 的"充分性认定"原则，而是坚持"不低于本国数据保护要求"的原则。至于评判第三国保护水平高低的标准，则属于埃及数据保护中心的裁量范畴，将依据该国或地区的相关法律制度、对公民个人数据及基本权利的尊重程度、立法执法及司法情形，进行综合评判。

目前，非洲的数据保护立法与数据跨境流动监管情况如表 3-1 所示。据估计，大约 54 个非洲国家中，有 30 个国家颁布或起草了数据保护法律。[1]

---

[1] "Checlist of African Data Protecion Laws", https://securiti.ai/wp-content/uploads/2022/01/African-Data-Protection-Laws.pdf.

表 3-1　非洲数据保护立法与数据跨境流动监管情况汇总表（2023）

制度类型	国　家
没有适当的数据保护法	布隆迪、喀麦隆、中非共和国、科摩罗、刚果、刚果民主共和国、吉布提、厄立特里亚、几内亚比绍、利比里亚、利比亚、马拉维、莫桑比克、纳米比亚、塞拉利昂、索马里、南苏丹、苏丹、坦桑尼亚
有数据保护法草案	埃塞俄比亚、冈比亚、毛里塔尼亚、卢旺达、塞舌尔、斯威士兰、津巴布韦
有数据保护法，没有提到数据传输充分性认定或用户同意	加纳
有数据保护法，如果用户同意或存在其他例外情况，传输不需要充分性认定	阿尔及利亚、安哥拉、贝宁、博茨瓦纳、佛得角、乍得、赤道几内亚、加蓬、莱索托、马达加斯加、尼日利亚、毛里求斯、摩洛哥、圣多美和普林西比、塞内加尔、南非、多哥
有数据保护法、传输需要充分性认定或用户同意，没有列出其他例外	乌干达
有数据保护法，传输需要充分性认定，传输应当通知当局或者获得批准	布基纳法索、几内亚、科特迪瓦、马里、尼日尔
有数据保护法，需要足够的保护，符合特殊情况，同意，传输应当通知当局或者获得批准	埃及、肯尼亚、突尼斯、赞比亚

资料来源：作者自制。

三、非洲国家参与全球数据治理的三条路径

非洲国家重点从以下三条路径积极拓宽国际合作伙伴，不仅吸引多国竞相布局非洲数字市场，也为积极参与全球数据治理赢得更多宝

贵机遇。

第一条路径是面向"全球南方"，积极推进以数据基础设施建设为首的国际合作。例如，2024 年 3 月 28 日，肯尼亚与阿联酋签署了一份加强数字化和技术投资合作的综合性谅解备忘录。根据这份有效期五年且可以续签的协议，肯尼亚和阿联酋将紧密探索与推进两国的数字基础设施项目发展，并为探索两国的数据中心基础设施建设投资铺平道路。[1]肯尼亚政府还将与阿联酋开展人工智能、大型语言模型领域的合作，特别重视培养年轻人的数字技能，实现数字化工作和数字创新机会。肯尼亚和阿联酋 G42 签署了一份谅解备忘录，建设第一个地热数据中心，加速肯尼亚和东非的云应用和数字化转型。再如，中非数字合作论坛成为中国与非洲国家间开展数据领域国际合作和全球治理的契机。2024 年 7 月 29 日，中非签署《中非数字合作发展行动计划》。

第二条路径面向西方发达国家，争取得到美欧等发达经济体的技术和资金支持。例如，欧盟在 2021 年提出了"全球门户"战略，预计将在 2027 年前投入 3000 亿欧元，协助发展中国家建设基础设施。2023 年，欧盟与肯尼亚签署一项"历史性"贸易协议《经济伙伴关系协定》，增加两个市场之间的商品流动。这是自 2016 年以来欧盟与非洲国家达成的首个广泛贸易协议，标志欧盟为肯尼亚提供"数字经济一揽子计划"，投资和支持肯尼亚的数字化转型战略。再如，美国科技巨头微软与阿联酋人工智能公司 G42 宣布，将在肯尼亚奥尔卡

---

[1]　"UAE, Kenya Finalise Terms of Comprehensive Economic Partnership Agreement", February 23, 2024, https://www.wam.ae/en/article/b1t55mn-uae-kenya-finalise-terms-comprehensive-economic.

里亚地热区建设一个生态友好型数据中心，与当地合作伙伴一起研发人工智能语言模型、创建东非创新实验室、实施数字网络互联互通、支持东非各地发展安全可靠的云服务等。2024年，美国商务部与尼日利亚通信、创新与数字经济部发布联合声明，进一步加强双方在数字经济领域的合作，重点涉及数据保护和跨境数据传输、人工智能、数字技能提升等核心方面。其中，美国商务部与尼日利亚通信、创新与数字经济部确认了促进创新、推进人工智能技术应用，并打造开放、互操作、可靠和安全互联网等共同优先事项。同时，鼓励促进跨境数据流动的互操作机制，计划在云安全和云应用方面加强合作，促进创新、保护数据并减轻网络安全风险。美国商务部支持尼日利亚加强与全球CBPR论坛交流与沟通，以及其加入该论坛意愿。此外，日本、韩国等侧重对非洲国家在数字基建、智能手机等方面开展双多边协同合作。日本还与美国增进协同，美日于2021年5月达成"全球数字互联互通伙伴关系"，提出要面向非洲等区域，共同与第三国增进合作。

第三条路径是在联合国、G20、"金砖国家"等多边机制中呼吁弥合数字鸿沟、繁荣非洲数字经济。非洲国家深化在联合国参与数据治理进程，将联合国2030年可持续发展议程与非盟《2063年议程》对接，将全球目标和非洲发展优先事项重叠，获得联合国的支持。在非洲大陆，南非仍然是联合国互联网治理论坛中最活跃的国家。2023年8月22日至24日，金砖国家领导人第十五次会晤在南非约翰内斯堡举行。2025年，南非约翰内斯堡将利用担任二十国集团（G20）轮值主席国的契机，将"全球南方"的发展优先事项列入G20议程。

第三节　拉美两大数据"黄金地带"：巴西与智利

拉丁美洲正在加快促进数字化转型，利用数字技术带来的巨大发展机遇推动当地数字革命。但是拉美地区的数字基建发展存在较大的地区差异。2022年，拉美地区有67.3%的家庭拥有互联网接入，远低于OECD统计全球的平均值91.1%。城乡差距也十分明显，在拉美和加勒比海地区城市家庭的互联网接入率是农村家庭的2倍（即74.8%和35.8%），还有些国家的农村家庭互联网接入率不到20%。仅有智利和巴拿马等国家达到OECD统计的全球平均水平。[1]2024年，巴西在世界数字竞争力排名位居57位，智利排在第42位，处于拉美地区领先位置。巴西和智利两个国家积极探索数据战略和立法体系，拉美地区也逐渐形成了参与全球数据治理的主要路径。

一、拉美地区主要国家的数据战略

（一）巴西：拉美数字化转型与数据保护的先行者

巴西是拉美地区的领头羊，尝试在科技创新与社会责任之间寻找动态平衡的解决方案。

《数字化转型战略》是巴西实现数字化转型的核心战略。该战略由巴西科技、技术、创新和通信部领导，主要包含两部分内容：一是

---

[1]　"Missed Connections: An Incomplete Digital Revolution in Latin America and the Caribbean", August 4, 2024, https://www.undp.org/latin-america/blog/missed-connections-incomplete-digital-revolution-latin-america-and-caribbean-0.

促进基础设施和获取信息技术、研发创新、专业培训等方面的发展，二是加快经济、公民身份和政府的数字化转型。该战略涵盖了 100 个数字化转型行动计划，对促进巴西经济提质增效、转型升级具有重要意义，其中主要包括基础设施以及通信技术建设、研究开发和创新活动、建立监管机构、促进数字环境信任规则和规范教育和职业培训、加强巴西国际影响力等。其中，帮助巴西政府实现数字政府转型是该战略的重中之重。巴西政府的数字化转型以公共服务为导向，计划到 2022 年底提供超过 3000 个数字化服务，并将节省下来的政府开支用于建设医疗保健中心或儿童教育中心，进一步提高公共管理效率。该战略的实施预计将使巴西政府数字化服务水平提升至世界前 15 名。

2020 年，巴西发布第一份旨在实现城市可持续和包容发展的纲领性文件《巴西智慧城市规划》，确立了基于巴西国情的智慧城市概念及规划，总共包含了八个战略目标：数字化转型、优质的互联网接入、促进可持续城市发展、加强公民教育及数字素养、开展公共和私营部门及民间社会合作、透明公开地使用数据等。在该规划指导下，各州、市政府将在经济、环境和社会文化方面，以有计划、创新、包容和网络化的方式，促进数字扫盲、协作治理和管理，改善所有市民的生活质量。同时该议程也得到了巴西与德国政府合作项目"国家可持续城市发展议程项目"支持，将由区域发展部与德国技术合作公司协调负责。

巴西政府还将投入大量资金支持巴西数字化转型。2024 年 9 月 11 日，巴西总统卢拉出席巴西工业和数字化变革会议，副总统兼工贸部长阿尔克明在会上介绍巴西新工业计划中第四大任务"行业数字转型"的目标、优先事项和投资安排，包括推进物联网、人工智能、大数据发展的一揽子措施，预计有 1866 亿雷亚尔（约合 339.3 亿美元）的公共和私人资金投入，其中，政府已拨付 422 亿雷亚尔，即将拨付 587 亿雷亚尔；半导体和高新技术企业计划在 2024 年至 2035 年间投资 857 亿雷亚尔。首批投资将用于芯片、光纤和机器人制造，数据中心和云计算设施建设，工业流程优化，以及电信、电动汽车、软件开发和基础设施网络等领域。会上，卢拉还签署关于促进半导体产业发展的法案，制定半导体行业发展计划，并提出每年提供 70 亿雷亚尔的资金支持（到 2026 年达到 210 亿雷亚尔），以撬动芯片和电子产业链的研发投资。巴西政府新工业计划第四大任务的目标是到 2033 年巴西工业企业数字化转型覆盖率达到 50%。截至 2023 年，巴西工业数字化比例为 18.9%。

（二）智利：打造拉美数据黄金地

智利是全球首份数字经济区域协定 DEPA 发起国之一。根据"埃森哲和牛津"经济研究机构发布的 2022 年《智利数字经济发展报告》，智利数字经济规模占其 GDP 的 22.2%，约合 550 亿美元，数字经济价值指数居拉丁美洲第一。未来随着智利数字化转型政策的持续推进，相关领域具有较大市场空间。

为进一步增强本国数字领域投资吸引力、提升数字化水平达到与国际对接标准，智利提出一系列促进数字化转型战略。

2022 年，智利政府提出《智利 2035 数字转型战略》和《零数字鸿沟计划 2022—2025》，致力于完善数字基础设施建设，让智利民众享受到数字经济带来的便利与实惠。其中，《智利 2035 数字转型战略》围绕数字基础设施、数字素养、数字权利、数字经济、数字治理等方面提出 30 个细化目标，计划到 2035 年全国一半企业实现电子商务模式，2035 年前每年对 1 万家中小企业进行数字技术培训，研发支出占国内生产总值的比重在 2035 年提升至 2.5%，增加对技术型企业的融资等。《零数字鸿沟计划 2022—2025》则专门针对数字基础设施建设完善工作，包括加强农村及偏远地区的互联网连接，推进全国及地方光纤工程以及 5G 工程建设，让更多公众享受到数字经济带来的便利与实惠。政府还与学校等不同机构加强合作，着力提升公众数字素养。

2024 年 12 月 5 日，智利政府科学、技术、知识和创新部发布《国家数据中心战略计划》。这是智利成为拉丁美洲主要数字中心的一个丰碑，将推动智利基础设施和数字经济的发展。《国家数据中心战略计划》有三个主要目标：一是通过刺激投资、明确监管框架，为投资者、民众和学术界提供有益于发展的明确行动，促进数据中心行业的蓬勃发展；二是促进以可再生能源为基础的分散式行业的发展，降低对社会和环境的影响；三是加强国家研发能力，以前瞻性的眼光促进智利数据技术的发展。智利政府正筹划于 2025 年至 2027 年间，整合旨在建立人工智能培训基地的公私合作投资协议，并优先考虑具有战略意义的区域；继而在 2028 年至 2030 年期间，在选定的区域至少设立一个培训基地。《国家数据中心战略计划》总投资超过 40 亿美元，将使智利数据中心行业在未来五年内规模扩大一倍。这些资金将用在制定数据中心建设许可指南、完善环境评估标准、签署清洁生产协议、推动国家多云服务共享，以及建立人工智能（AI）园区等，为开发数据中心项目提供确定性条件。

二、数据领域相关立法

巴西和智利正积极推进数据领域相关立法。

（一）巴西《通用数据保护法》

巴西是南美洲最大的发展中国家，对于个人数据保护的立法日趋完善。2018年8月，巴西颁布《通用数据保护法》，这部巴西首个关于数据保护的综合性法律，系统完整地规定了对个人数据的保护。《通用数据保护法》共十章，包含总则、个人数据的处理、个人数据所有者的权利、公共机构对个人数据的处理、国际数据传输、个人数据处理代理、数据安全及良好实践、违规处罚、设立国家数据保护局及国家保护个人数据和隐私委员会等内容。该法旨在保护数据主体的隐私权、信息自决权等基本权利，同时促进数字经济的发展。

《通用数据保护法》第33条明确了巴西允许个人数据跨境传输的情况：（1）第三国或国际组织提供的个人数据保护水平达到了本法规定的充分性程度。（2）控制者提供和证明符合本法规定的原则、数据主体权利和数据保护制度的保证文件。（3）根据国际法律文书，政府情报、调查和警察机构之间的国际法律合作需要传输。（4）为了保护数据主体或第三方的生命或身体安全。（5）国家数据保护局授权传输。（6）通过国际合作协议承诺传输。（7）履行公共政策或法定公共服务职责需要传输，并且符合本法规定的程序。（8）数据主体明确同意，且传输目的可清楚地区别于其他目的。（9）履行法律或监管义务，履行合同程序，或在司法、行政、仲裁中正常行使权利等。

2024年8月，巴西国家数据保护局批准了《数据跨境传输条例》

和标准合同条款的内容，为《通用数据保护法》第 33 条中概述需要指导的情况制定了具体方针。例如，在充分性决定方面，对接收国或国际组织数据保护水平是否达到充分性程度的评估，《通用数据保护法》规定国家数据保护局将考虑以下情况：（1）目的地国或国际机构现行立法的一般和行业规则。（2）数据的性质。（3）遵守数据保护原则和数据主体的权利。（4）目的地国或国际组织采取的安全措施。（5）现有的司法和机构保障，包括独立监管机构的存在。（6）其他与传输相关的具体情况。《条例》对充分性决定的影响因素、程序等作了更细致的规定。又如，在标准合同条款方面，数据传输方向巴西境外的其他企业传输巴西用户个人数据时，均可以采用标准合同条款作为数据跨境传输机制，但不得对国家数据保护局提供的标准合同条款作任何修改或者作另外的抵触性约定。在约束性企业规则方面，适用于同一经济集团之间的数据跨境传输，对集团的所有成员具有约束力。[1]

在人工智能快速普及的当下，2023 年 12 月，巴西通过了具有里程碑意义的《人工智能法》，标志着拉美地区在数字治理方面迈出了重要一步。巴西《人工智能法》展现了监管与创新间的平衡尝试，既强调保护基本权利，又避免过度干预技术发展。这种方法值得其他发展中国家借鉴，尤其是在资源有限的情况下，巴西试图通过风险分级管理实现监管效率最大化。巴西的立法不仅填补了本国法律的空白，也为拉美其他国家提供了数字治理模板。拉美地区在数字化转型过程中面临技术鸿沟、经济不平等等挑战，而巴西的法律框架有助于区域内推动统一的监管标准，加强跨境合作。

---

[1] See "General Personal Data Protection Act (LGPD)", https://lgpd-brazil.info/.

（二）智利公布新的《个人数据保护法》

2024 年 12 月 13 日，智利官方公报发布了《规范个人数据保护和处理以及创建个人数据保护机构的第 21.719 号法律》（以下简称《个人数据保护法》）。《个人数据保护法》中的重大创新内容之一，是确立了新的合法依据，承认了数据主体同意的重要性，并据此深入规范和定义了"有效统一"的必要条件。

《个人数据保护法》不仅适用于智利境内的数据处理活动，还具备域外适用效力，适用于智利境外为了向智利境内的数据主体提供商品或服务或监控其行为的数据处理活动。同时，智利明确要求设立专门的个人数据保护局对个人数据进行保护与监管。《个人数据保护法》规定了与 GDPR 类似的数据跨境传输限制，要求仅可将个人数据跨境传输至提供具备足够个人数据保护水平的司法辖区，或受标准合同条款或有约束力的公司规则所约束的组织或个人。在违法后果方面，《个人数据保护法》根据严重程度对违法行为处以不同等级的罚款，分别为 5000 UTM[1]（约 245 万人民币）、10000 UTM（约 490 万人民币）和 20000 UTM（约 980 万人民币）。

三、拉美国家参与全球数据治理的三条路径

拉丁美洲正在加快促进数字化转型，利用数字技术带来的巨大发展机遇推动当地数字革命。但由于拉美地区各国的数据基础设施建设

---

[1] UTM（Unidad Tributaria Mensual，每月税额单位）是智利一种用于交易和金融业务的货币等价单位，其与智利比索的比率根据通货膨胀率进行调整。——编者注

发展参差不齐,以巴西、智利、阿根廷、墨西哥和秘鲁等为代表的部分拉美国家参与全球数据治理较为积极,主要从以下三条路径推进:

第一条路径是从签署区域层面的多边数字贸易协议为起点,参与全球数据治理。例如,墨西哥与美国、加拿大在原有的《北美自由贸易协定》基础上重新谈判,2018 年 11 月 30 日三国共同达成新的《美墨加协定》,2020 年 7 月 1 日正式生效。该协定首次用专门的章节提出"数字贸易"议题,延续了美国对数字产品要求非歧视待遇、避免对电子交易过度监管、不对数据处理中心和源代码进行贸易限制等"美式数字规则"。墨西哥在全球数据治理中接受了美国要求降低国家监管能力、禁止数据本地化存储和支持数据跨境自由与便捷流动等要求。又如,作为拉美地区最大的发展中经济体,巴西与葡萄牙、安哥拉、佛得角和圣多美及普林西比的数据保护机构的代表在葡萄牙里斯本举行的会议上签署声明,共同启动了"葡语国家数据保护网络(RLPD)"的创建程序,促进葡语国家的国际数据跨境传输。主要目标包括:成立成员之间开展数据跨境流动合作机制、创建一个关于数据保护的知识交流永久论坛、在尊重基本权利的前提下实现国际数据跨境传输等方面。智利则成为 DEPA 首创成员国,推出一种新型跨国数字经济合作协定,在数据利用效率最大化、保护个人隐私和维护国家数据主权三者之间的平衡寻求最佳方案,此外,智利借助 DEPA 的 16 个模块探索不同的数据治理方案,积极参与 WTO、OECD 和 APEC 等其他论坛的数字规则制定。此外,智利和秘鲁还是 CPTPP 在拉美地区的成员国。

第二条路径是在联合国、WTO、APEC、OECD、G20 和金砖国家等国际组织中探讨全球数据规则议题。巴西、阿根廷等在 WTO 电子商务谈判中较为活跃。其中，巴西在跨境数据流动、个人隐私保护、电子传输关税等方面的提案丰富。在数字服务监管和网络安全保障方面，巴西要求各成员国应尊重互联网主权、确保网络平台不滥用其市场地位；在电子传输关税和征收数字服务税方面，巴西主张免收该税等。在 2024 年巴西里约热内卢召开的 G20 领导人第 19 次峰会上，巴西强调将数据和数据共享看作是一种重要的战略资源，让数据帮助应对全球更加广泛的减贫、气候行动等优先事项。巴西呼吁 G20 成员国加快数字基础设施建设、推进数字经济的普及和发展；加强网络安全合作，共同应对网络攻击、数据泄露等数字安全威胁，为数字经济发展营造安全可靠的环境。同时，加大对人工智能、大数据、区块链等前沿数字技术领域的合作与交流。巴西主张为全球数据保护达成共识，希望建立一个切实可行的全球数据保护统一框架，并为《联合国 2030 年可持续发展议程》中的数字公共基础设施提供制度保障。2025 年，巴西成为金砖国家机制的轮值主席国。巴西强调数据共享是减贫和应对气候行动等全球挑战的下一个推动力。智利是 OECD 成员国和 DEPA 成员国，积极借助成员国身份参与数据规则制定。2024 年，秘鲁还承办了 APEC 第三十一次领导人非正式会议。

　　第三条路径是与中国在"一带一路"倡议下深入开展多边数据治理合作。2018 年 1 月，中拉论坛第二届部长级会议发表了《关于"一带一路"倡议的特别声明》，标志着中拉共建"一带一路"正式开启，为中拉全面合作伙伴关系的发展开辟了新前景。2023 年 9 月，中国与拉美和加勒比国家发布《中国—拉美和加勒比国家数字技术合作论坛重庆倡议》，呼吁中拉共同推动数字技术在教育、医疗、农业等领域广泛应用，促进数字技术与实体经济深度融合、创新发展。2024

年11月，中秘领导人签署《中秘自贸协定升级议定书》《中秘共建"一带一路"合作规划》，体现了双方坚定开放合作、实现互利共赢的决心和承诺；中巴两国领导人将双边关系定位提升为"携手构建更公正世界和更可持续星球的中巴命运共同体"，并决定将"一带一路"倡议同巴西发展战略对接，深化经贸、金融、科技、基础设施、环保等重点领域合作。在共建"一带一路"框架下，中国和拉美国家携手挖掘数字经济领域增长潜力，促进数字基础设施建设，拓宽数字技术合作的广度、深度，进一步助推拉美经济社会数字化转型，为双方释放新发展潜能，实现互利共赢。

第四章
多边机制数据治理焦点：
跨境数据流动

　　数据作为推动数字经济发展和支撑前沿科技革新的核心资源，其价值的充分发挥依赖于数据的自由流通。跨境数据流动已成为激活全球经济与社会发展的关键驱动力。据估计，跨境数据流动对全球GDP贡献预计到2025年将增长至11万亿美元。然而，鉴于数据所具有的无限性、易复制性、非均质性、易腐性和原始性等五大特征，跨境数据的自由流动亦将给国际社会带来数据安全、个人隐私保护以及数据主权等多重挑战。因此，如何构建一套既能够维护数据主权与安全，又能保障个人隐私，同时促进跨境数据流动的国际监管规制体系，已成为国际社会及各国亟须解决的关键问题。

　　迄今为止，全球尚未形成统一的跨境数据流动规制体系。联合国、世界贸易组织（WTO）、经济合作与发展组织（OECD）、二十国集团（G20）以及亚太经济合作与发展组织（APEC）等国际组织正致力于探索构建平衡监管的跨境数据流动规则体系。此外，《全面与进步跨太平洋伙伴关系协定》（CPTPP）、《区域全面经济伙伴关系协定》（RCEP）等区域自由贸易协定，以及《美墨加协定》（USMCA）、《美日数字贸易协定》（UJDTA）、《数字经济伙伴关系协定》（DEPA）等双边或多边贸易协定，均将跨境数据流动规则纳入相关议题进行讨论。

第一节　国际与区域组织推动跨境数据流动治理

全球数据治理框架尚未成形，跨境数据流动国际规则体系仍然处于探索阶段。联合国、WTO、OECD、G20 和 APEC 等国际组织正积极推动数据跨境流动。[1]具体政策如下：

一、联合国：呼吁缩小全球“数字鸿沟”，构建开放、自由、安全、以人为本的数据跨境流动治理框架

联合国试图建立一个跨越不同数字法律和政策领域的集体治理框架，引领全球在数字合作和数据治理改革等关键领域行动，推动构建一个开放、自由、安全和包容的全球数字合作环境。2019 年 6 月，联合国数字合作高级别小组发布《相互依存的数字时代》报

---

[1]　参见商务部国际贸易经济合作研究院、上海数据交易所：《全球数据跨境流动规则全景图》。

告，呼吁国际社会积极发挥利益相关方在数字合作中的作用，创新监管思维，解决"信任赤字"问题，并充分意识到数字对国际贸易的技术改变等，提出三套改进全球数字合作架构的模式，包括增强和扩展互联网治理论坛（Internet Governance Forum，IGF）、实现分布式共同治理架构（COGOV）和建立"数字共同架构"等。在 2023 年 10 月 8 日至 12 日举行的第 8 届 IGF 会议上，与会者深入探讨了跨境数据流动的相关议题，包括建议制定相关原则和实际措施以发展"基于信任的数据自由流动"（Data Free Flow with Trust，DFFT）概念，并强调发展中国家应积极参与数据跨境流动治理规则的讨论议程。

联合国重视数据和跨境数据流动对全球数字经济发展的重要性，尤其是数据驱动的数字经济加剧全球"数字鸿沟"的问题。联合国 2021 年数据经济年度报告《跨境数据流动与发展：数据为谁流动》突出强调跨境数据流动与各经济体数字发展的相关性问题，并重申联合国在推动全球数据跨境流动治理中的重要地位。在跨境数据流动方面，联合国一是呼吁各国制定或相互援助制定相关法律和监管框架，确保各国的数据安全和个人隐私都能得到法律保护，二是支持各国在尊重人权和安全的基础上制定关于数据和跨境数据流动的国家发展战略，三是积极为发展中国家与发达国家间共享区域和全球跨境数据流动成果提供合作与对话平台。

2024 年 9 月 22 日，联合国正式通过《全球数字契约》，围绕弥合数字鸿沟、扩大数字惠益、营造数字空间、推进数据治理、加强人工智能国际治理五大目标，提出一系列原则、具体行动。《全球数字契约》尤其强调促进跨境数据流动，探索相关监管共性和差异，推动可互操作的数据治理，设立工作组开展多方对话等等。联合国鼓励各成员国推进负责任、公平和可互操作的数据治理做法。保护数据隐私和安全，制定可互操作的国家数据治理框架，确保数据处理各环节安全可靠。

此外，联合国通过举办世界数据论坛，为各国共同探讨数据造福人类、缓解相互间"信任赤字"、提升数据跨境流动的可操作性等方面提供重要平台，实现以"数据之治"助力实现 2030 年可持续发展议程。

二、WTO：引领与制定多边贸易规则最重要的国际组织，数据跨境流动是 WTO 电子商务谈判中分歧较大的议题之一

WTO 在制定数字规则方面的进程明显落后于数字化转型的实际需求，这既源于 WTO 多边谈判机制的制约，也有数字贸易技术和数字贸易业态仍处于快速发展之中这一现实困难的影响。

WTO 电子商务联合声明谈判的启动，充分体现数字经济全球化发展倒逼国际贸易规则的深刻变革。2019 年 1 月，76 个 WTO 成员签署《电子商务联合声明》，确认启动与贸易有关的电子商务议题谈判，旨在制订电子商务与数字贸易领域的国际规则。此外，还有以中国为代表的一些成员并未在提案中提及数据跨境流动，倾向于不将数据跨境流动列入谈判议程，而只将电子商务便利化相关议题纳入谈判。2024 年 7 月 26 日，WTO 电子商务谈判达到了一个新的里程碑，联合召集国澳大利亚、日本和新加坡宣布谈判达成了一个稳定的《电

子商务协议》文本，涵盖了无纸化交易、电子合同、电子签名、电子发票、垃圾邮件、消费者保护、网络安全和电子交易框架等内容，为各国的数字贸易和数字化转型提供了一个平衡且包容的框架。协议还特别关注中小微企业（MSMEs）的利益，将帮助发展中成员和最不发达成员更好地参与全球数字经济。目前，成员国已在电子签名、电子发票、无纸化交易等技术层面达成广泛共识。然而，在跨境数据流动、数据本地化、电子传输免关税、源代码披露和算法公开等问题上，参与方之间的谈判路径和诉求主张上存在明显差异，尤其是涉及跨境数据自由流动、数字产品非歧视等核心议题上的争议尤为激烈。

跨境数据流动规则是 WTO 电子商务谈判的最大挑战之一。跨境数据流动过程中涉及的数据安全、隐私保护和数据所有权等问题，以及如何平衡跨境数据流动与国内监管权之间的重要关系，是 WTO 电子商务规则制定面临的重要挑战之一。WTO 协定中规制数据本地化存储主要在《服务贸易总协定》（*General Agreement on Trade in Services, GATS*）框架附件关于"公共电信传输网和服务的进入和使用"规定，"各成员应保证任何其他成员的服务提供者为在境内或跨境传递信息而可以使用公共电信网和服务，包括这些提供者的公司内部通讯，和使用在任何成员境内的数据库或以其他机器可读方式存储的信息"。GATS 规定隐含支持数据自由流动，但 GATS 第十四条一般性例外（要求"保护与个人资料的处理和散播有关的个人隐私以及保护个人记录和账户秘密"）和安全例外（不得解释为"阻止任何成员为保护其基本安全利益而有必要采取的行动"），使跨境数据自由流动具有前提条件，给各国限制数据跨境流动留出了政策空间。

根据成员国对数据跨境流动的态度分类，可以分为三组。第一组以美国、日本、加拿大、新加坡等成员国主张不应对以商业为目的的数据跨境流动作出限制为代表，试图通过 WTO 谈判打破数据壁垒以维护数字科技产业竞争优势。美国在区域贸易协定、数字贸易协定和 WTO 谈判中一直对数据本地化要求等跨境数据自由流动限制措施持反对态度。不过，与在其他区域协议中对数据本地化存储强硬立场不同的是，在 2023 年 10 月 25 日举行的 WTO 电子商务谈判中，美国贸易代表凯瑟琳·泰（Katherine Tai）放弃了美国长期以来对数据跨境自由流动的要求，为国会提供调控、监管大型科技公司的空间。美国在 WTO 电子商务谈判中可能就支持跨境数据自由流动设置例外条款。

第二组以欧盟提案为代表，重视个人隐私和数据保护，并将其作为限制跨境数据流动的例外情形。欧盟在区域贸易协定和 WTO 电子商务谈判中表示支持跨境数据流动，但其前置条件是对公民隐私做充分性认定。欧盟曾经提出以下四项限制措施，包括不应要求使用境内计算设置处理数据、不应要求数据在境内存储、不应禁止在其他成员境内存储或处理数据、不应将计算设施和数据存储本地化作为允许跨境数据流动的前提等。但欧盟委员会不支持数据本地化，欧盟内部也尚未达成一致。

第三组以俄罗斯为代表，建议数据存储本地化。俄罗斯出于数据安全考虑，对数据跨境流动制定了严格的监管机制。《俄罗斯联邦个人数据法》修正案，对跨境数据作出对内对外均严格的管理模式。对于个人数据的处理而言，数据主体应当享有对个人数据信息进行检查的权利，并在国家机关职权范围内实施个人数据检查等。因此，在 WTO 电子商务谈判中，俄罗斯也更加强调数据本地化存储的安全性，确保本国数据的安全。

表 4-1　WTO 成员国关于数字规则提案的议题分类

提案议题分类	数字规则	主要内容
关税类规则	电子传输免关税	削减或取消数字环境中数字产品的关税壁垒，提升数字贸易产品的非歧视性待遇
	数字产品免税	
	ITA 括围	
	数字产品非歧视待遇	
数据类规则	跨境数据流动	扩展尚未覆盖在 WTO 框架下的数字贸易前沿和新兴议题
	数据本地化	
	数据开放	
	互联网开放	
隐私和安全类规则	保护源代码与专有算法	保护数字贸易中企业的知识产权和消费者权益，构建安全有效的电子商务与数字市场环境
	加密	
	保护版权	
	在线消费者保护	
	个人信息保护	
	网络安全	
	未经请求的电子商业信息	
促进与便利类规则	无纸化贸易	建立良好的电子商务和数字贸易环境，完善相关的配套制度
	电子认证和电子签名	
	电子发票	
	改善数字基础设施	
	提高政策透明度	

资料来源：根据 WTO 电子商务谈判提案整理。

表 4-2　WTO 主要成员国提出的数字规则具体议题

数字规则	美国	欧盟	中国	日本	加拿大	新西兰	新加坡	韩国	俄罗斯
电子传输免关税	√	√	√	√	√	√	√		√
数字产品免税	√				√				
ITA 括围		√			√				
数字产品非歧视待遇	√			√					
跨境数据流动	√	√			√		√	√	√
数据本地化	√				√		√		
数据开放	√			√					
互联网开放	√	√		√					
保护源代码与专有算法	√	√		√	√		√	√	
加密	√			√					
保护版权									
在线消费者保护	√	√	√	√	√	√	√	√	√
个人信息保护		√	√	√	√	√	√	√	√
网络安全	√		√	√			√		
未经请求的电子商业信息		√	√	√	√	√	√		√
无纸化贸易		√	√	√		√	√	√	√
电子认证和电子签名	√	√	√	√	√		√		√
电子发票						√	√		
改善数字基础设施		√		√	√		√	√	
提高政策透明度			√	√	√			√	

资料来源：根据 WTO 电子商务谈判提案整理。

表4-3　俄罗斯、美国、欧盟等主要成员国提出的数字规则具体议题

议题 \ 成员国	俄罗斯	美国	欧盟
流动程度	有限制	自由流动	有限制
规制路径	法律规制	行业自律	法律规制
本地化措施	本地化存储	反对本地化存储	内部意见分歧

资料来源：周念利、李玉昊、刘东：《多边数字贸易规制的发展趋势研究——基于WTO主要成员的最新提案》，《亚太经济》2018年第2期。在此基础上做补充修正。

目前，WTO中的数据跨境流动议题暂时由以美国为首的发达成员所主导，许多发展中经济体关注的数据安全立场很难占据优势。美、欧、俄等主要成员的关注和诉求有明显区别。欧盟认为谈判需要解决数据本地化、个人信息保护、源代码问题；美国重点关切数字内容产品进入他国市场不会遭受歧视、跨境数据确保自由流动；俄罗斯则强调数据本地化存储与绝对安全；中国的提案则强调传统跨境电商的规则和发展中国家的权益。

三、OECD：参与跨境数据流动治理最主要的多边机制之一，通过召开委员会或以研究报告的形式，引领基于隐私保护和数字信任的共同框架

1980年OECD发布的《关于隐私保护与个人数据跨境流动指南》（简称《OECD隐私指南》）是全球层面对数据跨境流动进行规制的首次尝试，也是全球个人信息保护法规的历史源头之一。《OECD隐私指南》在2013年再次修订，明确了个人数据保护的八项基本原则，

即限制收集、数据质量、目标明确、限制使用、安全保护、公开透明、个人参与以及问责制，设定了个人信息保护的最低标准。[1]

在跨境数据流动方面，《OECD 隐私指南》整体上倾向于推动跨境数据自由流动，确立了数据跨境流动的基本原则，即鼓励数据自由流动及对数据跨境流动的合法限制，始终贯穿两个主题。一是重视以风险管理模式保护隐私的实际执行情况。二是强调必须不断提升跨境合作能力，解决全球范围内的隐私问题。《OECD 隐私指南》重点指出成员国应当避免对个人数据的跨境流动施加限制的两种情况：第一种是避免限制成员国与实质上遵守《OECD 隐私指南》的另一国之间的跨境数据流动，第二种是避免限制成员国与具有足够保障措施并可以确保与《OECD 隐私指南》保持一致的数据保护水平国家之间的跨境数据流动。

综合来看，《OECD 隐私指南》重点修改了涉及数据隐私保护和提高可操作性原则，包括：其一，新增"保护隐私的法律"和"隐私执法机构"两个定义，并在第五部分（"国家实施"）中新增第 19 条对隐私执法机构作出了具体规定，即要求成员国建立起的隐私执法机构必须具备能够有效行使权力的管理机构、资源和技术专家，以支持执法机构作出客观、公正和具有持续性的决策。增加新的定义强调 OECD 对完善国际和国内隐私保护法制环境的重视，以及对设立和完善隐私执法机构的权力配置与职能分工的重视。此外，OECD 还强调数据跨境流动的个人隐私保护需要各国互相协作，建设隐私执法机构。

---

[1]　"OECD Guidelines on the Protection of Privacy and Transborder Flows of Personal Data", https://bja.ojp.gov/sites/g/files/xyckuh186/files/media/document/oecd_fips.pdf.

其二，新增"实施责任"部分，该部分主要增加了数据控制者的两项义务：一是"实施隐私管理规划的义务"，二是"数据安全损毁的通知义务"。"实施隐私管理规划的义务"要求数据控制者必须制定针对自身特殊性的隐私管理规划，确保对其控制的所有个人数据有效地实施指南的规定。"数据安全损毁的通知义务"要求数据控制者在发生影响个人数据的重大安全损毁事故时，应当及时通告隐私执法机构或其他有关权威机构。

其三，在国际适用的基本原则部分，《OECD隐私指南》进一步放宽了对个人数据跨境流通的限制，最大限度地促进数据的自由流通。同时进一步强调了数据控制者对其所掌控的个人数据的管理与保护责任。

其四，在国家实施部分新增了许多实现隐私保护目标的具体手段与措施，例如发展国家隐私战略；制定保护隐私的法律并建立隐私执法机构，以法律赋予个人实现权利的合理手段以及权利救济的途径，以执法机构实施必要的制裁措施惩戒违法的数据控制者；采取行为准则或其他方式的自治手段，通过行业自律来规范数据控制者的数据处理行为；采取补充措施，包括教育、警示、促进保护隐私的技能开发和技术推广等。

其五，国际合作和协调部分新增了实施跨境隐私执法合作的要求，强调了隐私保护全球一体化的必要性和重要性。OECD倡导在国际层面建立起一个强大的全球性隐私执法机构合作网络，通过这一合作网络，数据主体可以实现在异地异国投诉和维权，各国执法机构可以通过相互授权执法来实现执法权的域外效力。一方面可以减少域外执法阻碍、提高工作效率，另一方面可以促进各国隐私保护的执法统一，推动隐私保护水平全球一体化的进程。

目前，OECD 工作计划的重点是提供数据治理的通用框架，加强数字环境信任。OECD 在多次数字经济部长级宣言中，宣布支持信息自由流动以促进创新和创造力，尊重隐私和数据保护框架、加强数字安全。OECD 建议以高水平、可操作和结果导向为原则，适应各国监管体系和机构设置之间的差异，促进不同国家监管框架的一致性，培养各国间跨境数据流动的信任。主要议题包括保护隐私和跨境数据流动指南、在保护隐私的执法中开展跨境合作、加强数据访问和共享、维护数字安全等。此外，OECD 还通过数字经济政策委员会（CDEP）及其数据治理和隐私工作小组（DGP），正积极推动全球数据治理，促进数据跨境流动。

然而，在 OECD 内部对于如何保护隐私，促进跨境数据流动也存在分歧。比如，在价值观上，美国代表强调跨境数据的流通价值，而欧洲代表则强调民主价值和个人独立尊严同等重要。

四、APEC：通过 CBPR 体系建立隐私保护认证框架，促进数据跨境自由流动

APEC 重在指导亚太地区数据跨境自由流动，确保适当的、相互信任的隐私保护则是前提条件。APEC 电子商务指导小组以《OECD 隐私指南》为蓝本，2005 年发布了《APEC 隐私框架》，并在 2015 年对其修正。《APEC 隐私框架》以原则和实施指南为核心，促进亚太地区对隐私和个人信息保护措施的一致性，提出数据隐私保护九大原则，即避免伤害、通知、收集限制、个人信息的使用、选择性原

则、个人信息的完整性、安全保护、查询及更正、问责制。

2007 年，APEC 批准了《APEC 数据隐私探路者倡议》（*APEC Data Privacy Pathfinder Initiative*），建立了"数据隐私探路者"（Data Privacy Pathfinder），目标是促进亚太地区负责任的数据跨境流动。2011 年，在数据隐私探路者的努力下，在经 APEC 21 个经济体首脑通过后建立了 CBPR 体系。这是对 APEC 隐私框架要求的实施，并将为适用于 APEC 经济体之间的个人信息流动提供了一个现成的、国际认可的隐私保护认证框架。

CBPR 体系建立的主要目的是形成一套可以由政府背书、自愿、可执行的数据隐私保护认证机制，便于 APEC 经济体的数据控制者在满足认证要求后加入该体系，向境外交易相关方证明自身的数据保护水平，由此获得数据跨境自由流动的承诺资质。CBPR 体系是由隐私执法机构、问责代理机构和企业三方共同参与的数据隐私认证机制。由于 CBPR 体系的规制目标对象是数据控制者，并不适用于数据处理者，在 CBPR 体系内，APEC 建立了针对数据处理者的认证体系——数据处理者隐私识别（Privacy Recognition for Processors，PRP）体系，专门针对数据处理者进行身份认证。具体实践中，相关组织通过向责任代理提交自评估问卷及相关文件，并发起 CBPR 体系的认证程序。然后由 APEC 认证的第三方机构评估申请组织的隐私政策和实践情况，并根据 CBPR 体系给予认证。CBPR 体系所设立的，由责任代理进行的第三方核查的方式是独特的。这建立了及时高效的争议解决机制，并且由 CBPR 认证经济体授权的内部执法机关为争议解决提供了强制力。

在 CBPR 之外，APEC 还建立跨境隐私执法安排（Cross-Border

Privacy Enforcement Arrangement，CPEA），支持建立整体的数据跨境机制。这也是亚太地区第一个隐私执法合作机制，目的包括：促进经济体隐私执法机关之间的信息共享、建立隐私执法机关在执法方面的合作、促进隐私执法机构在执行 CBPR 方面的合作、鼓励与 APEC 以外的隐私执法机构加强隐私调查与执法合作等。截至 2022 年 8 月，共有 9 个国家和地区参与 APEC 的 CBPR 体系，分别是美国、墨西哥、日本、加拿大、新加坡、韩国、澳大利亚、菲律宾以及中国台北。通过 CBPR 认证的组织一共有 44 个，其中美国组织占 37 个、新加坡组织 5 个、日本组织 2 个。

当前，美国正主导亚太地区数据跨境流动规则。2022 年 4 月 21 日，美国、加拿大、日本、韩国、菲律宾、新加坡，以及中国台湾等国家和地区共同发布全球跨境隐私规则声明（Global Cross-Border Privacy Rules Declaration），正式对外宣告成立全球跨境隐私规则（CBPR）论坛，致力促进数据自由流通与有效的隐私保护。全球 CBPR 论坛旨在建立 CBPR 和处理者隐私识别系统认证，这是同类首创的数据隐私认证，可证明公司符合国际公认的数据隐私标准。同时，新论坛将促进贸易和国际数据流动，促进全球合作，在共同的数据隐私价值观基础上，承认国内保护数据隐私方法的差异。这一举动本质上是将 APEC 框架下的 CBPR 体系转变成一个全球所有国家都可以加入的体系。同时，美国拟在现有的 CBPR 的基础上开发新的国际数据认证系统，适应各类不同标准的数据保护制度。实际上，美国正在推动新 CBPR，将全球大多数国家的数据合规体系纳入其中，进而让美国能够掌握全球数据规则的制定权，促使美国科技企业能用最低的成本吸引海外数据向美国流动，巩固其数字经济和技术在全球的中心地位。[1]

五、G20：日本提出"基于信任的数据自由流动"（DFFT），在 G7 框架下扩大影响力

　　日本在 G20 框架下启动"大阪轨道"，首次提出建立"基于信任的数据自由流动"理念。2019 年 1 月，时任日本首相安倍晋三在达沃斯世界经济论坛上首次提出 DFF 概念。同年，在 G20 大阪峰会茨城筑波贸易和数字经济大臣会议上，作为阶段性成果文件的部长级声明就 DFFT 的实施，提出了"尊重国内和国际的法律框架""合作以鼓励不同框架之间的互操作性""确认数据在发展中的作用"的主张。在 G20 大阪峰会领导人数字经济特别会议上，成员国宣布启动"大阪轨道"，并签署《大阪数字经济宣言》，重申 DFFT，建立运行数据跨境自由流动的"数据流通圈"，强调要在更好保护个人信息、知识产权和网络安全的基础上，推动全球数据自由流通并制定可靠的规则。但 G20 成员国中的印度、印尼与南非没有在宣言上签字。2020年，G20 利雅得领导人宣言承认有信任数据自由流动和跨境数据流动的重要性，并提出"进一步促进数据自由流动，加强消费者和企业的信任"。2021 年，G20 集团罗马领导人宣言继续承认 DFFT 的重要性，表示"继续促进共识，努力确定现有监管方法和工具之间共同点、互补性，使数据能够信任地流动，以促进未来的互操作性"[2]。2022 年

---

[1]　蒋旭栋：《据跨境规则演进的双重逻辑：技术治理与地缘政治》，《信息安全与通信保密》2023 年第 11 期。

[2]　参见商务部国际贸易经济合作研究院、上海数据交易所：《全球数据跨境流动规则全景图》。

G20 巴厘岛峰会上，数字经济工作组会议将数据跨境流动列为一个重要议题。成员国围绕数据跨境自由流动的透明度、合法性、公平性以及互惠性等方面展开讨论。印尼、印度等国家虽然强调了数据跨境自由流动的重要性，但更多指出了数据隐私、数据保护和国家安全等核心关切。

由于 G20 成员国印度、印度尼西亚和南非拒绝加入"大阪轨道"倡议，日本继而选择缩小平台，在不包含新兴与发展中经济体的 G7 框架下推广和实施 DFFT。G7 数字轨道和贸易轨道致力于 DFFT 问题的探索，在"G7 数字贸易原则"、《可信数据自由流动路线图》和《可信数据自由流动行动计划》基础上，G7 数字和技术部长会议宣布成立新的"伙伴关系制度安排"，并在 G7 广岛峰会上予以批准。该制度安排强调以原则为基础、以解决方案为导向，加强数据领域监管合作和数据共享，标志着"可信数据自由流动"进入机制化阶段。

表 4-4　国际组织关于数据跨境流动的代表性文件或倡议

国际组织	代表性文件或倡议	数据跨境流动相关治理机制
联合国	《全球数字契约》《2030 可持续发展议程》	联合国互联网治理论坛、联合国世界数据论坛
WTO	《电子商务联合声明》	部长与非部长级会议
OECD	《OECD 隐私指南》	跨境数据障碍与隐私保护专家组、数字经济政策委员会、数据治理和隐私工作小组
APEC	《APEC 隐私框架》与 CBPR 跨境隐私规则体系	电子商务指导小组
G20/G7	"基于信任的数据自由流动"	无

资料来源：根据 WTO 电子商务谈判提案整理。

2023年4月在日本举行的数字技术部长会议则提出了更为详细的《DFFT实施计划》，划定了DFFT落地的五项行动，即加强DFFT的实施基础并深入了解现有监管方法和工具，基于现有监管方法和工具促进可操作性，开展监管合作支持G7政策官员和监管机构之间的对话，在数字贸易的背景下推动DFFT，以及共享关于国际数据空间前景的知识等。宣言的附件中还涵盖了DFFT实施的更详细信息，包括从政策、工具、技术、法律层面促进DFFT具体实施，如开发兼容的政策、工具，增强隐私技术的研发，注重DFFT法律实践相关的探讨（模板合同条款和认证机制、国际隐私框架等）。此外，日本还寻求就DFFT建立专门平台支持，并启动"DFFT伙伴关系机制性安排"。日本希望在经合组织等国际组织的框架下，围绕DFFT成立秘书处以建立讨论、制定全球数据治理规则和框架的专门场合，并已启动"DFFT伙伴关系机制性安排"，促进更强有力的规则落实。

第二节　区域贸易协定的跨境数据流动规制

在区域及双边框架下，各国通过加入或缔结区域或双边自贸协定及数字经济专项协定，并在协定中纳入数据跨境流动相关条款，破除各国间数据跨境流动壁垒，促进区域层面数据自由流动。目前，纳入数据跨境流动相关议题的区域或双边贸易协定主要包括CPTPP、RCEP、DEPA和USMCA等，涉及议题主要包括"个人信息保护""通过电子方式跨境传输信息""计算设施位置"等三类条款。主要协定与规制现状如下：

一、CPTPP：建立缔约国规则互操作机制

CPTPP 是全球范围内较早生效且包含数字贸易规则的多边协定，在促进数据跨境自由流动方面设置了较高的开放标准（见表 4-5）。

CPTPP 的数字贸易规则框架既延续了电子传输免关税、个人信息保护、线上消费者保护等传统电子商务议题，又创新性地引入跨境数据流动、计算设施本地化、源代码保护等议题。比如，在"个人信息保护"议题下，CPTPP 要求各缔约方在考虑国际组织关于个人隐私保护原则的基础上，建立个人信息保护法律框架，基于非歧视原则为境外个人信息提供保护。此外，由于各缔约方可能采取不同的法律方式保护个人信息，各国个人信息保护制度的不兼容、不互认将限制数据跨境流动，因此 CPTPP 鼓励建立促进各国个人信息保护制度兼容性和可互操作性的机制，包括对监管结果的互认、共同安排、更广泛的国际框架等，以便利数据跨境传输。又如，在"通过电子方式传输信息"议题下，CPTPP 采取了"鼓励数据跨境流动 + 合法公共政策目标例外"的基本框架。首先，CPTPP 肯定各国对跨境信息传输监管的权力，即各成员国有权设置不同的数据跨境传输监管要求。其次，CPTPP 要求数据跨境自由流动，允许为实现合法公共政策目标对跨境数据流动实施限制，但该限制措施不能构成歧视或变相贸易限制，且不得超过必要限度（即限制措施需满足非歧视性和必要性原则）。

表 4-5　CPTPP 涉及数据跨境流动条款的主要内容

协定	条款	简要内容
CPTPP	14.8	承认个人信息保护的价值，并将其纳入消费者的权益范畴而加以规制。 要求各方建立起个人信息的保护框架，并以现存的国际标准作为参考。 要求境外个人信息输入后享受非歧视的境内保护。 要求公开企业所应遵守的法律法规以及私人主体可获得的救济途径。 鼓励建立包含互认机制在内的兼容机制。
	14.11	认可"成员方关于跨境信息传输有其自身的规制要求"。 要求数据跨境自由流动。 "公共政策目标例外"，为实现公共政策目标可对跨境信息流动实施限制，但该措施的实施方式不构成对贸易的任意或不合理的歧视或变相限制且是适度的，不超过实现目标所需的限制水平。
	14.13	承认各缔约方有各自监管要求，包括通信安全和保密要。 不得以本地化作为开展业务条件。 "公共政策目标例外"，可以为实现合理公共政策目标采取不符措施，但该措施的实施方式不能构成任意或不合理歧视或变相限制贸易，且不得超过实现目标所必需的限度。

资料来源："Comprehensive and Progressive Agreement for Trans-Pacific Partnership"，https://www.mfat.govt.nz/assets/Trade-agreements/CPTPP/Comprehensive-and-Progressive-Agreement-for-Trans-Pacific-Partnership-CPTPP-English.pdf.

　　再如，在"计算设施位置"议题下，CPTPP 采取了"禁止计算设施本地化＋合法公共政策目标例外"的基本框架。首先，CPTPP 认可成员国基于通信机密和安全的需求，对其境内计算设施的使用具有监管权力。其次，CPTPP 要求各缔约方不得将计算设施本地化作为在其领土内开展业务的前提条件，但可以为实现合理的公共政策目标实施例外措施，前提是例外措施不得构成歧视和变相贸易限制或超过必要限度（即限制措施需满足非歧视性和必要性原则）。

总体而言，它鼓励建立个人信息保护制度兼容性和可互操作性机制，支持数据跨境自由流动及计算设施非强制本地化，但 CPTPP 承认各国对于数据跨境流动、计算设施位置的监管要求，允许有条件的例外，对例外条例的宽容度较低，仅允许有条件、有限度的例外。

CPTPP 现有成员国包括新加坡、澳大利亚、文莱、加拿大、智利、日本、马来西亚、墨西哥、新西兰、秘鲁、越南、英国等 12 个成员国。中国于 2021 年 9 月 16 日正式提出申请加入，但 CPTPP 成员国对中国申请加入持不同态度，且 CPTPP 申请程序又是一票否决制，申请国需要得到所有成员国的同意才可加入，中国如何采取措施，获得所有成员国的支持，成为当前迫切的问题。目前，CPTPP 成员国对中国申请加入态度分化明显。以新加坡、马来西亚、越南、文莱、智利和新西兰等 6 国为代表，明确表示欢迎中国加入。但是，日本、墨西哥、加拿大、澳大利亚、秘鲁等 5 国对中国申请加入 CPTPP 持怀疑态度。

二、RCEP：允许"例外条款"的保留程度更高

RCEP 是世界上参与人口最多、经贸规模最大、最具发展潜力的自贸协定，也是亚太区域经济一体化的重要里程碑，为区域经济高水平合作发展注入了新动能。RCEP 由东盟发起，于 2023 年 6 月 2 日开始对印度尼西亚、马来西亚、菲律宾、泰国、新加坡、文莱、柬埔寨、老挝、缅甸、越南、中国、日本、韩国、澳大利亚和新西兰 15 个成员国全面生效。中国在 2020 年 11 月 15 日签署 RCEP，并在 2022 年 1 月 1 日正式生效。

RCEP 第 12.2 条规定了 RCEP 电子商务规制的三大目标，即："促进缔约方之间的电子商务，以及全球范围内电子商务的更广泛使用""为电子商务创造一个信任和有信心的环境"，以及"加强缔约方在电子商务发展方面的合作"。RCEP 数据跨境规则主要集中于第 8 章"服务贸易"中的附件 1"金融服务"和附件 2"电信服务"以及第 12 章"电子商务"（见表 4-6）。

具体包括：第 12 章"电子商务"第 14 条对计算设施的位置进行规定，明确了数据存储非强制本地化的要求，但是第 14 条第 3 款为该要求设置了前提，如果缔约方为了实现其合法的公共政策目标，以及为了保护其安全利益，则可以采取缔约方认为的必要措施。这里的合法公共政策的必要性应当由实施政策的缔约方决定，因此赋予了缔约方决定是否进行数据存储强制本地化的权利。第 12 章第 15 条"通过电子方式跨境传输信息"采取了与第 14 条一样的规定方式。第 15 条第 2 款对跨境传输电子信息的自由进行了强调，明确"一缔约方不得阻止涵盖的人为进行商业行为而通过电子方式跨境传输信息"，但是缔约方出于公共政策目标以及安全利益所需可以进行相应的阻止，对于公共政策目标的界定也由缔约方决定。

表 4-6　RCEP 涉及数据跨境流动条款的主要内容

协定	条款	简要内容
RCEP	第 8 章附件 1、2	每一个缔约方承诺不得阻止开展业务所必需的信息转移或信息处理，但同时承认每一个缔约方对其信息转移与信息处理的管理权利，强调上述规定不得阻止每一个缔约方的监管需求与数据安全保护。 要求每一个缔约方应当保证，另一个缔约方的服务提供者可以使用公共电信网络和服务在其领土内或跨境传输信息。

（续表）

协定	条款	简要内容
RCEP	第 12 章 第 14 条	明确了数据存储非强制本地化的要求；如果缔约方为了实现其合法的公共政策目标，以及为了保护其安全利益，则可以采取缔约方认为的必要措施。
	第 12 章 第 15 条	各缔约方对电子方式传输信息有各自的监管要求。 每一个缔约方不得阻止为进行商业行为而通过电子方式跨境传输信息；"公共政策目标例外 + 安全例外"。 缔约方可以为实现合法的公共政策目标采取限制数据传输的措施，只要该措施不构成任意或不合理的歧视或变相贸易限制的。该缔约方可以为基本安全利益采取任何不符措施，且其他缔约方不得对此类措施提出异议。

资料来源："Regional Comprehensive Economic Partnership Agreement"，https://rcepsec.org/legal-text/.

总之，RCEP 与 CPTPP 有 7 个成员国重叠，RCEP 作为全球最大的自由贸易区，虽然在某些领域与 CPTPP 存在一定差距，但二者应该是相互补充、相互促进的关系，RCEP 与 CPTPP 的协调互动对于推动亚太自贸区的建立具有重要价值。RCEP 对跨境数据流动监管需求给予肯定，但规定缔约方不得组织为商业行为而进行的跨境信息传输，禁止缔约方设置以计算设施本地化作为在其域内进行商业行为的条件。

三、DEPA：提出数据跨境流动创新性条款

DEPA 由新西兰、新加坡、智利三国于 2019 年 5 月发起，是全球首个以数字经济为重点、模块化设计的多边经贸协定，也是全球首个通过网络签署、面向所有 WTO 成员国开放的重要经贸协定。

DEPA 涵盖了商业和贸易便利化、数字产品及相关问题的处理、透明度和争端解决等数字经济和贸易方方面面的内容，其条款设计具有非常强的包容性、兼容性和可拓展性。中国于 2021 年 11 月 1 日正式提出加入 DEPA 的申请，并在 2022 年 8 月 18 日成立了中国加入 DEPA 工作组，全面推进加入谈判。自加入工作组成立以来，中方与成员方开展了大量富有成效的工作，总体进展积极。DEPA 成员方对中国加入工作组取得的进展给予积极评价，表示愿同中方一道，全面推进各层级磋商，深化数字经济相关合作。对于 DEPA 而言，中国需要应对西方国家在跨境数据流动、数据存储非强制本地规则等方面的诉求，并展示中国在数字经济领域的实力和广阔的市场。

DEPA 属于目前贸易谈判中的最新形式，强调"以发展为导向"。DEPA 着眼于跨境数字经济产业链构建、数据创新与数据公开规则、以及中小企业数字包容性发展。在跨境数据流动领域，DEPA 更加关注的是个人信息安全保护、各国之间的监管互认机制、要求数据存储非强制本地化等。同时，DEPA 最大的特色在于关注政府数据跨境流动的应用，包括在人工智能、开放政府数据、数字身份认证、数据监管沙盒等具象的创新性条款（见表 4-7）。

DEPA 关于数据跨境流动的原则性条款主要涵盖在第 4.2、4.3 与 4.4 条中。作为数据跨境流动的重要前提，数据安全的保护，尤其是个人信息安全的保护日益引起全球范围内的关注。DEPA 第 4.2 条列举了缔约国国内个人信息保护法应该涵盖的内容，包括收集限制、数据质量、用途说明等，同时 DEPA 更强调各缔约国在个人信息保护体制之间的兼容性和交互操作性。DEPA 第 4.2.6 至 4.2.10 条规定各缔约国通过建立监管互认机制、认证框架互认、采用数据保护可信任标志等方式来进一步促进各缔约国的国际合作。

表 4-7　DEPA 涉及数据跨境流动条款的主要内容

协定	条款	简要内容
DEPA	第 4.2 条	缔约方认识到保护数字经济参与者个人信息的经济和社会效益，以及此种保护在增强数字经济和贸易发展的信心方面的重要性。每一个缔约方应采用或维持为电子商务和数字贸易用户的个人信息提供保护的法律框架。 在制定保护个人信息的法律框架时，每一个缔约方应考虑相关国际机构的原则和指南。
	第 4.3—4.4 条	强调数据跨境自由流动并将个人信息纳入可跨境传输范畴的同时，明确如果缔约方为了合法公共政策目标而阻碍数据跨境流动，则其所采取的措施必须控制在所需限度之内。
	第 7.1 条	认识到缔约方在个人或企业数字身份方面的合作将增强区域和全球互联互通，并认识到每一缔约方对数字身份可能有不同的实现工具和法律方式，每一个缔约方应努力促进其各自数字身份制度之间的可交互操作性。
	第 8.2 条	强调缔约方建立可信、安全和负责任的人工智能框架，同时考虑到"数字经济的跨境性质"，DEPA 旨在最终实现此类框架的国际一致性。
	第 9.4—9.5 条	企业在数据监管沙盒机制下进行数据共享的有利于促进创新，以及可信的数据共享框架可以促进数据在数字环境中的使用。各缔约方在数据共享项目和机制、数据新用途的概念验证（包括数据沙盒）等方面开展合作。

资料来源："Protocol to the Digital Economy Partnership Agreement", https://www.mfat.govt.nz/assets/Trade-agreements/DEPA/DEPA-Protocol-signed-version.pdf.

在数据跨境自由流动与数据存储本地化规则方面，DEPA 第 4.3 条在强调数据跨境自由流动并将个人信息纳入可跨境传输范畴的同时，明确如果缔约方为了合法公共政策目标而阻碍数据跨境流动，则其所采取的措施必须控制在所需限度之内。第4.4条的计算设施位置规则采取与第4.3条相同的表述方式，要求数据存储非强制本地化，并将为实现合法公共政策目标而阻碍该要求的措施控制在必要范围之内。除数据跨境自由流动与数据存储本地化等传统原则性条款外，DEPA新加入了人工智能、开放政府数据、数字身份、数据监管沙盒等具象的创新性条款。

DEPA同时关注政府数据的跨境流动以及跨境流动数据的应用，相关的内容主要集中在DEPA的第8.2条"人工智能"以及第9.5条"开放政府数据"中。

在数字身份、监管沙盒等数据监管方面，DEPA旨在实现各缔约方的互操作性以及实现数据驱动的创新。DEPA第7.1条要求各缔约方建立框架，实现数字身份制度的互操作性并建立共同的标准，同时规定缔约方将数字身份纳入各自的法律框架或互认数字身份的法律和监管效果。对于数据监管沙盒，DEPA第9.4条认为企业在数据监管沙盒机制下进行数据共享的有利于促进创新，以及可信的数据共享框架可以促进数据在数字环境中的使用，因此DEPA要求各缔约方在数据共享项目和机制、数据新用途的概念验证（包括数据沙盒）等方面开展合作。

四、USMCA：最大程度强调数据跨境自由流动

特朗普第一任期内，对《北美自由贸易协定》（*NAFTA*）进行重新谈判，2020年7月1日《美墨加协定》（*USMCA*）正式生效，进一步促进美国、加拿大和墨西哥之间的贸易和投资。USMCA涵盖贸易

的多个方面，包括商品贸易、服务贸易、投资、知识产权、数字贸易、劳工权益等。

　　USMCA 的总体目标是建立一个灵活的数字贸易框架，努力让缔约方在数字法规、政策、执法和合规方面加强相互合作，并在一定程度上依赖以 APEC 和 OECD 为代表的现有国际原则。USMCA 在第 19 章中集中规定了数字贸易相关规则，其中数据跨境流动相关的三个核心条款为个人信息保护条款（第 19.8 条）、通过电子方式跨境传输信息条款（第 19.11 条）、计算设施的位置条款（第 19.12 条）。另外，USMCA 在金融服务章节（第 17 章）中，也特别规定了金融领域的电子方式跨境传输信息条款（第 17.17 条）和计算设施位置条款（第 17.18 条）。

　　USMCA 最大程度强调数据跨境自由流动、禁止计算设施本地化，并着力推动 CBPR 体系作为区域性数据跨境自由流动的一项制度安排，将 CBPR 体系作为增强各国个人信息保护机制兼容性的参照（见表 4-8）。

　　在“个人信息保护”议题下，USMCA 明确参考了 APEC 框架下的 CBPR 体系和《OECD 隐私框架》。在鼓励各国建立促进个人信息保护制度兼容性和可互操作性机制方面，由于美国、墨西哥、加拿大均加入 APEC 的 CBPR 体系，因此 USMCA 承认 CBPR 系统是保护个人信息同时促进跨境信息转移的有效机制。这也反映出《OECD 隐私指南》和《APEC 跨境隐私规则》及 CBPR 体系对 USMCA 相关规则形成的影响力，以及美国正在着力推动 CBPR 体系作为区域性数据跨境流动的制度安排。

表4-8　USMCA 涉及数据跨境流动条款的主要内容

协定	条款	简要内容
USMCA	第 17.17—17.18 条	任何一方均不得阻止传输信息。 本条的任何规定均不限制缔约方采取或维持保护个人数据、个人隐私以及个人记录和账户机密性的措施的权利。一方可直接、完整和持续的访问金融监管机构获取相关人员的信息，并需要消除对该访问的任何潜在限制。任何缔约方均不得要求使用或定位其领土作为在该领土开展业务的条件。
	第 19.8 条	缔约双方认识到保护数字贸易用户个人信息的经济和社会效益，以及保护其对增强消费者对数字贸易信心的贡献。各方应考虑相关国际机构的原则和准则采用或维持一个法律框架，规定保护数字贸易用户的个人信息。各方认识到确保遵守个人信息保护措施的重要性，并确保对个人信息跨境流动的任何限制都是必要的，且与所呈现的风险相称；各方应努力采取非歧视性做法保护数字贸易用户。 应公布其向数字贸易用户提供的个人信息保护信息。 各缔约方应鼓励制定机制以促进不同制度之间的兼容性，认可 CBPR 体系是便利跨境信息传输、同时保护个人信息的有效机制。
	第 19.11 条	各方不得禁止或限制为开展商业活动而通过电子方式跨境传输信息；"公共政策目标例外。"
	第 19.12 条	任何缔约方均不得要求将计算设施本地化作为在该领土开展业务的条件。

资料来源："Agreement between the United States of America, the United Mexican States, and Canada 7/1/20 Text"，https://ustr.gov/trade-agreements/free-trade-agreements/united-states-mexico-canada-agreement/agreement-between.

在"通过电子方式传输信息"议题下，USMCA 采取了"数据自由流动＋合法公共政策目标例外"的框架，即不得限制或禁止商业活动中的跨境数据流动，但可以为实现合理的公共政策目标实施例外措施，前提是例外措施不得构成歧视和变相贸易限制或超过必要限度（即限制措施需满足非歧视性和必要性原则）。在各主要贸易协定中，USMCA 最为严格地禁止实施数据自由流动的限制性措施。一方面，USMCA 删除了"各方可能有自己的监管要求"的表述，另一方面 USMCA 还将数据跨境流动的范围扩大至金融服务领域。

在数据本地化存储议题下，USMCA 最为严格地禁止将计算设施本地化作为市场准入的前置条件，没有设置合法公共政策目标例外。此外，USMCA 还将禁止计算设施本地化的范围扩大至金融服务领域。而其他贸易协定均承认各方基于通信安全和保密要求，可能有自己的监管要求，且设置合法公共政策例外。

表 4-9　国际数字贸易协定中涉及数字相关规则条款的简要对比

数字相关规则	CPTPP	DEPA	USMCA	RCEP
取消数字产品关税	√	√	√	√
数字产品非歧视性待遇	√	√	√	
电子认证和签名	√	√	√	√
无纸化贸易	√	√	√	√
国内电子交易框架	√	√	√	
线上消费者保护	√	√	√	√
个人信息保护	√	√	√	√
反对恶意电子商业广告措施	√	√	√	√
网络安全	√	√	√	√
跨境信息转移	√	√	√	√
禁止数据本地化	√		√	√
禁止金融服务数据本地化			√	
中介服务提供者责任			√	
软件源代码和算法保密	部分		√	
开放政府数据		√	√	
争端解决机制	√	√	√	

资料来源：根据相关协议整理。

总之，USMCA 最大程度强调数据跨境自由流动、禁止计算设施本地化，并着力推动 CBPR 体系作为区域性数据跨境自由流动的一项制度安排，将 CBPR 体系作为增强各国个人信息保护机制兼容性的参照。

表 4-10　国际数字贸易协定中涉及数据跨境流动规则的具体细则比较

议题	CPTPP	RCEP	DEPA	USMCA
个人信息保护	要求增强应对计算机安全事件的能力，开展网络安全的各项合作机制，带有一定的鼓励与倡导作用。	与 CPTPP 立场相对一致。	专门设置了"更广泛的信任环境"一章，并提出关注"网络安全领域的劳动力发展"的重要性；在第5.2 条"网上安全和保障"要求缔约方推动形成网络安全和保障的全球问题的合作解决方案。尽管 DEPA 也适用鼓励性条款，未对缔约方提出强制性的网络安全保护义务，但 DEPA 扩充了跨境数据网络安全的内涵，以专章的形式突出了在网络安全领域加强合作的重要性。	要求各缔约方在考虑国际组织关于个人隐私保护原则和指南的基础上，设立个人信息保护法律框架。

（续表）

议题	CPTPP	RCEP	DEPA	USMCA
促进数据跨境流动	CPTPP第14.11条第三款要求缔约方设置限制措施必须是基于合法公共政策目标。	RCEP在第12.15条还允许缔约方基于保护其基本安全利益（security interests）的需要采取限制，其他缔约方不得提出异议。	DEPA与CPTPP趋同。	USMCA同其他主要贸易协定一致，采取了"数据自由流动＋合法公共政策目标例外"的框架，即不得限制或禁止商业活动中的跨境数据流动，但可以为实现合理的公共政策目标实施例外措施，前提是例外措施不得构成歧视和变相贸易限制或超过必要限度。
数据本地化存储	CPTPP第14.13条要求缔约方只有基于合法公共政策目标而采取的不构成不合理的歧视与贸易限制以及超出实现目标所需限制的情形下，才有权实施数据本地化措施。	RCEP第12.15条也沿袭了认可基于公共政策目标与基本安全利益而采取的数据本地化措施，并交由实施方自行判定是否合规，更加灵活。	DEPA第4.4条沿袭了数据跨境例外条款较为强硬的立场。	USMCA最为严格地禁止将计算设施本地化作为市场准入的前置条件，没有设置合法公共政策目标例外。此外，USMCA还将禁止计算设施本地化的范围扩大至金融服务领域。而其他贸易协定均承认各方基于通信安全和保密要求，可能有自己的监管要求，且设置合法公共政策例外。
争端解决机制	适用，并给予特定国家2年过渡期。	不适用。	适用。	适用。

资料来源：根据相关协议整理。

第三节 全球多边跨境数据流动治理的成效和困难

当前，跨境数据流动本身呈现新阶段、新空间、新转型和新设施等四大特征。一是自过去 30 多年来，全球经济社会已从信息化阶段全面转向数字化新阶段，当前又从数字化阶段向数据要素化阶段进一步演化升级。二是全球网络空间也从信息网络空间升级为数字网络空间，当前又从数字网络空间向新数据网络空间迭代升级。三是网络空间的核心从"以通道为中心"向"以计算为中心"转变，当前又迎来从"以计算为中心"向"以数据为中心"的进一步转型。四是各不同发展阶段的基础设施已从信息基础设施发展为数字基础设施，当前又从数字基础设施向数据基础设施转型的升级。

在数据跨境流动的全球治理方面，则呈现以下发展态势：一方面，联合国、WTO、OECD、APEC 和 G20 等国际组织，以及各国在多边层面签署的 CPTPP、RCEP、DEPA 和 USMCA 等区域贸易协定，均涉及跨境数据流动治理和相关规则制定工作，取得了较为显著成效。另一方面，全球多边机制的治理理念和相关规则存在着一些交叉与分歧，国际社会仍然面临"数据治理赤字"。

一、全球多边参与跨境数据流动治理的成效

国际组织和区域数字贸易协定对于推动跨境数据流动治理起到了有力的推动，主要表现为：

其一，积极支持数据跨境流动，促进推动全球数字经济发展。

OECD 是全球首个提出跨境数据流动执行原则的国际组织，《APEC 隐私框架》在 OECD 规则基础上积极指导亚太地区数据跨境自由流动。82 个 WTO 成员已签署《信息技术产品协议》，尝试取消一系列计算机、软件和电子通信产品关税，促进世界范围内信息技术产品的贸易自由化，为跨境数据流动提供更好的技术保障。CPTPP 为促进跨境数据跨境流动设置了较高的开放标准，与之相比，RCEP 的数据流动例外条款更为宽松。例如，RCEP 在第 12.15 条还允许缔约方基于保护基本安全利益（security interests）的需要采取限制，其他缔约方不得提出异议。USMCA 也最大强度地强调数据跨境自由流动，禁止设置数据存储本地化条款等。

其二，搭建数据隐私保护框架，为建立数字技术信任体系提供法律保障。联合国呼吁关注数据隐私权和公民人权，OECD 则将个人隐私看作公民的基本权利，倡导构建能够推动跨境数据流动的数据隐私保护框架。APEC 下设的 CBPR 体系支持对消费者在电子信息平台的隐私保护。WTO《服务贸易总协定》（GATS）和附加协议《关于电信服务的附件》规定市场准入、国民待遇等保护原则。G20 各成员也在构建数据隐私保护框架与数字技术信任体系上达成了共识。CPTPP 要求各缔约方在考虑国际组织关于个人隐私保护原则的基础上，建立个人信息保护法律框架，基于非歧视原则为境外个人信息提供保护。DEPA 第 4.3 条在强调数据跨境自由流动并将个人信息纳入可跨境传输范畴的同时，明确如果缔约方为了合法公共政策目标而阻碍数据跨境流动，则其所采取的措施必须控制在所需限度之内。

其三，坚持创新风险管控与互操作性，努力消除跨境数据流动壁垒。《OECD 隐私框架》提出了国家隐私战略（national privacy strategies）、隐私管理程序（privacy management programs）和安全漏洞通知（security breach notification）三个概念，强调对个人隐私的风险管控及全球层面隐私监管的互操作性。CBPR 体系要求申请加入的企业所在国至少有一个隐私执法机构加入跨境隐私执法安排，监督参与跨境数据流动企业的隐私保护情况，提升各经济体隐私执法机构的互操作性。CPTPP 鼓励建立个人信息保护制度的兼容与可互操作性，降低各国间数据跨境流动的风险。DEPA 等协定新加入了人工智能、开放政府数据、数字身份、数据监管沙盒等创新性条款支持跨国数字技术互操作性。

二、全球多边参与跨境数据流动治理的困难

虽然全球在多边跨境数据流动治理方面取得了不少成绩，但全球尚未形成统一的跨境数据流通规则体系，这主要是因为多边机制参与下的跨境数据治理仍面临"数据治理赤字"。

一是监管执行力不足。从国际组织层面看，联合国倡议不具备法律效力。《OECD 隐私指南》仅以指南形式制定，不具备强制效力。《APEC 隐私框架》属于自愿性框架协议，且只有自愿加入 CBPR 体系，并通过 CPEA 认证，达到 APEC 对消费者隐私保护要求的企业，才能从法律意义上保护消费者隐私。WTO 框架下虽对成员国有约束力，但因其部分条例相互矛盾，法律效力在一定程度上遭到削弱。例如，GATS 第 2 条规定了成员国的最惠国待遇，但第 7 条却允许成

员国对来自不同国家或地区的服务提供商实行差别对待。[1]此外，GATS 并未取得令人满意的执行效果。大多数成员国仅根据 GATS 做出承诺，并未付诸实际行动。[2]从区域数字贸易协定看，RCEP 不使用争端解决机制，而 CPTPP 和 DEPA 等尽管设置了对数据自由流动的约束条例，但并不具备争端解决的法律效力。

二是监管目标难以平衡良好的数据保护和跨境数据自由流动。OECD、APEC、G20 和 WTO 都未能在两大目标之间实现平衡。《OECD 指南》（1980）、《OECD 隐私框架》（2013）虽在前言部分强调尊重个人隐私的重要性，承认数据保护是各国开展跨境数据自由流动的前提，但事实上，OECD 更加偏重跨境数据自由流动。APEC 反对为跨境数据流动设置障碍，主张成员国只需达到数据保护的最低标准。《APEC 隐私框架》序言第 3、4 条明确提出，限制数据自由流动或对其设置障碍会对全球贸易产生不利影响，要求各成员国"确保"数据能够自由流动，仅表示"鼓励"数据保护。WTO 虽然在数据隐私保护方面采取了规制行动，但总体上偏重于跨境数据自由流动。区域数字贸易协定的规则也各有侧重，但更加重视对数据跨境自由流动的促进作用，禁止利用数据本地化存储方式保护数据。

三是监管规则受到欧盟和美国两大规制体系的影响，无法保持自身独立性。《OECD 隐私指南》是参照欧洲尊重个人隐私权的价值导向制定的。以德国和法国为代表的欧盟成员国，始终坚持将个人的尊严、自由和安全置于首要位置，主张通过严格的法律法规加强对个人

---

[1]　See WTO, "General Agreement on Trade in Services".

[2]　张玉环：《WTO 争端解决机制危机：美国立场与改革前景》，《中国国际战略评论》2019 年第 2 期。

隐私的保护。《APEC 隐私框架》及 CBPR 体系则带有很强的美国色彩，强调构建以市场为主导、以跨境数据流动为目标的规制体系。美国作为区域数字贸易自由化规则条款的主要发起者，利用其强大的规则制订影响力和规则输出能力，将美式数字规则文本向其"盟友"推广，进一步由后者向其他经济体继续传播和扩散。USMCA 和 CPTPP等均受到"美式数字贸易规则"促进数据跨境流动的影响，制定规则更加偏好于美国的利益关切。

综上所述，既有多边机制在推动数据跨境流动中仍然存在诸多分歧与局限，难以在全球层面达成共识性协议。部分国际组织和区域数字贸易协定以美国、欧盟等数据跨境流动的利益偏好为主，难以兼顾其他成员国，尤其是发展中国家的诉求。

第五章
全球数据治理：困境、挑战与趋势

数据新业态、新技术、新产品要求跨国家、跨区域的高速流动性与网格化的发展规律，使得与之相关的治理议题往往跨越主权国家边境而呈现出全球性特征。伴随全球数字化转型进程的深入、数字化生存带来的各种无序和混乱，全球数据治理存在不少困境和挑战，也呈现出一些新旧博弈的重叠态势。

第一节　全球数据治理的困境

全球数据治理涉及的议题庞杂，根据数字科技维度可分为互联网、人工智能、区块链、算法和自动化与机器人、量子计算、数字供应链、数字金融科技等；根据数据新业态则可分为数字货币、数据跨境流动、数字税收、跨国数字平台、全球电子商务等。当前，国际社会在跨境数据流动、数字平台和数字税收等议题领域面临不少治理困境。

一、跨境数据流动：数据主权、数据安全与个人隐私保护的"三难选择"

数据具有天然的流动性，全球化进步与国家间的相互依赖进一步加剧数据流动的跨国跨区域特质。数据借助通信系统跨越主权国家边界的活动，即称为跨境数据流动。但这种数据跨越主权国家边界的运动，需要更好的平衡各个不同法域的客观需求与数据规制理念与制度的差异性。[1]因此，如何在承认各国数据主权、数据安全和个人隐私保护的差异性前提下，达成数据跨境流动的制度共识，是当前全球数据治理议题中的重中之重。

从全球范围看，针对跨境数据流动的规制存在"三难选择"问题，或者说"三难困境"，即保护个人隐私、维护国家数据安全和数据主权、促进跨境数据流动等三者无法兼顾。[2]

具体而言，如果各国政府享有充分的数据保护自主权，同时又将良好的数据保护作为目标，那么各国就会制定严格的国内数据保护法。然而，数据保护法往往会直接限制本国数据向境外转移，不同数据保护法间的差异也会对跨境数据流动造成障碍，因而无法实现数据自由流动。如果各国政府享有充分的数据保护自主权，同时又将跨境数据自由流动作为目标，那么很多国家会出于发展国内相关产业的考虑而竞相放松数据保护标准，吸引国外数据流入，形成"数据天堂"，

---

[1]　参见贾开：《走向数字未来　新技术革命与全球治理选择》，社会科学文献出版社 2022年版。

[2]　黄宁、李杨：《"三难选择"下跨境数据流动规制的演进与成因》，《清华大学学报（哲学社会科学版）》2017 年第 5 期。

最终导致整体数据保护水平下降。如果既要达成良好的数据保护，又要确保跨境数据自由流动，就必须使各国放弃数据保护自主权，转而将这种权力让渡给一个超主权的机构，或者通过协定方式形成统一的约束力。也就是说，只有放弃"数据保护自主权"，才可能同时实现"良好的数据保护"与"跨境数据自由流动"。

　　"三难选择"存在的根本原因在于，跨境数据流动既是国内问题也是国际问题，因而同时涉及国内政策和国际协调。但各国政策目标及政策措施之间存在天然差异，并会为此相互竞争。因此，除非以强制性约束力保证各国政策的协调，在差异性的政策目标上就只能顾此失彼。

二、数字平台反垄断监管：技术与价值双重困境

　　数字平台借助新兴技术逐渐形成由点及面的业务生态圈，在市场竞争中逐渐衍生出算法默示共谋、自我优待、扼杀式并购等新型垄断行为。它极具隐蔽性，是数字时代衍生的"新行为"，致使此种垄断行为判定困难重重。算法默示共谋、自我优待、扼杀式并购等现象频发，且难以判别。

　　一方面，在全球范围内，数据反垄断监管面临界定相关市场、判定垄断行为、确定垄断收益以及处罚方面的技术难题。审视世界各国的反垄断法（或竞争法），可以发现，各国对垄断行为的判定均建立在市场支配地位的判断基础之上，这表明垄断行为的产生以既定的相关市场为前提。因此，相关市场的划分和市场支配地位的判断，将直

接影响各国反垄断执法机构在评估商业惯例或合并是否符合反垄断法时所作的决定。然而，在数字经济时代，新技术、新业态、新模式的蓬勃发展，使得各国准确界定数据相关市场和判定垄断行为的难度加大，这一点在美国和欧盟的执法案例中可见一斑。

另一方面，在全球范围内，数据反垄断监管面临价值困境，难以准确判定数据垄断对竞争影响的利弊。数据垄断对竞争的影响主要表现在行业竞争格局和消费者福利两个层面。平台实施的数据垄断行为会对竞争和消费者福利产生一定的负面影响。然而，由于数据垄断的竞争影响兼具利弊，需要根据具体案例进行分析。对于市场中的现有消费者而言，平台通过掌握大量消费数据，能够更精确地判断出每位消费者愿意支付的最高或较高价格，从而实施差异化定价策略，这在一定程度上损害了现有消费者的利益。然而，数字平台通过个性化定价策略，也能够吸引市场外的消费者进入，这为新进入市场的部分消费者带来了福利上的改善。因此，差异化定价对消费者整体福利的影响是不确定的。

随着数字平台在全球政治和经济领域影响力的不断增长，跨国数字平台的国际影响力持续扩张，全球数据反垄断监管的现实紧迫性日益凸显。在国家层面，各国政府有责任保护本国消费者权益，防止其受到侵害，并确保数据行业的公平竞争环境；在国际层面，各国需警惕大型跨国数字平台利用其全球性影响力进行数据收集、处理、存储和分析，以保障本国的数字主权安全。为此，中国、美国和欧洲国家均提出了各自的策略，加强本国数字主权的构建。然而，迄今为止，全球范围内尚未达成统一的监管共识。

三、全球数字税改：税收主权、双重或不征税、税收竞争的"三元悖论"

在全球化和数字化背景下，数字经济独有的"无边界"跨境数字交易模式、虚拟实体存在、高度依赖数据和用户参与等重要特质，加剧了各国间的税收不良竞争，凸显了对基于以实体存在的常设机构为主要征税权判定标准的传统国际税收规则构成的严峻挑战。[1]

一方面，数字跨国企业正不断挑战国家税收主权。国家税收主权主要涉及三个基本问题：谁征税、对什么征税和在何处征税。[2]由于跨国公司经营数字业务所获得的利润归属地、来源地与企业实体存在地相互脱节，市场所在国（地区）、跨国公司母国和设置"空壳公司"所在地三者中，谁最终对跨国公司拥有征税权存在争议。各国（地区）还面临如何对数据、用户价值等无形资产（而非货币、资金等有形资产）的跨境流动进行征税的挑战。互联网的飞速发展使得各国（地区）税收管辖边界"模糊"，虚拟的跨国网络交易平台导致各国（地区）无处征税。数字经济带来的税收边界"模糊"导致各国税收主权交错、价值创造与利润分配错配，引起国际双重征税或双重不征税等税收冲突。[3]同时，数字经济时代再次凸显了以实体存在的常设机构为主要判定标准的传统国际税收体系面临的严峻挑战。数字经济独有的"无边界"跨境数字交易模式、虚拟实体存在、高度依赖

---

[1]　刘宏松、程海烨：《美欧数字服务税规则博弈探析》，《欧洲研究》2022 年第 3 期。

[2]　廖体忠：《国际税收政策的世纪选择与未来出路》，《国际税收》2021 年第 2 期。

[3]　Martin Hearson, "Transnational Expertise and the Expansion of the International Tax Regime: Imposing 'Acceptable' Standards", *Review of International Political Economy*, Vol. 25, Issue. 5, 2018, pp. 647—671.

数据和用户参与等重要特质，使得许多大型数字跨国公司比以往任何时候都更加"自由自在"。[1]数字跨国公司不仅利用数字经济的特质，在传统税收领域的"灰色地带"进行无形资产、知识产权利润重组，还能够凭借"无实体存在"的虚拟机构将利润转移至低税率国家，实现低成本的跨国避税。

另一方面，数字经济带来的高额利润还使得部分国家（地区）继续竞相出台"最低企业所得税税率"等优惠政策，以提升全球税收竞争力、吸引跨国企业在本土的投资。全球企业所得税税率"逐底竞争"为跨国数字企业利润转移、税基侵蚀提供机会，加剧发展中经济体与发达经济体之间的"数字鸿沟"，破坏全球税收的公平环境。[2]为防止资本外流，部分国家（地区）不惜降低或放弃对跨国企业征税权，形成低税率或零税率的市场环境。这为企业的跨国避税提供了便利。同时，全球化正使得各国税收政策不断产生"溢出效应"，即一国的税收政策可能影响他国参与全球利润再分配的权力。发展中国家在应对税收"溢出效应"时显得更加脆弱。[3]

第二节　全球数据治理的挑战

当前，全球数据治理边界交错重叠，数字跨越地理边界的特性使

[1] Margarita Gelepithis and Martin Hearson, "The Politics of Taxing Multinational Firms in a Digital Age", https://doi.org/10.1080/13501763.2021.1992488.

[2] Rasmus Corlin Christensen and Martin Hearson, "The New Politics of Global Tax Governance: Taking Stock A Decade After the Financial Crisis", *Review of International Political Economy*, Vol. 26, Issue. 5, 2019, pp. 1068—1088.

[3] Andrew Baker and Richard Murphy, "Creating a Race to the Top in Global Tax Governance: The Political Case for Tax Spillover Assessments", *Globalizations*, Vol. 18, Issue. 1, 2021, pp. 22—38.

国家之间的安全空间相互交错，从而引发管辖权争端和执法权冲突，进而导致数字治理边界的模糊性。同时，全球地缘政治竞争的加强，使得数据治理领域的泛安全化倾向突出，全球数据治理正面临多重挑战与压力。

一、中美"数据战"升级与美对华"数据脱钩"的政策外溢

数据治理需要考虑国家、经济组织、消费者等各治理主体之间的复杂关系。就全球层面而言，数字治理的挑战来源于数字治理主体行为和动机的差异。各国优先的数字治理对象和治理动机因处于数字发展的不同阶段而不同。依据对数字技术的采用扩展阶段划分的创新国家、早期采用国家、中期采用国家、晚期采用国家和落后国家，对数字领域的国家利益理解不同，因而对数字治理的优先选项也不一致。

当前，中美"数据战"日趋激烈，数据成为下一步美国遏制中国基础研究、数字基建、数字经济发展、数字科技进步的核心关口。美国明确指出中国是直接威胁美国国家数据安全的"外国对手"与禁止获取美国敏感数据的规制对象，限制中国访问的"敏感数据"，涉及人类基因组、生物识别、个人健康等前沿基础研究领域。随着美国对华战略竞争和遏制的加剧，美国加大对我数字基础设施国际合作的打压。如封锁中国的 5G 技术市场，对未来 6G 采取市场隔离。又如，推动更多海底电缆绕过中国，削弱中国在海底电缆网络中的影响力，影响中国海外数据中心建设。再如，限制 TikTok 使用、严查大型跨境电商 Shein 和 Temu 包裹，并禁止数据经纪商向中国提供相关数字

产品与服务，遏制中国跨境电商和数字产业发展。美国还在人工智能、芯片、量子通信等关键前沿技术领域，严苛数据管控出境，遏制中国相关科技发展。

大国数字治理博弈是科技之争、规则之争，也是主导权之争。特朗普第二任期，很可能会进一步威胁盟友效仿美国制定对华数据封锁与脱钩行为。美欧贸易和技术委员会以及韩国、日本、澳大利亚、英国也可能对华实施单方面进一步制裁，并以此作为推进"志同道合"国际伙伴间建立可信任数据流动的前提条件。受美国影响，CPTPP、RCEP 等区域多边数字贸易协定对中国数字不信任增加，数据跨境流动合作难度加大。美国还试图在 G20、APEC、WTO 等国际组织形成与其利益相符的政策偏好，尝试将全球治理机构打造成美国对中国实施数据制裁的机制。

二、全球数字鸿沟进一步加剧与扩大

发达国家与发展中国家之间的数据接入、数字基建、数字能力、数字产出、数字人才等鸿沟加剧，在人工智能、量子通信、芯片制造等前沿科技领域的发展水平差距拉大。全球缺乏有效治理环境、治理机制、治理主体和治理规则等。

当前，数字经济领域的全球性热点问题突出地表现在两个层面：

其一是数字鸿沟，即不同群体在数字设备接入、数字技术使用和数字能力培育等方面存在的差异。数字鸿沟问题是全球贫富差距问题在数字经济时代的具体体现。接入鸿沟是数字鸿沟的最初表现形态，本质上是发达国家与欠发达国家间数字技术的获取与使用差距，萌芽于数字帝国主义国家垄断全球技术发展的尝试。以数字技术为踏板，通过国际数字分工与国家权力联系，数字帝国主义国家或联合或打压其他国家形成巩固自身利益与霸权的科技壁垒，或裹挟或逼迫欠发达国家成为数字帝国的附庸。欠发达国家囿于工业化水平和科技创新水平相对较低，数字技术发展状况整体落后，陷入数字基础设施建设差、互联网普及率低、数字化转型慢甚至停滞的局面，即"接入鸿沟"。此外，部分国家的社会制度保守、宗教信仰复杂、政治局势震荡，导致其对数字技术的接受程度较低、对数字网络的开放程度较差、对数字合作的认知程度较片面，进一步强化加剧数字鸿沟。

其二是数字壁垒加剧与扩大数字鸿沟。在数字基础设施尚未充分发展的背景下，发展中国家若过分强调数据安全，限制数字技术的应用与创新，将不可避免地在数字经济的浪潮中落后于其他国家或地区。同时，数字鸿沟的存在导致国与国之间的信息交流不畅，进一步加剧了文化与政治上的隔阂，为数字壁垒的产生提供了不良环境。数字鸿沟与数字比例之间的这种"相辅相成"的关系表明，解决这两个问题不能孤立进行，而应从全局视角出发，制定相应的策略。然而，目前全球尚未形成统一的数字治理规范，各国在数字治理方面缺乏共识，相关规则分散且孤立，无法构建有效的治理模式和完整的治理体系，数字治理赤字已成为人类社会共同面临的挑战。

三、全球监管规制力量与新兴科技发展速度不匹配

新兴产业的特点是随着市场和技术的发展而瞬息万变，传统监管

政策的制定方法，很难从制定和实施的节奏上进行适应。全球在跨境数据、量子通讯、人工智能等前沿领域未形成统一的技术标准与规范共识，各方抢夺规制话语权；同时，科技企业对技术的投入研发与应用能力远超出国家权力控制范围，数字私权力与数字公权力之间存在张力。如何把握监管目标、内容设定，监管的节奏和力度，以及监管的适用性等，是各国需要共同面对的议题。

首先，数据技术的快速发展、数据增量的累加增加了达成全球数据安全治理共识的难度。科技革命将以难以想象的速度发生爆炸式、颠覆式，甚至失序式发展。与前些年科技革命的快速发展和复合式发展不同，未来十年的科技革命更重要的是在发展中快速应用和深度应用。在传统地缘政治博弈中，军事力量是国家竞争力的主要决定因素，而在数字地缘政治环境中，数据以及由数据所主导的分析技术则成为谋求优势地位的关键性因素，全球频发的数据安全问题被视为大国竞争背景下各国战略意图的集中映射。部分西方发达国家的经济战略显露"保护主义"思维，持续在全球数字领域实施"战略围剿"，进而引发"数字失序"现象，给全球数据安全治理带来多重阻力。美国的科技霸权叠加原来的美元霸权、军事霸权，将形成更强大的国家霸权，或对其他国家形成碾压式的优势。如何防范部分主权国家被剔除出全球数据网络、平衡各国的数据发展战略和国家利益，也是未来各国际行为体在推进全球数据安全治理体系中需要达成共识、深化合作的重点与难点。

其次，数字治理权力的非对称性和竞争性。数字治理各行为主体呈现"权力流散"态势，国际组织和国家间机构借助排他性拥有体系性权力，国家和政府借助法律规范和国家机器拥有工具性或结构性权力，代表市场的私营部门和技术精英拥有的是一种元权力，代表社会的民间团体和个人拥有的是倡议权力。同时，多元数据主体治理诉求差异增加了全球数据安全治理体系建设的难度。当前，包括各国政府、私营部门以及公民个人在内的多元治理主体间存在着不同的利益主张和价值诉求，在诸多因素相互交织、叠加影响下，引发了全球数据治理制度建设的多层次冲突。一方面，各国政府、私营部门以及公民个人之间存在数据权益失衡的现象。另一方面，全球主要互联网国家之间治理理念及对数据的认知差异较大，采取的战略及政策侧重点不尽相同。这种不均衡状态迫使全球互联网大国依据本国国情推行差异化手段，进而导致各国数据管理政策出现冲突，无法在国际层面相互对接，加大了建立统一规范的全球数据安全治理规则和体系的难度。

第三，治理制度供给不足与制度规则间的异质性增加了全球数据安全治理机制构建的难度。面对风险性和不确定性日益倍增的数据安全现状，全球数据安全治理规则仍然处于"空白期"。一方面传统治理机制在应对数据安全治理问题时频频受阻，另一方面一些新机制和新制度本身就存在诸多短板和软肋，难以发挥作用。此外，在主权国家层面，虽然主权国家普遍意识到全球数据安全治理以及合作的重要性和紧迫性，但却依旧不断颁布单边限制数据流动的法规，日益呈现出"新数字孤立主义"的倾向。正是由于有效制度供给的不足以及主权国家之间制度规则的异质性，削弱了全球数据安全治理机制的效用。

第三节　全球数据治理的趋势

鉴于既有多边规制面临诸多困境、美欧两大规制体系之间的分歧难以弥合，跨境数据流动的全球治理呈现以下发展趋势：一是规制多极化和规制标准的俱乐部化；二是美欧将继续争夺跨境数据流动规制的主导权；三是中美数字竞争背景下，涉及国家安全的“重要敏感数据”将成为大国数据主权战略扩张的博弈焦点；四是数据安全、个人隐私和数据主权仍将是国际规则制定的三大核心考量；五是规制数字科技公司和探索“数据空间”是数据领域跨国合作新方向。

一、全球跨境数据流动监管仍呈现规制碎片化与标准俱乐部化特征

在跨境数据流动等核心议题，全球仍将处于规制分裂与区域治理合作并存的双重局面。一方面，各国对数据跨境流动的监管规则处于分裂状态。由于跨境数据流动在自然、经济及法律方面的特殊属性，对传统治理政策的适用性造成挑战。鉴于数据跨境流动涉及不同法域间多个利益方诉求，各国在保护个人隐私、国家数据安全、数据主权等方面均存在不同的价值考量，并希望将符合自身利益诉求的规则推向多边机制或被更多的国家接受。然而，这其中仍牵涉到诸多涉事行为体不同的利益冲突难以协调、网络安全与国家安全风险难以权衡，短时间内各国形成趋同性政策、相似性全球治理规制难以实现。在跨境数据流动议题上，国家之间的规则协调与合作存在理念与实操层面的差异。另一方面，尽管全球难以形成统一的跨境数据流动规制体

系，但围绕不同议题开展的区域治理合作将成为促进数据跨境流动的新趋势。国际社会也意识到在跨国网络犯罪与恐怖袭击事件、人工智能与生物制药等前沿科技领域开展数据跨境流动的重要性与紧迫性，将围绕上述议题进一步深化各国间的合作。

第一，规制多极化。各国颁布并实施数据隐私保护法是参与跨境数据流动和促进数字经济发展的前提基础。除美国、欧盟、日本外，澳大利亚、新加坡等国家也分别先后出台了《隐私法》和《个人数据保护法》等法律。[1]同时，印度、俄罗斯等国也正逐步完善各自跨境数据流动方面的法律法规，并积极与其他国家开展跨境数据流动治理协调。例如，印度出台了《印度电子商务：国家政策框架草案》[2]，要求以数据本地化政策为前提促进本国数字经济发展。同时，印度还积极与欧盟就跨境数据流动合作展开谈判。俄罗斯则出台了《主权互联网法案》[3]，在数据回流至本国进行处理的原则下，允许数据自由流向《第108号公约》的53个缔约国和23个被俄罗斯联邦委员会列入"白名单"的国家。[4]阿联酋颁布了《迪拜国际金融中心数据保护法》，旨在与欧盟等开展跨境数据流动方面的合作。[5]阿根廷出台了《个人数据保护法》，成为拉美地区首个获得GDPR"充分

---

[1] See Office of the Australian Information Commissioner, "The Privacy Act", 1998; Singapore Statutes Online, "Personal Data Protection Act", 2012.

[2] Medianama, "Electronic Commerce in India: Draft National Policy Framework", August 2018.

[3] Nathan Hodge and Mary Ilyushina, "Putin Signs Law to Create an Independent Russian Internet", *CNN*, May 1, 2019.

[4] 阿里巴巴数据安全研究院：《全球数据跨境流动政策与中国战略研究报告》，载中国大数据网站，2019年9月1日。

[5] Dubai International Financial Center, "Mohammed Bin Rashid Enacts New DIFC Data Protection Law", June 1, 2020.

性评估"认可的国家。[1] 南非也针对数据保护制定了《个人信息保护法》。[2] 此外，博茨瓦纳、肯尼亚、尼日利亚、多哥等非洲国家也相继出台并实施个人数据保护法。截至 2019 年底，全球共有 142 个国家对数据隐私进行立法。[3] 由此可见，跨境数据流动的全球治理正在显现出规制多极化的发展趋势。

第二，标准俱乐部化。一方面，美国和欧盟除了借助多边机制推广其规制标准外，还各自组建了 CBPR 体系和满足充分保护要求的 GDPR "白名单"国家两个规制标准俱乐部。另一方面，各国也努力使本国规制符合美国或欧盟主导的俱乐部标准。例如，新加坡通过《个人数据保护法》对接美国主导的 CBPR 体系，力图实现数据在亚太地区的自由流动。[4] 巴西出台了首部综合性《通用数据保护法》[5]，效仿欧盟数据保护机制，设立国家数据保护局、个人数据和隐私保护委员会等监督机构。日本则在《个人信息保护法》中，既参照 GDPR，在第 24 条和第 83 条中提出三种严苛的数据跨境转移标准和最高可达 1 亿日元的违规罚金要求，又在第 1 条宗旨中提及倡导数据流动自由化理念，迎合美国主导的俱乐部标准。[6]

---

［1］ Ministerio de Justicla y Derechos Humanos, "Ley de Protección de Datos Personales", October 2020.

［2］ South African Government Gazette, "Protection of Personal Information Act", November 2013.

［3］ Anupam Chander, Margot E. Kaminski, and William McGeveran, "Catalyzing Privacy Law", *Minnesota Law Review*, April 24, 2020.

［4］ Singapore Statutes Online, "Personal Data Protection Act".

［5］ Ministerio de Justicla y Derechos Humanos, "Lei Geral De Proteção de Dados Pessoais".

［6］ Personal Information Protection Commission, "The Act on the Protection of Personal Information", December 2016.

二、美欧将继续争夺数据领域规则制定的主导权

一方面，美国和欧盟将通过拓宽自身的数据流动圈，争夺全球跨境数据流动规制的主导权。美国正通过以下三种途径，开拓"数字边疆"[1]、打造美国优先的跨境数据流动新格局。首先，借助 CBPR 体系主导亚太跨境数据流动圈。目前，加拿大、日本、澳大利亚等发达经济体和墨西哥、菲律宾等发展中经济体已加入 CBPR 体系，俄罗斯、新加坡、越南等也在积极申请加入。[2]其次，修改 OECD、G20 和 WTO 的跨境数据流动相关规则，使多边规制行动更加偏向促进跨境数据流动，以减少数据本地化处理等数字壁垒。再次，开辟新的双边或多边跨境数据流动规制体系。例如，美国与日本达成了《美日数字贸易协定》，确定双方将在个人信息保护的法律框架下，确保企业通过跨境数据流动促进数字贸易[3]；在日本的倡议下，美、欧、日将着手推动在数字贸易和电子商务领域的更多合作，并构建三方跨境数据流动圈[4]；USMCA 将禁止美国、墨西哥和加拿大的数据本地化保护主义，实现三方跨境数据流动。[5]

---

［1］　杨剑：《开拓数字边疆：美国网络帝国主义的形成 》，《国际观察 》2012 年第 2 期；Jeffery Cooper, "The Cyber Frontier and America at the Turn of the 21st Century: Reopening Frederick Jackson Turner's Frontier", *First Monday*, Vol. 5, No. 7, 2000。

［2］　目前，加入跨境隐私规则（CBPR）体系的 9 个国家（地区）分别是美国、墨西哥、日本、加拿大、新加坡、韩国、澳大利亚和菲律宾等。参见 APEC, "APEC Privacy Framework 2015"。

［3］　Rachel F. Fefer, "Data Flows, Online Privacy, and Trade Policy", Congressional Research Service, March 26, 2020; Office of the United States Trade Representative, "Fact Sheet on U. S.-Japan Digital Trade Agreement", October 7, 2019.

［4］　G20 2019 JAPAN, "G20 Osaka Leaders' Declaration".

［5］　Agam Shah, Jared Council, "USMCA Formalizes Free Flow of Data, Other Tech Issues", *The Wall Street Journal*, January 29, 2020.

　　欧盟则在 GDPR 基础上，加大与其他发达经济体开展跨境数据流动合作的力度。目前，欧盟不仅与美国、澳大利亚、加拿大达成了《旅客姓名存储协定》[1]，而且还与日本达成了《欧日经济伙伴关系协定》。该协定规定，欧日双方视对方的数据保护规制同等有效，将打造欧日双边数据自由流动圈。[2]与此同时，一些发展中经济体也积极效仿 GDPR 制定跨境数据流动规则，以求在符合欧盟标准后与其顺利推动跨境数据流动。例如，巴西的《通用数据保护法》、韩国的《个人信息保护法》、泰国的《个人数据保护法》等[3]，均认可 GDPR 标准。此外，欧盟还将通过向东盟输入数字基础设施、数字信息技术，积极开拓亚洲数字经济市场[4]，当前已具备向东盟输入 GDPR 的潜力。

　　另一方面，美国与欧盟作为全球两大主要法域，基于各自的利益诉求，已构建了明确的规则体系。

　　作为全球数字经济的领头羊，美国的数字科技企业在国际舞台上占据显著优势。美国倡导的"美式模式"以国家安全保护为核心，旨在最大化实现跨境数据的自由流动，确保不同国家之间的监管差异不会构成实质性的数字贸易壁垒，从而在全球数字市场中实现其经济利益的最大化。为了扩展其在全球数字霸权下的商业利益和绝对安全范

［1］　European Commission, "Passenger Name Record", April 27, 2016.

［2］　European Commission, "International Data Flows: Commission Launches the Adoption of Its Adequacy Decision on Japan", September 5, 2018.

［3］　Dan Simmons, "6 Countries with GDPR-Like Data Privacy Law", *Comforte Blog*, January 17, 2019.

［4］　ASEAN, "The Joint Media Statement of the 19th ASEAN Telecommunications and Information Technology Ministers Meeting and Related Meetings", October 25, 2019.

围，美国一方面积极参与 OECD、WTO、APEC 下的 CBPR 体系以及 G20/G7 等多边机制，主动参与议程设定和规则制定，将促进数据跨境流动、反对数据本地化存储的规制理念融入其中。另一方面，通过《跨太平洋伙伴关系协定》提出的"确保全球信息和数据自由流动以驱动互联网和数字经济，不设立数据存储中心作为允许缔约方企业进入市场的前提条件等"原则，CPTPP 延续了美国的这一主张。USMCA、《美日数字贸易协定》《美韩自由贸易协定》等几乎复制了 CPTPP 关于数据跨境流动的相关条款，并加强了对缔约方数据本地存储等措施的约束性，从而在区域层面扩散了美国数据治理的监管效力。

"欧式模式"则以公民隐私权保护为基础，实行严格的数据跨境流动认定与惩罚机制，同时为企业间的商业数据流动提供灵活空间。欧盟一方面通过 GDPR 的"充分性认定"机制，确定数据跨境自由流动的白名单国家，要求各国根据欧盟个人隐私保护标准修改本国法律法规，以实现与欧盟的数据自由流动，同时推广其全球监管影响力。目前，至少有 18 个国家拥有与 GDPR 相似的数据隐私法。另一方面，在遵守适当保障措施的前提下，欧盟提供了多样化的个人数据跨境流动方式，包括约束性公司规则（BCRs）、标准数据保护条款等。CBPR 体系等多边机制，以及新加坡、美国等国家或地区均已接受欧盟多样化的个人数据跨境流动方式。此外，《欧美数据隐私框架》生效是美国在数据保护方面的一定程度让步，也展现了美国与欧盟开展跨大西洋数据流动的紧迫性。欧盟再次向国际社会证明其在跨境数据流动规则谈判中的关键角色。

三、中美数字竞争背景下，涉及国家安全的"重要敏感数据"将成为大国数据主权战略扩张的博弈焦点

一方面，关于如何明确"关键敏感数据"界定、如何防范其他法域调取本地数据与提升本法域调取境外数据的合法性等，将成为各国保障国家数据安全的关键掣肘议题。目前，大国的核心关切在于关键敏感数据的出口管制，以及数据管辖权的边界范围，但国际社会并未就上述关切达成共识。比如，GDPR 第 51 条将敏感个人数据界定为包括揭示种族或民族血统的个人数据，涉及卫生和社会部门等专门敏感数据处理要求。同时，欧盟以"属地＋属人"管辖在内的综合性数据管辖为主要规制路径。[1] 日本《保护个人信息法案》的最新版将敏感个人信息定义为"滥用可能被用于歧视或造成其他伤害的个人信息，如种族、医疗或健康信息、犯罪记录、信用记录等信息"。日本强调属地管辖，要求企业达到日本许可的同等数据保护水平才可开展数据双向流动。[2] 然而，美国在全球数据层的主权建构并不占绝对优势。[3] 但此次美国一系列最新规制行动，不仅明确了关键敏感数据范围，更补强了针对其他法域从境外调取本地数据的防御机制，为国际社会提供了另一种跨境数据流动的治理思路。

另一方面，加强"关键敏感数据"的对外投资与审查将成为美国制裁他国数字供应链的主要手段之一。信息技术与服务的供应链安全

---

[1] See "GDPR, Recital 51", https://gdpr-info.eu/recitals/no-51/.

[2] "Japan Act on the Protection of Personal Information (APPI): An Overview", *Usercentrics*, Feb. 1, 2023.

[3] 沈伟、冯硕：《全球主义抑或本地主义：全球数据治理规则的分歧、博弈与协调》，《苏州大学学报（法学版）》2022 年第 3 期。

是美国维护全球数字科技霸权、打击他国数字科技发展的政治工具。特朗普执政时期，曾签署《关于确保信息通信技术与服务供应链安全的行政命令》，要求禁止交易、使用威胁美国国家安全的外国信息技术与服务，并要求成立美国电信服务业外国参与审查委员会，对相关交易的供应链安全进行直接审查与限制。[1]2023 年 8 月，拜登总统又签署《关于解决美国在受关注国家的特定国家安全技术和产品领域进行投资的行政令》，进一步对美国在中国的半导体、量子计算和人工智能等关键技术领域投资进行监管与限制。[2]此外，拜登政府又进一步强化了在关键技术、生物制药、数字基建、军事与情报等涉及国家安全重要领域的数据出境管控，遏制住数字供应链的核心数据跨境流动渠道。

将数据跨境流动规则"泛安全化"成为美国通过"长臂管辖"扩张其跨境数据执法的关键。美国曾通过外国投资安全审查、信息通信技术和服务供应链安全审查以及敏感产品技术出口管制等措施实行"长臂管辖"政策。为了打破 GDPR 长臂管辖的约束，美国于 2018 年出台了《CLOUD 法》，将美国对跨境数据流动的司法管辖权由"数据所在地"更改为"数据控制者所在地"，规定"无论通信、记录或信息存储是否在美国境内，服务提供商都应根据电子通信法律，保存、备份或记录信息等"。美国贸易代表办公室在 2023 年 10 月 25 日举行的瑞士日内瓦 WTO 电子商务联合声明会议期间，放弃了长期坚

---

[1]　"Executive Order 13913 of April 4, 2020, Establishing the Committee for the Assessment of Foreign Participation in the United States Telecommunications Services Sector", *Federal Register*, Vol. 85, No. 68, 2020.

[2]　The White House, "Executive Order on Addressing United States Investments in Certain National Security Technologies and Products in Countries of Concern", August 9, 2023.

持关于数据自由流动要求的部分数字贸易主张，为进一步审查数据和源代码等敏感领域的贸易规则提供了足够的政策空间。2024 年 2 月 28 日，拜登总统签署《关于防止有关国家访问美国人的大量敏感个人数据和美国政府相关数据的行政命令》，充分体现美国将数据安全置于跨境数据自由流动的优先地位，同时直接点名中国等六个"受关注国家"禁止获取"重要敏感数据"跨境流动。此后，美国还将进一步推进立法工作，除点名国家之外的其余国家通过认证评估后可与美国交换特定数据。

四、数据安全、个人隐私和数据主权仍将是国际规则制定的三大核心考量

各国数据跨境流动政策的选择受制于本国数字经济产业竞争实力。在国家安全和地缘政治因素之外，各国对数据跨境流动政策路径的选择亦深受本国产业能力和经济发展现状的制约，特别是对数据流向的控制能力。基于数字经济能力的差异，各国政府在数据流动策略选择上主要可划分为三类：

首先，以新兴经济体为代表，将数据安全置于首位的出境限制策略，倾向于通过数据本地化存储、限制数据自由流动等措施来保护国家数据安全。此类数据流动保护主义措施虽可能对数字贸易市场构成障碍或壁垒，但能有效保护本土产业，尤其是云计算基础设施和前沿科技领域，避免受美国控制，从而更大程度上实现对本土数据的保护和管辖。例如，某些国家通过立法手段，强制要求跨国公司在本国境内设立数据中心，以此来确保数据的物理安全和法律管辖。这种策略

在一定程度上限制了全球数据的自由流通，但同时也为本国的数字经济发展提供了相对封闭的环境，促进了本土技术的自主创新和成长。

其次，以欧盟为代表，将个人隐私权置于优先地位的规制型策略，依赖于不同法域间对个人隐私保护水平的协调一致，进而提高数据流动的成本。尽管欧盟在数字经济领域的整体产业能力不及美国和中国，但在2024年影响力最大的科技公司排名中，美国科技企业占据8席，韩国三星集团和中国腾讯集团分别位列第7和第8，欧洲企业未见身影。然而，欧盟拥有庞大的数字消费市场，对美国等大型科技公司具有显著吸引力。为此，欧盟通过制定GDPR以及《数字市场法案》《数字服务法案》和《数据法案》等，提高法域内数据保护要求的门槛，增加外国企业进入欧洲数字市场的成本，为本土数字产业的发展构建保护壁垒。这些法规的实施，不仅对全球科技公司提出了更高的合规要求，也促使企业重新评估其数据处理和存储的全球布局。

第三，以美国为代表，在维护本国数据安全的基础上，鼓励数据自由流动以获得数字经济产业的竞争优势，并争夺对数据流出的绝对管辖权。美国重视国家安全的跨国合作，例如，"9·11"恐怖袭击事件后，美国与欧盟签署了《美欧乘客姓名记录共享协议》，实现双方航班乘客个人信息的数据共享，确保航班与人员的安全。随着大数据、云计算、人工智能等新一代信息技术在经济社会、军事国防等领域的广泛应用，数据作为基础性、战略性资源的重要性日益凸显，"数据主权"成为继边防、海防、空防之后的又一主权空间。美国在前沿和基础技术领域将对中国等部分国家限制大量技术数据和敏感个人数据的跨境转移，并通过"长臂管辖"以及强大的情报和执法能力加以实施。这种策略不仅反映了美国在全球数据治理中的主导地位，也体现了其对数据安全和国家安全的高度重视。

五、规制数字科技公司和探索"数据空间"是数据领域跨国合作新方向

数字科技公司成为参与全球数据治理的主要私营经济体，规制和利用大型数字平台将是大国争夺数据治理规制话语权的关键。

美国以市场为导向的监管模式驱动大型数字科技公司在全球扩张。美国政府通过倡导促进国内外数字市场开放、输出不强制监管原则和私营部门为主导的数字经济，最大限度地获得数字技术革命带来的经济机遇。2024 年，全球市值最高的技术公司排名前 5 位均为美国数字科技企业，即微软、苹果、英伟达、Alphabet（谷歌母公司）和亚马逊。美国正借助数字科技公司向全球推进市场驱动下跨境数据流动监管模式，传播"美式民主价值观"，并加深其他法域对美国数字科技产品的依赖性。比如，世界各地的人们都可以用 Facebook 分享与了解美国政策、或上传与观看 You Tube 视频、通过 X 阅读世界新闻等。美国的数字科技公司决定了用户信息的摄入取向，掌握的大量有价值的数据信息又使其逐渐形成数据获取与经济发展相互促进的良性模式。然而，美国对其他国家在美经营的数字科技企业则进行反审查制度原则。例如，美国认为 TikTok 公司传播中国数字监管模式与价值观，美国众议院在 3 月 14 日、20 日先后通过的《保护美国人免受外国对手控制应用程序法案》和《2024 年保护美国人数据免受外国对手侵害法案》，主要针对 TikTok 拥有与获取大量敏感数据的

特定对象进行数据安全规制。此外，数字跨国公司利用数字经济的特质，凭借"无实体存在"的虚拟机构将利润转移至低税率国家，实现低成本的跨国数字经济避税。"数字服务税"问题曾成为美欧在数字经济治理领域博弈的焦点，如今也是 OECD 需要解决的棘手问题。目前，欧盟等监管法域利用《数字市场法案》《数字服务法案》和《数据法案》等三大"守门规制"对美数字科技企业在欧洲市场的数字经济行为体进行严格的监管，并取得一定成效。今后将有更多的国际与多边机制参与对数字平台的规制行动。

基于"数据空间"的规制体系将成为大国数据治理领域博弈的新方向，标准与技术驱动的规制工具是打通"数据孤岛"与确保"数据空间"安全的新手段。在国际数据空间建设方面，欧洲已有国际数据空间组织（IDSA）、Gaia-X、Open DEI、FIWARE、My Data 等相关研究并推进数据空间的组织。部分国家和国际组织通过标准与技术驱动的规制工具尝试确保"数据空间"安全。此外，区块链、隐私计算等技术的发展和数据中介的出现为数据跨境传输提供了新的范式。隐私增强技术（PETs）、数据监管沙箱等也为数据跨境流动的应用实践提供了新的选择。中国也正式将数据空间建设纳入数据治理规划。2024 年 11 月 21 日，中国国家数据局发布《可信数据空间发展行动计划（2024—2028）》，计划到 2028 年，建成 100 个以上可信数据空间，形成一批数据空间解决方案和最佳实践，基本建成广泛互联、资源集聚、生态繁荣、价值共创、治理有序的可信数据空间网络，各领域数据开发开放和流通使用水平显著提升，初步形成与中国经济社会发展水平相适应的数据生态体系。

第六章
共商共建共享：全球数据治理的中国方案

在数字技术迅速发展的背景下，数据已经成为数字经济的核心组成部分，对全球经济、科技、文化等多个领域产生深远影响。让数据资源在安全、有序、公平、公正的环境下实现跨境自由流动，充分释放数据红利，必须加强对数据的全球治理，而中国在全球数据治理中发挥着不可替代的作用。全球数据治理面临大国"数据博弈"，各国数据治理理念与治理规则存在冲突，"逆全球化"与单边主义的国际环境等因素带来风险挑战。正如美国副总统 J. D. 万斯在 2025 年 2 月 11 日巴黎人工智能行动峰会上所言，美国将继续在数据与人工智能领域推动美国科技霸权，全球数字科技将呈现"去监管"态势，全球数据治理难以达成全面共识。中国一向秉持共商共建共享理念，倡导构建全球网络空间命运共同体，努力为全球数据治理提供中国方案。

第一节　形成"北京效应"：从理念引领到规则建构的影响力

当前，欧盟已经形成具有全球数据影响力的"布鲁塞尔效应"。作为数字产业大国、数字贸易大国和数据资源大国，中国数字消费市场潜力大，数字技术应用场景丰富，拥有海量的数据资源和一批具有国际竞争力的数字贸易平台，更应当乘势而上，培育多元数据经营主体，繁荣数据流通交易市场，推动数据产业区域聚集。同时，依托规则引领，将数据市场和资源优势转化为数据产业发展的新动能，以产业开放引领全球数字治理，构建多层次的国际数字合作网络，增强理念的引领力和规则的影响力，从而形成全球数据治理的"北京效应"。

一、以人类命运共同体理念引领全球数据治理

大数据、云计算、物联网、区块链等数字技术的发展，促使人类从工业文明转向数字文明新阶段。随着文明数字化与数字文明化融合程度加深，数据安全、算法风险、人工智能伦理、数字监控等问题丛生。运用数字技术造福人类和自然，同时防止数字化的风险挑战，是21世纪全球治理的重要议题，也是人类共享数字文明，构建同球共济的人类命运共同体的前提要求。

当前，全球尚未形成统一的数据治理体系。西方国家将所谓的"民主理念"作为开展数据治理合作的前提条件，制定符合西方盟友利益的数据流动、数字技术、数字贸易等规则体系，没有实质性地为全球数据治理提供全面、可行的方案。"全球南方"正积极参与数据

治理，但因各国间数字经济发展程度存在较大差距，总体特别是数字鸿沟还在不断扩大，因此无法有效打破西方国家的数字霸权。中国是全球数字治理中最具开放性的大国，作为全球第二大数字经济体，中国在全球数字治理中的作用也明显提升，正秉持共商共建共享理念，努力推动国际社会共同形成开放性的多边数据治理模式。

在全球数据治理领域，中国应从构建人类命运共同体的总目标出发，坚持多边主义，同世界各国一道，共同维护公平正义，坚决反对"技术封锁"、数字铁幕、科技霸权，在《全球数据安全倡议》《全球人工智能治理倡议》《全球数据跨境流动合作倡议》的基础上，深化国际数据合作，提出全球数据治理的中国方案。

一是以构建人类命运共同体为总目标，引领开放型全球数据治理理念的深入推进，携手打造联通、开放、普惠、共享的数字命运共同体。数字命运共同体的第一大新特性是数字连通性，是数字时代打破国界限制、进行全球跨境联通的新形式。数字命运共同体的第二大新特性是开放性。数字经济发展的健康与否取决于其开发程度，全球范围内的数字贸易，将有益于推动多边经济往来，提升经济发展质量。数字命运共同体的第三大新特性是普惠性。数据驱动为全球带来的数字经济产品与福利应具有普惠性，不以意识形态和联盟划分收益，应更多惠及"全球南方"数字经济体。数字命运共同体的第四大新特性是共享性。数字经济发展的根本就是提供全球范围的互联网共享、数字技术的共享、数字文明成果的共享。

二是围绕构建数据安全、数据流通、数据应用等，进一步提出中国在全球数据治理领域互信、平等、均衡、可持续的"中国数据安全观"。数字命运共同体强调各国数据安全共享的新局面，在数据安全领域对人类命运共同体发展起到重大作用。当前，人工智能、元宇宙、物联网等技术层出不穷，各国在数字技术方面日益形成相互依存、命运与共的局面，信息技术与人类日常生活交汇融合，各种平台产生的数据流对于社会发展、经济提升、文化传播等起着不可忽视的重要作用，数据安全已经成为事关国家安全与社会稳定发展的重要基石。要以尊重主权国家共同意愿、考虑多元主体利益为原则，均衡发展和安全，技术进步与国家安全和社会公共利益的关系，重视世界各国对于数据、信息、数字网络、隐私安全的维护，坚守反对"泛安全化"、反对一国利用自身数字优势对他国进行网络攻击、数据窃听、网络监控、隐私侵犯等有损他国国家安全的做法，积极构建数字安全屏障，确保信息技术产品和服务的供应链安全，释放数据价值的潜能。

三是以"数据之治"助力落实联合国2030年可持续发展议程，积极推动人类命运共同体理念在全球数据治理范围内的拓展，携手构建开放共赢的数据领域国际合作格局。《全球数据安全倡议》《全球人工智能治理倡议》和《全球数据跨境流动合作倡议》是中国积极践行人类命运共同体理念，落实全球发展倡议、全球安全倡议、全球文明倡议在数据领域的具体行动，得到国际社会高度关注和积极评价。同时，中国一贯支持以联合国为主渠道推进全球数字治理，建设性参与了契约磋商的全过程，为契约顺利达成发挥了重要作用。中国还与"全球南方"国家围绕数据治理，展开双多边合作，并完善机制建设。2022年，"中国＋中亚五国"外长第三次会晤通过《"中国＋中亚五国"数据安全合作倡议》。2024年，中国和东盟举办中国—东盟数字治理对话，围绕人工智能治理、数据治理和网络安全治理等议题展开讨论。2021 年和 2024 年，中国与非洲举办两届中非互联网发展与合作论坛，凝聚中非共识，共建网络空间命运共同体。同时，中国还将在全球层面积极推动建立数据合作新组织、提出数据合作新倡议，为全球数据治理贡献中国智慧。

二、探索构建"数据 × 一带一路"的统一数据要素 国际市场

共建"一带一路"倡议是构建人类命运共同体的生动实践，是中国为世界提供的广受欢迎的国际公共产品和国际合作平台。[1]"数据要素 ×"的乘数效应是指数据作为新型生产要素，通过与其他生产要素结合，作用于不同主体，发挥协同、复用和融合作用，对其他生产要素、服务效能和经济总量产生扩张效应，提升效率、释放价值和创新发展，推助构建以数据为关键要素的数字经济。这种效应不仅能够提高资源配置效率，还能创造新产业新模式，实现对经济发展的倍增效应。"一带一路"沿线国家在数字基础设施建设、数字技术创新与合作、数字贸易发展等方面取得显著成效。下一步，中国应继续探索构建"一带一路"沿线国家的数据乘数效应，构建统一数据要素国际市场，释放巨大发展潜力。

（一）对标与完善要素市场，形成"北京效应"

党的二十届三中全会提出，培育全国一体化技术和数据市场。2024 年 4 月 1 日，首次全国数据工作会议提出，坚持数据要素市场

---

[1]《携手构建人类命运共同体：中国的倡议与行动》，载中国政府网，2023 年 9 月 26 日。

化配置改革这条主线，切实履行统筹数字中国、数字经济和数字社会规划和建设工作职责，更好促进高质量发展。

在国际数据要素市场建设方面，主要呈现以下特征：一是多主体参与数据要素市场建设。欧美等发达国家认为政府应当做数据市场的"守夜人"和"教练员"，尤其重视企业、行业协会、科研院校在数据要素市场中的主体作用。二是数据流通模式趋于多样化。发达国家的数据交易平台多以企业为主导，并采取市场化模式。三是数据空间产业兴起，从消费和流通领域向生产领域漫溯，数据交易也从服务业向工业领域扩散。四是标准设计优化数据市场生态。为推动数据行业的健康发展和抢占国际数据标准中的话语权，欧美等发达国家纷纷牵头企业及非政府组织参与国内和国际数据标准的制定。五是数据安全技术保障可信流通环境。各国敏锐认识到通过多方安全计算、联邦学习、可信执行环境、同态加密和智能合约等新型数据安全技术的组合利用，可以有效地满足复杂多样的数据利用需求。

为进一步对标国际数据要素市场标准，完善国内数据要素市场化配置，一是要针对数据的场内外交易需要，以"有为政府"引领国企、数据运营商、第三方中介组织、行业协会及科研院所共同参与数据要素市场建设。二是在引导数据交易平台向产业数据空间拓展时，也要重视场外数据交易市场的规范和培育，鼓励数据来源合规及利用合法的市场交易。三是强化数据要素标准体系建设，一方面应根据数据市场的新业态、新模式和新主体制定分类齐全且层层递进的数据行业标准体系；另一方面要积极参与国际数据交易标准的建设，输出"中国标准"。四是鼓励政企联动，加快前沿数据技术的研发。当前，欧盟利用市场和产业优势，形成了数据领域的"布鲁塞尔效应"。作为数据大国，中国更应当乘势而上，培育多元主体，繁荣数据流通交易市场，推动产业集聚，依托规则引领，构建多层次的国际数字合作网络，打造中国数据领域的“北京效应”。

（二）在共建“一带一路”沿线国家激活与培育数据要素“乘数效应”

2024年全国数据市场交易规模预计将超过1600亿元，比2023年增长30%以上。根据上海数据交易所发布的《2023年中国数据交易市场研究分析报告》，2022年全球的数据交易市场规模为906亿美元，预测至2025年市场规模有望增长到1445亿美元，到2030年数据交易市场规模有望达到3011亿美元。与此同时，“一带一路”沿线国家的数据交易增速较快，具有成为全球数据要素市场的潜力。基于此，对于“一带一路”沿线国家，要以“北京效应”为牵引，依据以下两大核心方向激活数据交易市场，培育数据乘数效应。第一，加快完善“一带一路”沿线国家的数据基础能力。数据基础能力是实现数据要素乘数效应的关键，它涵盖了数据从生成到最终应用的全过程。重点关注“一带一路”沿线数据生成与采集、数据存储与管理、数据处理与分析、数据应用等生命周期。数据采集、存储、流通和交易是数据基础能力的四个关键维度，共同构成了数据要素乘数效应释放能力的基础。数据治理水平是影响数据要素乘数效应释放能力的另一个重要方面，包括数据质量、数据安全、数据合规等多个层面，为数据要素的乘数效应提供坚实的保障。

第二，从技术、经济和规则方面完善“一带一路”沿线国家的应用乘数效应。技术方面，可以通过数据安全与隐私保护技术、数据流通技术等来评估；经济方面，可以通过生产要素投入和赋能来衡量；

规则方面，则需要考虑数据治理水平和规则体系的完善程度。可以推动"一带一路"沿线国家在金融、医疗、城市治理等多个行业启动"数据要素 × 一带一路"合作案例，通过示范引领，激励多方主体积极参与，释放数据要素价值。

三、建立高效便利安全的跨境数据安全监管机制

随着现代通信技术、数字技术及人工智能技术的高速迭代以及共建"一带一路"倡议快速推进，跨境数据流动频率与规模同步快速增长。跨境数据安全与其他领域安全问题相互交织，加快完善跨境数据监管体系是解决这一问题的重要措施，也是中国增强全球数据治理话语权和影响力的重要途径。

一方面，中国大力倡导数字经济发展"中国倡议"，全面推动世界各国共享"中国红利"，积极提供全球数据治理"中国方案"。2015年，中国国家主席习近平在第二届世界互联网大会提出"四项原则"和"五点主张"，倡导尊重网络主权，推动构建网络空间命运共同体，为全球互联网发展治理贡献中国智慧、中国方案。2019年，第六届世界互联网大会组委会发布《携手构建网络空间命运共同体》概念文件，进一步阐释了这一理念。2020年11月18日，世界互联网大会组委会发布《携手构建网络空间命运共同体行动倡议》呼吁，坚持共商共建共享的全球治理观，秉持"发展共同推进、安全共同维护、治理共同参与、成果共同分享"的理念，把网络空间建设成为造福全人类的发展共同体、安全共同体、责任共同体、利益共同体，提出了四方面共二十条行动倡议。《二十国数字经济发展与合作倡议》于2016

年 9 月 4—5 日在 G20 杭州峰会上提出，这是全球首个由多国领导人共同签署的数字经济政策文件，包括概述——数字世界中的全球经济，指导原则——前进的指南，关键领域——进一步释放数字经济潜力，政策支持——营造开放安全的环境，前进的方向——采取行动带来变革等五部分共二十二条。2023 年 10 月 18 日，在第三届"一带一路"国际合作高峰论坛数字经济高级别论坛上，中国、阿根廷、柬埔寨等 14 国，共同提出《"一带一路"数字经济国际合作北京倡议》。2022 年 5 月 23 日在厦门举办的金砖国家工业互联网与数字制造发展论坛上，发布了《金砖国家制造业数字化转型合作倡议》；2022 年 6 月 23 日，金砖国家领导人第十四次会晤达成《金砖国家数字经济伙伴关系框架》。2023 年 9 月 6 日，可持续发展大数据国际研究中心联合 25 个国家和地区学者，在第七届"数字丝路"国际会议闭幕式上正式发布《数字丝路北京宣言》等。

另一方面，中国以统筹发展与安全为主线，相继出台了《中华人民共和国网络安全法》《中华人民共和国数据安全法》《中华人民共和国个人信息保护法》《关键信息基础设施保护条例》（"三法一条例"），为数据跨境流动监管提供法律依据。随后又分别出台了《数据出境安全评估办法》《个人信息出境标准合同办法》《个人信息保护认证实施规则》和《促进和规范数据跨境流动规定》等数据跨境流动具体实施办法，对数据出境安全评估、个人信息出境标准合同、个人信息保护认证等数据出境具体制度进行持续调整，确保国家数据主权和数据安全，保障企业商业秘密和个人信息权益，促进数据依法有序自由跨境流动，基本构建起中国特色的数据跨境流动管理体系（见表 6-1）。

表 6-1　中国对跨境数据流动的主要立法现状

法律名称	本地存储要求	出境评估
《中华人民共和国网络安全法》	第 37 条　关键信息基础设施运营者在中华人民共和国境内运营过程中收集和产生的个人信息和重要数据，应当在境内存储。	第 37 条　因业务需要确需向境外提供的，应当按照国家网信部门会同国务院有关部门制定的办法进行安全评估；法律、行政法规另有规定的，依照其规定。
《中华人民共和国数据安全法》	未通过安全评估的重要数据和个人信息。	第 25 条　数据处理者向境外提供在中华人民共和国境内运营中收集和产生的重要数据和个人信息的应当按照国家网信部门会同国务院有关部门制定的办法进行安全评估；法律、行政法规另有规定的，依照其规定。
《中华人民共和国个人信息保护法》	第 36 条　国家机关处理的个人信息应当在中华人民共和国境内存储；确需向境外提供的，应当进行安全评估。安全评估可以要求有关部门提供支持与协助。	第 38 条　个人信息处理者因业务等需要，确需向中华人民共和国境外提供个人信息的，应当具备下列条件之一： （一）依照本法第四十条的规定通过国家网信部门组织的安全评估。
《数据出境安全评估办法》	未通过安全评估的重要数据和个人信息。	第 2 条　数据处理者向境外提供在中华人民共和国境内运营中收集和产生的重要数据和个人信息的安全评估，适用本办法。 第 3 条　数据出境安全评估坚持事前评估和持续监督相结合、风险自评估与安全评估相结合，防范数据出境安全风险，保障数据依法有序自由流动。

资料来源：付裕嫒：《我国数据跨境流动监管缺位问题及应对》，《法律研究》集刊 2024 年第 1 卷。

然而，相较于国际上较为成熟的跨境数据治理体系，中国的数据出境安全治理面临着多重困境，主要表现在数据安全的概念过于模糊难以成为法治价值目标，数据出境规则设计不周密难以有效监管数据出境，数据出境监管过严导致"黑灰"数据产业难以遏制等。

首先，中国的数据出境安全治理不得不面对以下价值冲突问题：是保护个人权利还是追求高效经济发展？安全性与流动性如何兼顾？在立法的价值面向上，中国数据出境安全治理面临着商业利益、个人权利、国家安全的三难选择，此外，在措施的现实适用上，中国的数据出境安全治理也难以满足现实需要，存在着数据出境安全治理规则设计缺口的问题。其次，中国数据出境安全治理规则的制度设计在法律来源、衔接机制、规则要求上均有短板亟待补齐，严重影响数据出境安全制度的体系化和具体规则的可操作性。现阶段，中国已逐步建构起了数据出境安全治理制度，主要表现为数据出境安全评估制度，同时还包括数据出境标准化合同、数据出境安全认证等数据出境安全治理制度，数据出境安全治理规则的适用方式单一的问题已经有了改善。通过对标其他国家和地区的数据出境规则及既有经验，中国数据出境安全治理水平已有所提升，但仍不能满足数据的大规模出境和快速出境要求。再次，数据出境安全并不是单一的、静态的局限在某一领域的，而是涉及从数据的加工处理到最后成果体现的全过程。多元化的数据出境安全风险要求数据出境安全治理不仅要从数据处理的技术层面进行考虑，还要对经过处理后所形成的具体数据成果所涉及的有关安全领域加以具体考量。因此，中国须加强对本土治理规则的探寻。[1]

---

[1] 郭德香：《我国数据出境安全治理的多重困境与路径革新》，《法学评论》2024年第3期。

第二节　推动"南北协同"：发展多领域全方位国际合作伙伴

中国应推动"南北协同"，依托"数字丝绸之路"建设同"全球南方"开展合作，并积极寻求同美国、欧盟等发达经济体对话交流与合作。持续加强多双边数据领域合作，与主要经贸伙伴国家和地区携手建立数据跨境流动合作机制，更有作为地参与全球数据领域规则制定。

一、依托"数字丝绸之路"：推进与"全球南方"数据合作

"数字丝绸之路"建设重点面向"全球南方"，是放大"北京效应"的鲜明代表。[1]当前，中国数字经济规模位居世界第二，具备良好产业基础和巨大市场空间，而"一带一路"沿线大部分国家或地区仍处于数字经济发展初期，建设以数据合作为基础的"数字丝绸之路"，将为沿线各国数字经济发展提供新的动力，也为中国与这些国家的经贸交流创造更广阔的合作空间。

（一）共建数据基础设施互联互通

以高质量"一带一路"建设和"数字丝绸之路"为依托，积极推动数据基础设施领域互联互通国际合作，特别是助推"小而美"的数

---

[1] Mathew S. Erie, Thomas Streinz, "The Beijing Effect: China's Digital Silk Road as Transnational Data Governance", *Journal of International Law and Politics*, Vol.54, No.1, 2021, pp. 1—92.

字合作项目。

一是以数据基础设施国际合作为目标，构建数据空间、软基础设施、硬基础设施和数据安全基础设施一体化的中国特色"数字丝绸之路"。基于"数字丝路地球大数据平台"，实现多语言、多领域、全方位数据共享，与阿拉伯联盟、东盟、非盟、金砖国家共建数据中心。参与制定数据空间、通用算法和模型的标准制定，提升数据跨境流动规则衔接与可操作性。加快信息基础设施和数字基础设施不断升级，促进算力基础设施和融合基础设施在合作伙伴国家的项目拓展。例如，借助共建国家发展跨境陆缆、海底光缆等通信干线网络建设的契机，打造更多诸如"亚非欧 1 号""巴基斯坦和东非连接欧洲"等标志性项目。积极开展数据安全基础设施项目合作，建立"数字丝路"数据安全检测预警平台、应急处置平台和监督管理平台。

二是探索建立安全、可信的"数字丝路"数据空间，实现数据全流程安全合规跨境流动。在东南亚、中东、欧洲、非洲等部分国家，优先选取农业、工业、商务、物流、金融、能源等重点领域，合作共建开放与共享的数据空间。开放平台聚合数据，打造不同领域的多元数据空间。全面推进"中国—东盟信息港""数字化中欧班列""中阿网上丝绸之路"等项目的数据中心、云计算中心、智慧城市建设，并基于"数字丝路地球大数据平台"实现多语言数据共享。充分发挥国际数据空间协会中国能力中心的作用，鼓励与各领域合作国家建立数据空间合作伙伴关系，加速推进国际数据空间的市场应用。

（二）打造由数据要素驱动的数字经济新形态

"数字丝绸之路"是加速重构经济发展与治理模式的新型经济形

态。共建国家常见的数字经济新业态、新模式有：在线教育、在线医疗等在线服务，基于强大智能的"无人经济"、发展共享经济的生产和生活资料共享、知识分享等新个体经济，智慧城市建设等数字化社会治理，依托国家数据开放和共享平台体系实现数据要素流通等。

　　未来，通信和算力基础设施、人工智能应用设施是大洋洲、东亚和西亚地区等数字基础发展环境良好国家下一步的建设重点。中国可将数字基建上的显性优势与共建国家建设智慧医疗等"小而美"民生项目、绿色能源等可持续发展项目的基建瓶颈相联系。中国的"智慧城市"建设全球领先，与东道国共建"智慧城市"应成为未来"数字丝绸之路"建设的优先事项。中国数据增量年均增速超过30%，数据中心规模从2015年的124万家将增长至2020年的500万家。新型智慧城市的实现需要以数据共享为基础，城市大数据中心就是实现数据共享与治理的核心引擎，承担着为智慧城市建设夯实数字"底座"的重要作用。[1]

　　此外，"低空经济"、数据空间建设等也将成为中国与合作伙伴国家今后发展新业态的基础。高质量推动中国—东盟智慧城市合作、中国—中东欧数字经济合作等区域合作项目。通过共建孵化平台、设立实验室、建立研发战略联盟等多种方式，加强与非洲、非盟国家在区块链、虚拟现实、人工智能等领域合作。

（三）提升与"数字丝绸之路"伙伴国家间数据规则的适配性

　　首先，中国主张在以联合国为中心的多边治理框架下制定国际数字技术标准，并通过实现中国数字技术标准与国际相关组织标准的互

---

[1]　阿里研究院：《准确把握数字经济趋势　迈向"数字文明"新时代》，2022年3月11日。

操作性与兼容性，提升其在全球数字标准制定中的影响力。在 ISO、IEC 和 ITU 三大全球公认的国际标准化组织任职情况，可以作为判断该国对国际标准制定的影响力指标之一。[1]目前，中国承担 ISO、IEC 技术机构秘书处工作 89 个，承担 ISO、IEC 技术机构主席、副主席工作 88 个，成功提出并组建电子商务、电力机器人、新能源接入电网、脑机接口等领域国际标准组织技术机构，在石墨烯、无人机、量子技术、数字孪生、智慧城市、增材制造等新技术领域提出国际标准提案。截至 2022 年底，中国主导制定的 ISO、IEC 国际标准达 1337 项，在国际标准组织注册专家数超过 1.2 万人，已成为贡献国际标准最活跃的国家之一。[2]同时，中国在国内进一步推进与国际规则标准的衔接工作，并在多边国际会议上公开支持联合国在规则制定中扮演主要角色。

其次，中国正与"数字丝绸之路"合作国家在原有项目合作基础上进一步推进在前沿数字技术领域的深度合作。2015—2024 年，"数字丝绸之路"项目建设数量排名前三为 5G 及电子通信、数据中心、监控与安全。其中，2015—2019 年的数据中心建设项目约为 57 项，2020—2024 年则又增加了 114 项。[3]中国科技企业可以将得到国际标准组织认可和推广的相关数字技术标准在"数字丝绸之路"建设中进行应用与推广。

再次，将国家数据标准体系经由"一带一路"倡议推向全球。

---

[1] Alex He, "The Digital Silk Road and China's Influence on Standard Setting", April 2022, https://www.cigionline.org/publications/the-digital-silk-road-and-chinas-influence-on-standard-setting/.

[2] 《标准化助中国创新走向世界》，《科技日报》2023 年 10 月 13 日。

[3] See IISS China Connects, https://chinaconnects.iiss.org/.

2024 年，国家发展改革委、国家数据局、中央网信办、工业和信息化部、财政部、国家标准委联合印发《国家数据标准体系建设指南》。其中提到，计划到 2026 年底，从基础通用、数据基础设施、数据资源、数据技术、数据流通、融合应用、安全保障七个部分，基本建成国家数据标准体系。中国正在构建一个统一、高效和可持续的数据标准体系，强调以应用牵引为导向，鼓励在数据标准制定和实施过程中注重创新和实践，这将有助于推动数据标准与实际应用场景的紧密结合，提升标准的实用性和有效性，继而推动数字经济发展。今后，中国可以向"数字丝绸之路"合作伙伴国家宣介数据标准，并将其与项目合作的应用场景紧密结合，提升标准的实用性和有效性，促进"数字丝绸之路"经济的健康与快速发展。

二、推进中欧"二轨对话"机制，探索中欧数据合作新空间

当前和今后相当长的一段时期，中美数据竞争将日趋激烈，而特朗普政府第二任期，跨大西洋数据合作伙伴关系将面临诸多挑战与不确定性，这为中欧数据合作提供了一定的空间。与"布鲁塞尔效应"相似，中国正在努力形成"北京效应"，中欧开展数据领域相关规制协调具有可行性。2024 年 8 月 27 日，中欧推进第一次数据跨境流动交流机制会议，双方讨论与沟通相关政策实践。此外，中国与德国等欧盟主要成员国已经签署《关于中德数据跨境流动合作的谅解备忘录》。中欧在数据领域存在竞争，但由于中欧在数据领域的理念和利益相对接近，合作的潜力更大。

（一）中欧跨境数据流动合作

跨境数据流动是大国竞争数字经济发展、规则主导权和数据资源的新战场。美欧之间就跨大西洋数据流动进行多次谈判，尽管拜登政府推动签署《欧美数据隐私框架》，但美国对欧盟公民数据的过度监管和立法强化对境外数据的获取权力，增加了跨大西洋数据流动的不稳定性。

在此背景下，中欧存在广泛的合作空间。一方面，中欧双方的数据治理理念与目标相似，即欧盟坚持以人为本的数字经济发展理念，中国秉持以人民为中心的数据战略目标。欧盟在《塑造欧洲的数字未来》战略中，强调坚持以人为本理念，认为科技服务于民众，重视通过数字经济改善人们的生活。[1]中国在数字中国战略中，也明确提出运用大数据保障和改善民生，尤其是推动教育、就业、社保等领域大数据的普及。[2]中国与欧盟秉持的数字为民理念构成了双方进行跨境数据流动规制协调的基础。另一方面，中国和欧盟均重视立法规制下的个人隐私保护。欧盟重视隐私保护，看重数据接收国在隐私保护方面的法律保障体系。中国不仅重视个人信息保护，更关注数据安全和网络安全。GDPR 和《中华人民共和国个人信息保护法》属于全球最具影响力的数据保护法律之列，对数据跨境传输、存储及处理的各个方面提出了严格的要求。由于 GDPR 的充分保护原则与美国强调的跨境数据自由流动原则存在冲突，美欧双方分歧不断。中国对网络安全、个人信息保护和数据安全的重视，使得中国和欧盟可以避

［1］　European Commission, "Shaping Europe's Digital Future", February 19, 2020.
［2］《习近平：实施国家大数据战略加快建设数字中国》，载求是网，2017 年 12 月 9 日。

免在核心原则上出现分歧，因而极大地提升了双方进行规制协调的可能性。

中国可以通过以下三种方式推进与欧盟开展跨境数据流动。一是对标 GDPR 及其一系列相关法律，获得欧盟"充分性认定"认证，进入欧盟数据跨境流动"白名单"行列，推进中欧数据跨境流动。二是效仿美国，与欧盟开展双边数据跨境机制谈判，结合双方的要求与国情，签署中欧数据跨境流动协议。三是按照数据分级分类标准，对个人数据跨境流动与非个人数据跨境传输分开签署相关流动协议，中国跨国企业也可以与欧盟签署标准合同条款（SCCs）、绑定公司规则（BCRs）或其他形式的合同条款或行为，开展数据跨境流动。

（二）中欧人工智能与数据空间领域合作

人工智能、数据空间等前沿数字科技与数据基础设施是大国下一步展开激烈竞争与角逐的核心领域。

2023 年 12 月 7 日，中国国家主席习近平与欧盟委员会主席冯德莱恩都强调了中欧人工智能领域合作与对华的重要性。中国已经发出《全球人工智能治理倡议》，围绕人工智能发展、安全、治理三方面可进一步与欧盟探讨中欧双方推动人工智能治理与监管的合作空间，并利用联合国、G20 等国际组织与国际制度就应对人工智能带来的风险开展合作。中国可以分行业分领域，与欧盟在工业、生物制药等方面推进人工智能应用中的合作。此外，还可以进一步加强中欧人工智能科研合作。

数据空间是为保障企业数据、公共数据、个人数据有序流通应用的技术体系。经过近十年的发展，数据空间理念已经从德国构想走向欧洲共识，从产学研侧探索发展至欧盟范围战略立法支持，成为欧洲数据战略中数字基础设施的重要组成。从推进方式上，欧盟数据空间已形成通用数据空间、行业数据空间及测试床三大类别布局，并进一步推动各个空间的互联互通和互操作。欧盟数据空间建设覆盖行业领域不断扩展，其中跨行业、制造、能源、供应链、交通的数据空间数量较多。当前，中国正全力构建数据统一大市场。2024年中国国家数据局发布《可信数据空间发展行动计划》，力争到2028年，在可信数据空间标准体系、技术体系、生态体系、安全体系等领域取得突破，建成100个以上可信数据空间，基本建成广泛互联、资源集聚、生态繁荣、价值共创、治理有序的可信数据空间网络，初步形成与中国经济社会发展水平相适应的数据生态体系。由此，中欧可以在健康、医疗卫生、交通等各个不同领域的数据空间建设方面开展合作，探索新的中欧数据共享方式。同时，进一步深化中欧5G合作，构建数字合作伙伴关系。未来应尽快推动重启下一轮中欧高级别数字对话，将合作范例逐渐打造成为融合产业发展与规则互鉴的机制性合作框架，共建互联互通的中欧数字网络空间，共同为全球数字发展提供强大动力。

（三）中欧在第三方与多边机制寻求共识

中国正继续推进高质量共建"一带一路"和"数字丝绸之路"建设，帮助发展中国家数字经济发展。同时，欧盟"全球门户"计划也正在向发展中国家推进数字合作。双方可以在非洲地区、拉美地区等"全球南方"国家开展第三方建设项目对接，共同帮助发展中国家数字经济发展，缩小数字鸿沟。此外，中欧还应加强在联合国、WTO

电子商务谈判、G20 等国际组织中关于数据规则制定的沟通与协调，坚持多边主义，反对阵营对抗，共同努力维护全球数字供应链、产业链稳定安全。

三、积极寻找中美数字数据领域的利益汇合点，探索合作之道

虽然中美在数字科技和产业领域竞争日趋激烈，但美国作为数字经济发展的第一大国，中国作为数字经济发展排在第二位的国家，探索合作之道，不仅将给两个国家带来重大的利益，而且会给整个世界带来正向的溢出效应。在 2023 年 11 月旧金山中美元首会晤上，两国就建立人工智能政府间对话达成共识。中美已经在数字领域开展了多次二轨对话，举办了中美人工智能（AI）政府间对话，并在联合国相互支持对方提出的人工智能决议。只要坚持相互尊重、和平共处、合作共赢的原则，数字和数据领域是中美两国在气候、能源等方面合作外，一个最有潜力和最有发展前景的领域。

（一）继续开展中美数字数据领域各个层面对话

积极开展中美之间各个层面的对话，探求中美之间数字数据领域共赢合作方案，特别是可以考虑从功能性议题入手，由易而难逐步拓宽。

继续深化人工智能政府间对话。美国前国务卿基辛格曾说，在人工智能这样的全球性挑战面前，中美合作显得尤为重要。作为人工智能第一梯队国家，中国在专利申请和工业应用上优势明显，美国则在基础技术和人才培养等领域名列前茅。世界知识产权组织最新

数据显示，中国申请生成式人工智能专利数全球第一，是美国专利数的 6 倍。美国斯坦福大学的一份报告显示，美国在人工智能模型数量上领先各国，拥有 61 个知名人工智能模型。中美完全可以在相互尊重的基础上达成优势互补、实现互利共赢，为全球人工智能发展和治理作出更多有益贡献。但令人遗憾的是，美方对同中方开展人工智能交流合作抱有疑虑，对中方可能取得技术进步更是充满焦虑，采取了一系列封锁打压措施，这不利于双方的合作。在人工智能的发展方面，中美在基本原则、伦理规范、标准、风险评估和国际合作方面有一定共识。其一，两国在发展人工智能技术时都强调"负责任"（Responsible）、"安全性"（Safe and Secure）、"可靠性"（Reliable）等总体原则。其二，两国在伦理规范方面均重视隐私保护和来源透明度，致力于避免数据和算法中的偏见和歧视。其三，两国均致力于推进统一技术标准和框架的制定以及人工智能风险评估体系的建设，提高人工智能的可解释性和可预测性。其四，两国均有意扩大国际合作与对话，与多方协同，并为国际合作制定有原则和可协调的方案。因此，中方要坚持底线思维和开放立场，积极宣介《全球人工智能治理倡议》，扩大利益汇合点，促进美方改变立场，相向而行。

继续开展数字数据领域二轨对话。美中关系全国委员会和中美绿色基金于 2023 年 12 月 9 日至 10 日在中国苏州举行了第六次数字经济二轨对话。此次对话汇集中美两国前官员以及来自学术界、智库和产业界的中美专家，就共同关注的数字经济问题进行了非官方、非公开、深入坦诚的讨论。双方讨论了人工智能、数据和金融服务以及半导体等问题，并分别为两国政府提出关键建议。双方认为中美之间最有利于缓解数据流动的领域包括医疗保健、气候变化研究、经济与金融数据，以及与跨境商业服务相关的其他普通数据等。双方一致认为，一个现实的目标是在对等、明确和透明的标准基础上，在中美之间实现合理、合情的数据流动。对于需要特殊处理的数据，如涉及国家安全和个人信息，两国应协商和明确共同认可的标准。同时建议中美两国或许可以利用中美商业问题工作组，以制定新的"合理、合情和透明的数据跨境流动"监管框架为目的，建立一轨谈判。[1] 2024年10月，双方在华盛顿又共同举办了第七届中美数字经济二轨对话。今后，中美可以进一步拓展数字数据二轨对话的范围，加强智库和企业间的沟通。

（二）积极探索中美数字数据领域的科技合作

2024年12月，《中美科技合作协定》续签，虽然续签后的协定经过修改，范围变窄，增加了额外的保险措施，以尽量减少所谓对美国国家安全的风险。尽管如此，续签本身维护了两国科技方面的联系和交流，是中美关系发展的一个积极因素。它不仅为研究人员之间的交流和互动提供了保护机制，也是稳定中美科学伙伴关系的关键一步。今后，中美应积极寻求双边共识的科技合作领域。从技术层面看，中美本身具备了在人工智能研发和治理方面合作的能力，即中美人工智能发展有着高度互补性。在数据、算力和算法这三大核心要素中，中国在数据方面更具优势，美国则在算力和算法方面更为强势，而在应用领域两国侧重各有不同，双方的合作也将有利于实现资源互补，推动技术进步。

---

[1] 美中关系全国委员会、中美绿色基金：《中美数字经济二轨对话共识备忘录》，2023年12月。

（三）在第三方或多边机制中寻求中美更多合作机会

中美在联合国、WTO、G20 等国际组织的人工智能能力建设、网络安全、数据存储等方面也有合作的空间。2024 年，第 78 届联合国大会以协商一致方式通过了中国主提的"加强人工智能能力建设国际合作决议"；2023 年 11 月 1 日，中国与美国、英国、欧盟等 25 个国家代表签署《布莱切利宣言》，统一通过建立人工智能监管立法的国际合作。此外，美国在 WTO 电子商务谈判中放弃了数据存储本地化限制的条款，这与中国坚持数据存储本地化以确保数据安全留下充足的谈判空间。中美还多次在 G20 涉及数据安全、跨境数据流动等多项议题中形成合作共识。

此外，亚洲、非洲、拉美、中东等"全球南方"是中美关系中特殊的第三方因素。中美在"全球南方"中的竞争与合作深度交织、复合并存，既存在资源之争、理念之争以及一定程度的地缘政治竞争，也在扩大发展中经济体的数字市场、维护地区和平稳定等方面拥有共同利益，双方具有一定的合作空间。

第三节　坚持"对标输出"：参与制定和适配多边机制数据规则

当前，全球数字经贸规则处于重构时期，各大经济体意欲争夺数据领域经贸规则的制定权和主导权，国际数字经贸规则重塑竞争加剧，主要表现在以下两个方面：一是在 WTO 电子商务谈判中争夺多边数字经贸规则的主导权。二是争夺区域层面数字贸易协定的相关规则制定权。USMCA、CPTPP、DEPA、UJDTA 等高水平区域性经贸协定在现有 WTO 电子商务规则基础上设立了更高标准，也涵盖了更多新规则。在此情形下，中国应坚持"对标输出"原则，积极参与 WTO 电子商务相关规则谈判，对标与匹配高标准区域数字贸易协定，并向"金砖国家"等小多边机制提供"中国方案"。

一、积极参与 WTO 电子商务谈判和国际经贸协定中的 数据规则制定

中国应在 WTO 中积极推进电子商务涉及数据跨境流动、数字税收、隐私保护等相关规则谈判。2023 年 12 月 20 日，包括中国、美国、欧盟在内的 90 个 WTO 成员就部分全球电子商务、数字贸易国际规则达成实质性协议。[1] 在大国战略竞争长期化、经济议题安全化、相互依赖武器化、全球治理碎片化的背景下，WTO 电子商务诸边谈判里程碑式的成功，将为完善以规则为基础的全球数字（贸易）治理体系带来新载体和统一的多边框架，也将为中国提升全球数字治理和制度性话语权提供新的路径。[2]

虽然 WTO 电子商务谈判已就 13 个议题达成实质性成果，但在核心的跨境数据流动、数据本地化、电子传输关税和数字税、源代码披露和算法公开等敏感领域还存在很大分歧。从 WTO 提交的议案来

---

[1] WTO, "E-commerce Co-Convenors Set Out Roadmap for Concluding Negotiations in Early 2024", Novemeber 30, 2023, https://www.wto.org/english/news_e/news23_e/jsec_30nov23_e.htm.

[2] 王金波：《WTO 电子商务谈判与全球数字治理体系的完善》,《全球化》2024 年第 3 期。

看，发达国家间、发达国家与发展中国家间、发展中国家间在上述核心敏感领域的立场也存在一定差异。分歧和差异背后更多的是主要大国间的规则之争和在以规则为基础的全球数字治理体系中的主导权、话语权之争。

例如，在跨境数据流动与数据本地化议程谈判中，欧盟在对数据本地化要求持反对立场的同时，还提出以下四项限制措施：一是不应要求使用境内计算设施处理数据；二是不应要求数据在境内存储；三是不应禁止在其他成员境内存储或处理数据；四是不应将计算设施和数据存储的本地化作为允许跨境数据流动的前提。欧盟的上述立场与其在区域贸易协定中的立场基本一致。美国贸易谈判代表一直坚持反对数据跨境自由流动本地化存储，随后又放弃在 WTO 电子商务谈判中对数据本地化、数据跨境流动等议题的支持。目前，中国在 WTO 电子商务谈判中暂未就跨境数据流动议题提交相关提案。中国对外签署的 22 个自由贸易协定（含升级）中，除了 RCEP 在电子商务章节中（第 12 章第 14 条）就"计算设施的位置"作出具体承诺外，其他协定均未涉及相关条款。

又如，在电子传输关税议程谈判中，发达经济体更倾向于对电子传输永久性免除关税；发展中国家成员基本倾向于继续维持 WTO 不对电子传输征收关税的现行做法，但对电子传输的永久性免税问题、免征关税的范围尤其是对电子传输内容是否征收关税还持保留态度。而在全球 188 个含有数字贸易条款的区域贸易协定中，有 81 个对免征电子传输关税问题作出了具体承诺，约占 43.09%，远高于数据本地化条款的区域贸易协定覆盖率（9.04%）。无论是区域贸易协定还是 WTO 电子商务谈判，各国就电子传输免征关税的共识要高于对数据本地化要求的共识。

对此，中国应深刻认识参与 WTO 数字贸易改革的重要性与紧迫性，全面参与 WTO 数字贸易改革和数据领域相关规则调整，以高水平对外开放促进国际数字贸易深层次改革，高质量发展继续发挥中国作为世界第二数字经济大国、第一电子商务大国的优势，共同推动 WTO 电子商务谈判早日达成共识。一是推动各方尽快就使用密码的 ICT 产品、电信服务市场准入等议题达成共识。二是正确认识、妥善处理、有效弥合各方在禁止源代码披露和公开算法、数据本地化要求（计算设施位置与数据管辖权）、电子传输及传输内容的永久性免征关税等敏感议题或发达国家利益集中领域的争议与分歧，尽快达成高标准、普惠、包容的数字贸易规则。三是继续发挥中国在 WTO 电子商务谈判中发达国家与发展中国家间的桥梁作用，共同推动发展议题尽快达成共识，早日形成更加开放、包容、公平、公正的全球数字治理框架。

同时，要继续提高中国在区域和全球数字规则制定中的话语权。一是在新签署或升级版区域自由贸易协定中逐步纳入新议题、新规则；进一步优化、提升中国对外签署的区域贸易协定数字规则的深度和广度。二是加大自由贸易试验区先行先试力度，逐步构建起全国统一、与国际高标准数字规则相衔接的监管模式和制度体系，逐步建立起全国统一的数据分类分级管理制度和敏感数据负面清单管理制度。三是完善国内数据治理法律框架，继续提高国内数据治理法律法规与国际高标准数字规则的兼容性。鼓励中国非政府组织与跨国企业积极发布数字贸易的"软法"，不断推进"软法"的"硬化"。

二、对接与适配区域数字贸易协定规则

坚持对标国际最高标准、最好水平的制度型开放，加强构建基于风险的认定规则体系、建立跨境数据流动定期审查机制、细化重要数据的认定条件标准等，以便提升跨国互操作性与促进数字贸易便利化。

（一）推动修正与完善 RCEP 跨境数据流动例外条款

全球电子商务的发展离不开数据跨境流动，数据跨境流动规则已成为国际经贸协定电子商务章节中的关键条款，其中的数据例外条款构成了数据跨境流动规则的核心所在。RCEP 作为主要由发展中国家驱动的大型区域贸易协定，其数据跨境流动规则中的例外条款彰显了"发展与安全兼收并蓄，更侧重国家监管"的价值追求。

但是，由于 RCEP 数据跨境流动规则例外条款的设置存在适用条件较为宽松、关键概念表述模糊等问题，成员方在适用中必然存在不确定性和滥用的隐忧，且既有争端解决方式难以实现对例外条款的解释。例如，RCEP 跨境数据流动条款主要为原则性条款，对原则性条款限制的例外条款适用要件不清晰。一方面，RCEP 成员国可以通过例外条款在亚洲地区施行数据利益保护措施，高筑数字壁垒阻碍跨境数据流动；另一方面，RCEP 数据治理例外条款法律适用框架模糊，更加剧各个成员国数据治理差异倾向。此外，RCEP 成员国多元复杂，包含发达国家、发展中国家和不发达国家，且与 CPTPP 等个人数据保护标准、电子商务规则差距较大。RCEP 成员国名义上呼吁数据对外开放，实际上反而会架空 RCEP 数据监管体系，无法发挥

RCEP 对亚洲地区数字经济推动作用。[1]

　　中国作为 RCEP 的主要参与者和推动者，应充分发挥与协调数据跨境自由流动与国家监管的作用，向以维护国家安全为底线的方向收缩。完善 RCEP 跨境数据流动例外条款，可以重点从以下两个层面推进：第一，进一步明确与厘清特定例外条款与安全例外条款等概念和适用范围。主要涉及明确 RCEP 争端解决机构对安全例外援引行为的管辖权，对基本安全利益情形的解释进行限缩，进一步明确"国家紧急状态"等词语解释。第二，加强区域协调机制的完善。建议设立在隐私保护认证联盟下的数据联合论坛，由成员国政府监管部门、技术专家、法律学者等组成，分享各国数据价值舆情和数据安全事件，协调成员国之间的差异政策，增进成员国间的相互连接与信任，形成数据主权与社会主体数据权益平衡的整体联动。此外，除了优化具体争端解决机制，如设置"白名单"之外，还可以引入多层次的争端调节程序，比如从成员国直接对话磋商、中立调节与第三方介入、专家小组分析与决策等程序设置，确保 RCEP 争端解决机制的全面高效。

（二）加快建立、完善与 CPTPP、DEPA 等国际高标准数字贸易和投资规则相衔接的数字市场规制体系

　　以申请加入 CPTPP、DEPA 为契机，推进新兴领域制度型开放，提升制度性话语权。CPTPP 内容广泛，涉及跨境服务贸易、电子商

---

[1]　岳树梅、徐昌登：《RCEP 跨境数据流动例外条款适用研究》，《国际经济法学刊》2024年第 2 期。

务、环境等新兴领域。DEPA 是全球第一个关于数字经济的重要规则安排，采用独特的"模块式协议"，参与方不需要同意 DEPA 所覆盖的 16 个模块的全部内容，而可以选择其中部分模块进行缔约。CPTPP 和 DEPA 都是高标准的国际经贸规则，和中国构建更高水平开放型经济新体制、推动更高水平对外开放以及参与国际数字经济合作的方向是一致的。当前，中国正在推进加入 CPTPP 和 DEPA 的相关进程，要抓紧做好以下几方面工作。

第一，重点对标与弥合现有国内规则与 CPTPP、DEPA 之间的差异条款。数据跨境流动是中国积极加入 CPTPP 和 DEPA 重点关注与对标的内容。中国对数据跨境流动的监管主要依赖于事前审查和安全评估，这种规制模式可能无法有效防范数据出境后的风险。根据 CPTPP 第 14.11 条第 2 款的规定，中国允许因业务需要的数据跨境流动，但对于规范数据跨境流动的措施是否符合"基本安全例外和合法公共政策目标例外"等条款，仍值得探讨与商榷。中国在跨境数据流动的本地化存储、数字产品市场开放、数字系统互操作性要求及数据开放共享等议题上与 DEPA 相关规则面临错位，应尽快补齐上述规则的差距性。

第二，主动构建、拓宽数字经贸与技术合作网络以适应 CPTPP、DEPA 未来成员扩容。CPTPP 和 DEPA 的潜在价值在于不断扩容后发展为大型数字经济协定，扩容后对中国具有更大的数字经济战略价值。目前，英国已正式申请加入 CPTPP，韩国与加拿大也正式申请加入 DEPA，未来还将有更多的经济体申请加入。对此，中国须构建、拓宽数字贸易伙伴网络，为适应 CPTPP 和 DEPA 扩容打下坚实的伙伴基础。在数据跨境流动领域，加强与 CPTPP 和 DEPA 成员国和潜在成员国在数字技术研发、数据安全等方面的国际合作，为中国在全球开展互认的数据跨境流动规则奠定基础。

第三，围绕《全球数据安全倡议》积极向 CPTPP、DEPA 等成员国宣传中国数据跨境流动规则理念与成效，营造良好的数字市场规制环境。如《全球数据安全倡议》从供应链安全、关键基础设施重要数据保护、个人信息安全、企业海外数据存储要求、数据跨境调取、禁止设置后门、安全漏洞补救等多个方向，系统提出了中国对数据安全内涵的理解与构建数字治理国际规则的立场。中国数据跨境流动相关政策将越来越朝着促进发展方向进行结构性调整，数据跨境流动监管体系也逐步趋向成熟和精细。中国应积极向区域数字贸易伙伴成员国宣传《网络安全法》《数据安全法》和《个人信息保护法》三大监管支柱的立法努力，加大宣传《数据出境安全评估办法》《个人信息出境标准合同办法》和《促进和规范数据跨境流动规定》《数据安全技术数据分类分级规则》等具体政策细则，帮助 CPTPP、DEPA 等成员国和国际社会更为深入地了解中国监管数据跨境流动的法律成效，提升多边合作信任度。

三、积极参与小多边机制数据规则议题设置

中国应积极探索在 APEC 下设 CBPR 体系中参与数据治理的可能性。

一是 CBPR 体系在《APEC 隐私框架》内执行，最终目的是促进亚太地区电子商务和数字贸易的蓬勃发展。APEC 重视通过互联网和数字经济推动区域经济以更具创新、智能、可持续和包容性的方式增

长。[1]数字中国战略则倡导发展以数据为关键要素的数字经济，坚持数据开放、市场主导原则。[2]因此，数字中国战略与 CBPR 体系的宗旨是相吻合的，二者具有相互对接的潜力。

二是 CBPR 体系的核心理念与中国的跨境数据流动治理理念基本吻合。CBPR 体系要求实现最大范围的跨境数据流动，不让网络封闭成为数字经济发展的障碍。加入这一规制体系的各个国家，在进行跨境数据流动时，即使数据接收方的数据保护水平不如数据输出方严格，也应准许数据流动，并且不得强制要求非 APEC 成员的数据接收方设置高于 APEC 的数据保护水平。[3]中国的跨境数据流动治理理念是坚持在保障个人信息、数据安全、网络安全基础上推动数字经济创新发展。在 2019 年世界互联网大会上，中国提出开放是网络空间合作的前提，也是构建网络空间命运共同体的重要条件，中国愿搭建双边或多边国际合作平台。[4]可见，CBPR 体系与中国的跨境数据流动治理理念均倡导构建开放合作的网络空间。

三是加入 CBPR 体系，有助于提升中国在跨境数据流动议题领域的话语权，并且有助于避免全球治理规则与国内治理规则出现错位。中国在加入 CBPR 体系后，可以参与该体系的规则制定，有助于提升中国在跨境数据流动议题领域的话语权。此外，中国可以根据该规制体系要求，完善国内跨境数据流动规制，在亚太地区实现更加顺畅的跨境数据流动。

[1]　APEC, "APEC Framework for Security the Digital Economy", November 2019.

[2]　《习近平：实施国家大数据战略加快建设数字中国》，载求是网，2017 年 12 月 9 日。

[3]　APEC, "APEC CBPRs System Program Requirements", December 26, 2012.

[4]　《携手构建网络空间命运共同体》，载世界互联网大会网站，2019 年 10 月 16 日。

同时，中国还可以基于《全球数据安全倡议》《全球人工智能治理倡议》《全球数据跨境流动合作倡议》等，在 G20 数据领域相关议程中进一步开放合作的具体做法，重点与"全球南方"探索更多务实合作的方案。继续以《金砖国家数字经济伙伴关系框架》《数字经济和绿色发展国际经贸合作框架倡议》《全球数据安全倡议》《全球数据跨境流动合作倡议》等为框架或平台，强化中国与发展中国家、新兴经济体或与"全球南方"国家在数据领域的合作及在全球电子商务、数字规则领域中的共识，探索制定金砖国家合作平台的数据规则。

第四节　加快"先行先试"：打造高水平上海国际数据合作枢纽中心

党的十八大以来，上海对标国际高标准经贸规则，稳步拓展制度型开放，推动重点领域规则、规制、管理、标准等国际更高水平对接，构建更高水平开放型经济新优势。在数据领域，国家赋予自由贸易区和海南自由贸易港在数据跨境流动管理方面以更大自主权，鼓励自贸区形成先行先试的数据跨境负面清单。中国（上海）自由贸易试验区（含临港新片区）作为中国制度型开放示范区，一定要在对接国际高标准数字贸易规则基础上，聚焦数据跨境流动、数字技术应用、数据开放共享等重点领域，深化改革创新，加快"先行先试"步伐，在制定全球数据治理的中国方案中承担起"为国家试制度"的任务。

一、要加快建成一套对标国际先进水平的新型数据流通基础设施

如何推动国家数据基础设施建设是当前面临的新课题。上海应积极落实《国家数据基础设施建设指引》，重点在建设数据流通利用设施方面发力。

上海经济发达、地理位置优越，其位于中国大陆南北中间，面向北美和日韩，是中国大陆三大国际出口局之一，也是中国大陆国际海缆登陆最多的地区（唯一一个海缆站与国际出口局合一的城市），理应成为亚洲重要的数据流通枢纽，但目前并没有体现出应有的地位，这将成为上海未来数据跨境流动发展的瓶颈。临港新片区亟需打造新型的国际数据流通基础设施，包括第三方中立国际海缆站、功能性数据中心、国际互联网交换中心。

一是适度超前布局新型海光缆登陆站。上海是中国大陆最重要的国际海缆登陆点，应加快建设和扩容高水平网络基础设施。目前，中国大陆海缆项目建设主体由基础电信运营商各自参与，这些参与主体缺乏数据互联互通，国内各地的海缆站等基础设施也无法有效共享，登陆点所在地区其实并没有享受国际数据流量高速发展的红利。因此，如果能在上海自贸区大胆制度创新，推动海缆站由本地政府主导、多元主体投资，真正让海缆站实现向所有新接入海缆系统开放和共享，并接入原有海缆站的国际数据通道，就可实现海缆系统之间的带宽交换和备份，形成运营商中立的新型海缆资源中心，消除运营商之间沟通不畅的痛点。上海正在积极推进东南亚—日本二号海底电缆建设，推动临港海底光缆登陆站建设。第三方的海缆站建立后，南向

可以与中国香港、新加坡直连，利用后者的流量枢纽地位直接通达世界，东向与日本、韩国、北美地区相连，建立新的海光缆直达系统，形成纵横交错的网络，增强上海在中国国际网络中的核心地位。[1]

二是建立一套以功能性数据中心为核心的新基础设施。上海应紧紧围绕"一核、三区、五联动"规划布局，重点推动功能型数据中心、算力中心集群、区块链跨境跨链节点以及直连海外的国际海光缆等数据基础设施，全力支撑园区打造高水平国际数据合作、高标准数据制度创新、高能级数据流通平台、高质量国际数据产业集聚等四大功能。首先，上海要以功能性数据中心建设进一步强化全球数据资源配置功能，提升全球数据要素资源的吸附能力和整合能力，更好统筹用好国内国际两个市场两种资源。在国际数据港"1+5+N"总体建设规划的基础上，重点关注数据质量、提升数据要素流动在国际环境中的竞争力。其次，布局高性能算力基础设施。建设高能级云计算数据中心集群、开放算力平台和算力互联互通平台。建设城市公共算力服务枢纽，向中小企业提供普惠算力服务。建设规模化大型商用算力。在虹桥国际中央商务区探索建设有国际服务能力及长三角辐射功能的数据中心。再次，建设区块链和语料库等高质量数据基础设施。建设城市区块链基础设施，打造区块链即服务（BaaS）平台和通用跨链功能，助力数据跨境可信流动。推动高质量语料数据要素建设。最后，对标 DEPA 新型国际数字贸易规则和相关国际数据枢纽国家，探索建设"国际数据合作功能性数据设施"等新型基础设施的具体方案。

---

[1]　葛亮：《对标世界高水平打造国际数据流通试验区》，《上海信息化》2023 年第 3 期。

三是建立国际互联网交换中心。上海正加快构筑以 5G 网络和光纤宽带网络为代表的新型信息通信基础设施，已初步建成"国家（上海）新型互联网交换中心""国际数据港核心数据中心""创新试点专用数据机房"和"国际数据传输专用通道"，还正在对标 DEPA 等新型国际数字贸易规则和新加坡、中国香港等国际数据枢纽城市，探索创建"国际数据合作功能性数据设施""开放中立的新型海光缆登陆站"等新型基础设施。上海应充分运用以 5G 和 6G、光纤、卫星、互联网等为代表的网络设施，为数据提供高速泛在的连接能力，开发数据空间、区块链、高速数据网为代表的数据流动设施，打造国际互联网交换中心，支持企业便利访问国际互联网。

四是加快布局可信数据基础设施建设。上海应根据《可信数据空间发展行动计划（2024—2028 年）》，重点聚焦三个方面工作。首先，要以国家数据空间试点为牵引，推动五个类型的数据空间布局，加强对多元异构数据的统一组织管理，在现有区块链创新发展的探索基础上，进一步分领域、分场景打造一批数据空间的实践示范案例。其次，要探索夯实数据空间发展的基础，围绕共性标准研制、核心技术攻关、基础设施建设、安全和规范管理等，打造数据空间可信可管、互联互通、价值共创的能力，降低数据空间的建设和使用门槛，培育健全生态体系。再次，要营造开放合作的数据空间发展生态，建立常态化的地区和国际数据空间对话合作机制，以及推动隐私计算、区块链、数据脱敏、数据沙箱等技术在应用中不断迭代升级，推动地区和跨境数据基础设施互联互通。

二、要加快推动跨境数据流动，率先实施高标准数字贸易规则

根据《全面对接国际高标准经贸规则推进中国（上海）自由贸易试验区高水平制度型开放总体方案》《上海市落实〈全面对接国际高标准经贸规则推进中国（上海）自由贸易试验区高水平制度型开放总体方案〉的实施方案》和《上海市推动数字贸易和服务贸易高质量发展的实施方案》等，上海应稳步扩大规则、规制、管理、标准等制度型开放，率先在上海自贸试验区规划范围内构建与国际高标准经贸规则相衔接的制度体系和监管模式，并在跨境数据流动、数字技术应用等重点领域形成参与国际合作与竞争的新动能、新优势。

数据跨境流动正在成为统筹牵引"五个中心"协同建设的关键点，上海应尽快促进和规范数据跨境流动，在数据跨境流动领域为国家试制度、测压力、挑大梁，并制定数据跨境流动负面清单和操作指引。上海自贸试验区的一个任务，是在企业和个人因业务需要确需向境外提供数据，且符合国家数据跨境传输安全管理要求的情况下，开展跨境数据流动。同时，建立支持上海国际贸易"单一窗口"建设数据跨境交换系统；采用国际公认标准及可获得的开放标准，加强系统兼容性和交互操作性；通过国际合作，分享数据交换系统开发和管理领域的信息、经验和最佳实践，共同开发数据交换系统试点项目。

在规则构建方面，按照数据分类分级保护制度，支持上海自贸试验区率先制定重要数据目录。指导数据处理者开展数据出境风险自评估，探索建立合法安全便利的数据跨境流动机制，提升数据跨境流动

便利性。上海要加快对接 DEPA、CPTPP 等高标准国际经贸规则，推进边境后制度型开放，构建数据跨境流动新规则。建设上海《数字经济伙伴关系协定》（DEPA）合作区。推动开展电子提单、电子发票、电子口岸、电子支付、中小企业电子商务等领域务实合作。将临港新片区打造成为 DEPA 合作区核心承载区，创新数字贸易国际合作场景。针对 DEPA"模块化""软约束"等特点，构建可信第三方认证制度、数据标准化、数据共享协议制度。探索制定重要数据目录、白名单与负面清单制度，细化数据出境安全评估管辖标准颗粒度，优化数据流动自评估服务制度体系，推动电子发票、数字身份等一批跨境数字合作项目的落地。2025 年 2 月 8 日，上海市网信办等五部门印发《中国（上海）自由贸易试验区及临港新片区数据出境负面清单管理办法（试行）》《中国（上海）自由贸易试验区及临港新片区数据出境管理清单（负面清单）（2024 版）》等，首批制定涵盖金融（再保险）、航运（国际航运）和商贸（零售与餐饮业、住宿业）3 个关键领域，包括重要数据、个人信息 2 类数据，涉及 6 个具体场景，84 个数据项等，均需要通过数据出境安全评估、以及个人信息出境标准合同备案和个人信息保护认证出境的数据列出负面清单要求，但仍须重视工业互联网数据跨境流动制度框架的搭建。此外在对接 CPTPP 方面，鉴于 CPTPP 在计算设施本地化、源代码规则、数据内容流动等方面与中国存在较大差异，要重视数据跨境流动规则与数据分级分类制度的衔接，构建企业自我安全审查与第三方外部审查相结合的路径，探索离岸数据豁免审批制度。

在平台搭建方面，上海要在对接高标准国际经贸规则的基础上，探索建立合法安全便利的数据跨境流动机制，提升数据跨境流动便利性。上海要设立包括合规治理平台、标准化与国际互认合作平台、国际数据跨境编码与登记平台、数据跨境自评估服务平台等在内的国际数据流通公共服务平台。同时，加速建设上海数据交易所国际板，推动国际板由数据进口向双向流动市场转换，构建包括数据产品登记、合规审查、资产化在内的一站式综合服务方案。此外，在协同建设"五个中心"的进程中，探索数据跨境流动平台与其他平台对接的具体方式，例如"丝路电商"数字营销合作平台、国际贸易数据核验平台、数字产品全球发行平台等。[1]

在数据安全监管方面，实施数据安全管理认证制度，引导企业通过认证提升数据安全管理能力和水平，形成符合个人信息保护要求的标准或最佳实践。上海要落实数据安全管理认证制度，建设体系化的风险识别和预警机制。对数据安全的检测需要覆盖数据的整个生命周期，并采用先进的技术手段和技术工具，提高风险识别的效率和准确性。上海要设立完备的数据出境风险评估指标，包括数据出境的目的和范围，数据出境的方式是否经过合法授权，数据传输过程中是否采取了足够的技术保护和管理措施，境外接收方所在的国家和地区是否能对传输过去的数据提供充分的数据保护，是否达到了中华人民共和国法律、行政法规的规定和强制性国家标准的要求等。同时，要限缩数据出境安全评估时限，增强对企业申报安全评估的事前辅导，提高企业对重要数据、敏感个人信息等数据的识别能力，解决企业不确定是否需申报数据跨境安全评估的实务困惑。[2]加快制定统一的数据

---

[1]　张艳：《加速构建数据跨境流动上海方案》，《检察风云》2024年第18期。

[2]　夏玮、李依琳：《筑牢数据跨境安全防线，贡献数据治理"上海方案"》，《文汇报》
　　　2024年10月20日。

标准和规范，促进不同系统间的数据互操作性和互联互通，提高数据利用的效率。此外，要在数据合规性审查、数据安全审计、数据资产评估、数据风险管理等方面，加快建立行业标准，强化与有关标准化技术组织、行业、地方及相关社团组织之间的沟通协作、协调联动，大力发展"数据即服务""知识即服务""模型即服务"等新业态，以标准化促进数据产业生态建设。[1]

三、促进数字技术在临港新片区的率先应用

根据世界经济论坛的调查，短期内，对全球贸易转型产生直接影响的主要是电子商务、数字支付、云计算、物联网、5G等发展相对成熟的数字技术，上海自贸区临港新片区应主动顺应数字时代的新趋势，促进数字技术在临港新片区的率先应用。

一是支持上海自贸试验区临港新片区率先制定重要数据目录，参考联合国国际贸易法委员会电子可转让记录示范法，建立与欧盟Peppol体系对接的可交互操作数字化平台，探索建立合法安全便利的数据跨境流动机制，加快数字技术赋能，推动电子提单、电子仓单等电子票据应用，推进数据开放共享，构筑数字贸易发展新优势。首先，要提升电子提单标准国际化水平，参照DCSA、BIMCO、FIATA等国际标准，解决不同政府部门、行业、航运协会、大型船运公司之间标准不一致的问题，便利电子提单在跨境贸易中的

---

[1] 谈晓文、蒋程虹：《依托数据市场规则引领，打造数据产业"北京效应"》，《文汇报》2024年10月20日。

使用。推进以区块链为基础的电子提单标准制定，与国际标准化组织《区块链海运电子提单数据交互流程》协调一致。其次，要推进电子提单标准国际互认。积极推动 GSBN 与数字集装箱运输协会（DCSA）、国际标准化组织（ISO）、国际海事组织（IMO）、联合国贸易便利化和电子商务中心（UN/CEFACT）等加强合作，将其电子提单格式、数据传输和处理、海运货物信息等标准上升为国际标准。探索建立和引领国际多式联运电子提单签发、交接流程、使用规范和服务标准，与国际货运代理协会联合会 FIATA 多式联运提单数据标准协调一致，促进多式联运提单在主要海运大国间的互认，以及在国际航运、国际贸易和金融领域的广泛应用。再次，要完善电子提单国内立法，赋予电子提单合法地位。参照《电子可转让记录示范法》更新中国《海商法》相关规定，以功能等同原则，赋予满足相同功能的电子提单和纸质提单同等的法律效力，解决电子提单在司法实践中性质不明的困境，提升电子提单的认可度和公信力，为电子提单的普及提供法律保障。最后，要积极探索多式联运电子提单建设。发挥多式联运特色优势，积极对标联合国国际货物多式联运公约等国际规则，加强与联合国贸法会、国际海关组织、铁路合作组织等的沟通协作，探索建立国际、国内统一的多式联运电子提单标准，依托西部陆海新通道、"一带一路"等局部尝试，打通多式联运各方业务系统，促进电子提单在国内外公路、铁路、水路等不同运输方式之间的无缝衔接和流转，推进国际贸易多式联运"一单制"发展，引领国际多式联运电子提单标准制定。探索在国际货运中赋予电子提单物权凭证的功能，加快可转让多式联单证规则制定进程。[1]

二是加强全面数字化的电子发票管理，增强电子发票跨境交互性，鼓励分享最佳实践，开展国际合作。支持电子发票相关基础设施建设，支持对企业开展电子发票国际标准应用能力培训。首先，企业要建立和完善内部管理制度，确保电子发票的接收、审核、报销、归档等流程的规范化。包括制定详细的操作标准，如电子发票的处理时间、审核流程，以及财务报销的具体要求。其次，要建立专门的电子发票管理系统或平台，对电子发票进行分类管理，便于追踪和调用。系统应能够支持发票的自动化处理，包括自动接收、分类、存储和生成报告等功能。再次，要强化风险管控，采取安全措施，如使用先进的防伪技术和加密手段来保护发票数据的安全。同时，应建立严格的验证机制，对接收到的电子发票进行真伪验证。最后，要定期备份与审计。应选择可靠的存储设备和云存储服务，定期对电子发票数据进行备份，并定期进行系统审计，确保系统的安全性和数据的准确性。

三是支持上海自贸试验区临港新片区研究完善与国际接轨的数字身份认证制度，开展数字身份互认试点，并就政策法规、技术工具、保障标准、最佳实践等开展国际合作。首先，推动电子身份认证系统的标准化。参考联合国国际贸易法委员会电子可转让记录示范法，推动电子提单、电子仓单等电子票据的应用，以此为基础，扩展至数字身份认证领域。其次，加强国际合作。与其他国家和地区的合作，共同探讨和制定数字身份认证的国际标准和互认机制。这包括技术标准的规范化、数据保护与隐私安全的国际合作。再次，优化政策环境。

[1] 王拓、于泓等：《电子提单的国际应用与中国应对》，《中国外资》2024年第15期。

制定和优化相关政策，确保数字身份认证体系的建设和运行符合国际高标准规则。最后，支持技术创新和试点：鼓励和支持技术创新，在风险可控的前提下，开展数字身份认证体系的试点项目，通过实际应用来不断完善和优化制度设计。

四是借鉴国际经验，加大人工智能国际合作力度，研究建立人工智能技术的伦理道德和治理框架。支持设立人工智能伦理专家咨询机构。制定人工智能伦理规范指南，发布企业人工智能伦理安全治理制度示范案例。首先，以人为本的人工智能，强调在人工智能的设计和应用中始终将人类置于中心地位。这意味着在人工智能的开发和使用过程中，必须考虑到个人的需求和权利，确保技术的发展不会损害人类的基本权利和尊严。其次，要建立信任是确保人工智能以人为本的先决条件。包括通过透明的设计、可解释的算法和严格的数据保护来实现，确保人工智能系统的设计、开发和应用都是合法、符合伦理要求和稳健的。再次，要对标国际组织和地区的伦理规范。国际组织和地区如欧盟和美国已经在这方面做出了努力，欧盟通过《人工智能法案》等政策，对高风险技术进行必要的伦理审查，确保人工智能的发展符合人类的基本道德和价值观。最后，要探索伦理治理的实践。在实际应用中，如生成式人工智能，需要明确其伦理规范，包括预防伤害、尊重人权、公平性和透明度等方面，有助于指导人工智能的开发和应用，确保技术的健康发展。

四、要加快数据开放共享和治理，最大限度释放数据价值

创新配置数据要素、大力发展数字经济，是培育发展新质生产

力、推动高质量发展的重要抓手。上海不仅要抓好数字技术创新应用，还要加快数据开放共享和治理，最大限度地充分释放数据要素价值。

一是建立健全数据共享机制，支持企业依法依规共享数据，促进大数据创新应用。支持建设国际开源促进机构，参与全球开源生态建设。支持探索开展数据交易服务，建设以交易链为核心的数据交易和流通关键基础设施，创建数据要素流通创新平台，制定数据、软件资产登记凭证标准和规则。激励和规范多样化的数据流通和交易模式，对企业直接交易数据的模式，要加强规范和引导，明确可以交易的数据范围，加强个人数据和隐私保护，谨防重要数据和核心数据交易出境。对线上线下结合的平台交易模式，要抓紧完善相关平台规则，强化网络平台服务提供者义务，支持数据交易平台之间的相互认可和数据流通的互操作性，确保数据在场内和场外都能在合法合规的框架内进行交易。对于联盟式数据共享流通模式，要鼓励企业率先探索，面向具体应用场景提供标准化的产品，面向供应链上下游共享数据、驱动业务，构建以行业领域为区分的数据空间。

二是扩大政府数据开放范围，明确获取和使用公开数据方式，发布开放数据集目录。探索开展公共数据开发利用，鼓励开发以数据集为基础的产品和服务。加快并构建统一开放的数据市场营商环境。充分激活潜力庞大的数字消费市场，必须坚持并深化市场准入等制度改革，推进电信业务有序开放，在有条件的地区先行先试；取消互联网数据中心等增值业务的外资股比限制；完善数据产权制度，明确数据权利归属，完善数据确权登记，确保数据的合法性和可追溯性；完善数据定价、交易和结算规则，建立健全数据交易信用体系。要从营商环境的细节着手，全面完善数据收集、交易、监管的规则、规制、管理和标准，持续优化营商环境。

三是推动境内外机构开展合作，搭建中小企业参与数字经济信息交流平台。支持开展数字包容性国际合作，分享数字经济可持续发展成果和最佳实践。应积极开展数据领域国际合作，强化数据跨境流动与开放枢纽门户功能，率先推进制度型开放，最终引领构建开放、包容、均衡、普惠的数据开放及国际合作构架。依托临港新片区和重点园区建设，对接高水平国际贸易规则和国际组织，贯彻落实国家"一带一路"倡议，参与中国与其他相关国家在数据经济和数字治理领域的对话交流，加强上海与国外数据港、数据园区的联系与合作，支持国内数据企业和机构以上海国际数据港为基地，扩展在周边国家、"一带一路"沿线国家、"数字丝绸之路"建设伙伴以及世界各国的数据业务，进而实现上海引领构建新的全球数据流动规则和价值合作框架，构筑上海在全球数字经济时代的核心竞争力。加强对非应邀商业电子信息的监管，强化监管技术应用和国际合作。

四是健全数字经济公平竞争常态化监管制度，发布数字市场竞争政策和最佳实践，促进竞争政策信息和经验国际交流，开展政策制定和执法能力建设培训。一是完善监管制度体系，建立健全监管规则和标准，制定专门的法律法规，明确平台经济的监管范围和标准。这些法律法规应涵盖市场准入、竞争规则、数据保护、消费者权益保护等方面，以确保平台经济的健康发展。二是创新监管手段和工具，利用大数据和人工智能技术，对数字平台与数字市场进行监控分析。三是优化监管体制，加强多部门协同监管，建立由多个部门组成的监管协调机构，负责制定监管政策和协调监管工作。

附录一
中国与全球数据治理相关倡议

习近平总书记多次就携手构建开放共赢的数据领域国际合作格局，形成全球数据治理中国方案作出重要指示。中国政府相继提出了《全球数据安全倡议》《"一带一路"数字经济国际合作北京倡议》《全球人工智能治理倡议》《全球数据跨境流动合作倡议》等，旨在积极扩大数据领域开放合作，参与数据跨境流动等相关国际规则构建，推动打造开放、公平、公正、非歧视的数字经济发展环境，促进世界各国共同发展进步。

一、《全球数据安全倡议》[1]

2020年9月8日，"抓住数字机遇，共谋合作发展"国际研讨会在北京举行。本次研讨会由中国互联网治理论坛举办，联合国官员、中外知名专家学者和研究机构、互联网企业代表等以现场和视频连线

---

[1]《全球数据安全倡议》，载外交部网站，2020年10月29日。

方式参会。国务委员兼外长王毅在会上发表题为《坚守多边主义　倡导公平正义　携手合作共赢》的主旨讲话，提出《全球数据安全倡议》。[1] 全文如下：

　　　信息技术革命日新月异，数字经济蓬勃发展，深刻改变着人类生产生活方式，对各国经济社会发展、全球治理体系、人类文明进程影响深远。

　　　作为数字技术的关键要素，全球数据爆发增长，海量集聚，成为实现创新发展、重塑人们生活的重要力量，事关各国安全与经济社会发展。

　　　在全球分工合作日益密切的背景下，确保信息技术产品和服务的供应链安全对于提升用户信心、保护数据安全、促进数字经济发展至关重要。

　　　我们呼吁各国秉持发展和安全并重的原则，平衡处理技术进步、经济发展与保护国家安全和社会公共利益的关系。

　　　我们重申，各国应致力于维护开放、公正、非歧视性的营商环境，推动实现互利共赢、共同发展。与此同时，各国有责任和权利保护涉及本国国家安全、公共安全、经济安全和社会稳定的重要数据及个人信息安全。

　　　我们欢迎政府、国际组织、信息技术企业、技术社群、民间机构和公民个人等各主体秉持共商共建共享理念，齐心协力

――――――――――
[1]《"抓住数字机遇，共谋合作发展"国际研讨会在京举行》，载外交部网站，2020年9月11日。

促进数据安全。

我们强调，各方应在相互尊重基础上，加强沟通交流，深化对话与合作，共同构建和平、安全、开放、合作、有序的网络空间命运共同体。为此，我们倡议：

——各国应以事实为依据全面客观看待数据安全问题，积极维护全球信息技术产品和服务的供应链开放、安全、稳定。

——各国反对利用信息技术破坏他国关键基础设施或窃取重要数据，以及利用其从事危害他国国家安全和社会公共利益的行为。

——各国承诺采取措施防范、制止利用网络侵害个人信息的行为，反对滥用信息技术从事针对他国的大规模监控、非法采集他国公民个人信息。

——各国应要求企业严格遵守所在国法律，不得要求本国企业将境外产生、获取的数据存储在境内。

——各国应尊重他国主权、司法管辖权和对数据的安全管理权，未经他国法律允许不得直接向企业或个人调取位于他国的数据。

——各国如因打击犯罪等执法需要跨境调取数据，应通过司法协助渠道或其他相关多双边协议解决。国家间缔结跨境调取数据双边协议，不得侵犯第三国司法主权和数据安全。

——信息技术产品和服务供应企业不得在产品和服务中设置后门，非法获取用户数据、控制或操纵用户系统和设备。

——信息技术企业不得利用用户对产品依赖性谋取不正当利益，强迫用户升级系统或更新换代。产品供应方承诺及时向合作伙伴及用户告知产品的安全缺陷或漏洞，并提出补救措施。

我们呼吁各国支持并通过双边或地区协议等形式确认上述承诺，呼吁国际社会在普遍参与的基础上就此达成国际协议。欢迎全球信息技术企业支持本倡议。

二、《"一带一路"数字经济国际合作北京倡议》[1]

10月18日，第三届"一带一路"国际合作高峰论坛数字经济高级别论坛在京举办。论坛上，《"一带一路"数字经济国际合作北京倡议》成功发布。[2] 全文如下：

数字经济是全球经济增长日益重要的驱动力，在加速经济复苏、提高现有产业劳动生产率、培育新市场和产业新增长点、实现包容性增长和可持续增长中正发挥着重要作用。为拓展数字经济领域的合作，释放数字经济在落实联合国2030年可持续发展议程方面的巨大潜力，作为共建"一带一路"合作伙伴，我们将本着互联互通、创新发展、开放合作、和谐包容、互利共赢的原则，探讨共同利用数字机遇、应对挑战，通过加强政策沟通、设施联通、贸易畅通、资金融通和民心相通，致力于实现互联互通的"数字丝绸之路"，打造互利共赢的"利益共同

---

[1]　参见《"一带一路"数字经济国际合作北京倡议》，载中国驻卢森堡大使馆网站。

[2]　《〈"一带一路"数字经济国际合作北京倡议〉在京发布》，载中国一带一路网站，2023年10月19日。

体"和共同发展繁荣的"命运共同体"。为此，在基于自愿、不具约束力基础上，中华人民共和国、阿根廷共和国、柬埔寨王国、科摩罗联盟、古巴共和国、埃塞俄比亚联邦民主共和国、冈比亚共和国、肯尼亚共和国、老挝人民民主共和国、马来西亚、缅甸联邦共和国、巴勒斯坦国、圣多美和普林西比民主共和国、泰王国提出以下倡议：

1.加强数字互联互通，建设数字丝绸之路。建设完善通信、互联网、卫星导航、云数据中心等重要数字基础设施。加强数字能力建设，保障发展中国家和平利用互联网基础资源和技术的权利，弥合数字鸿沟，探索以可负担的价格扩大高速互联网接入和连接，提升移动和宽带接入范围及质量，促进互联互通，提高数字服务的可及性、质量和安全性。发挥数字互联互通优势，通过高质量数字基础设施建设和投资，提升区域、次区域和边远地区互联互通水平。

2.促进在数字政府、数字经济和数字社会等方面的合作。推动制造业、农业、零售业、金融和银行业、教育、医疗、保健、旅游和专业服务等领域数字化转型实践的交流，分享数字化应用典型场景案例，探索开展数字化转型项目合作，助力实现更具包容性、赋能、可持续、有韧性和创新驱动的数字化转型，通过数字化推动高质量发展。

3.提升农业现代化水平。促进大数据、物联网、人工智能、无人机、机器人及自动化、卫星遥感等数字技术在农业领域应用，提升农业生产、经营、管理、服务等各环节的数字化水平。积极推进智慧农业合作，加强节水、绿色和其他高效技术应用场景和先进经验交流。

4. 推动工业数字化转型。深化数字技术与制造业融合发展，推动制造业数字化、网络化、智能化发展。鼓励企业开展研发设计、生产制造、经营管理、市场服务等全生命周期数字化转型。探索优势互补的合作模式，挖掘智能制造、产业互联网等领域合作潜力。

5. 提升公共服务数字化水平。推动数字政府建设，提升服务能力，促进政务服务便利化。以人民为中心、立足民生需求，在远程教育、远程医疗、数字减贫、智慧城市、智慧社区、应急管理等领域联合开展合作示范项目，使数字技术及应用更好地惠及民生。

6. 促进数字化转型和绿色转型协同发展。推动数字化与绿色化相互协同、相互促进，在数字化转型中同步实现绿色化，以绿色化带动数字化，在绿色化转型中充分发挥数字化赋能作用。利用数字技术，提高能源利用效率，促进绿色、低碳、可持续发展，促进人与自然和谐共生。

7. 促进数字贸易、电子商务、数字支付发展与合作，推进跨境贸易便利化。鼓励数字贸易新业态新模式发展，加快贸易全链条数字化赋能，提升贸易数字化水平。探索在数字签名、跨境电商信用、通关和检验检疫、消费者保护等领域建立信息共享和互信互认机制的可行性，加强数字金融支付、仓储物流、技术服务、线下展示等方面的合作，鼓励航运贸易数字化创新，推动区块链、人工智能等新技术应用，促进跨境贸易便利化，提升企业利用电子商务拓展贸易新渠道的能力。加强消费者权益保护合作。

8. 支持数字创新创业。鼓励通过有利和透明的法律框架，推动基于数字技术的研发创新和应用，打造有利的生态系统，支持大中小企业培育数字创新能力，利用人工智能、大数据、区块链、云计算、金融科技、5G 等数字技术促进产品、服务、流程、组织和商业模式的创新。

9. 促进中小微和初创企业发展。通过政策支持，促进中小微企业使用数字技术进行创新、提高竞争力、开辟新的市场销售渠道。推动以可负担的价格为中小微企业运营提供所需的数字基础设施。鼓励中小微和初创企业为公共部门提供数字产品和服务，支持中小微企业融入全球价值链。鼓励中小微企业利用数字技术和解决方案开展生产、经营活动和国际贸易合作，维护供应链稳定。

10. 提升数字素养和技能。加强数字化技能培训，提升公众数字化技能水平，确保从数字经济发展中获益。开展数字技能在职培训，提升从业人员的数字技能。鼓励政府部门、大学和研究机构、企业积极开展培训项目，促进数字技能的普及和提升。加强数字素养与技能交流国际合作，推动经验做法交流互鉴，推动建立普惠共享、公平可及、互联互通的数字技能培训资源体系，促进数字素养与技能水平提升。

11. 促进数字技术领域的投资。通过促进研发和创新（RDI）以及投资等方面的政策框架，推动构建开放、公平、非歧视的数字营商环境。推动各类金融机构、多边开发机构等投资数字技术基础设施和应用，引导私营部门资本，包括商业股权投资基金以及社会基金向数字经济领域投资。鼓励数字企业和金融机构依据当地法律法规开展投资信息交流，鼓励在数字技术领域相互投资。

12. 探索城市间的数字经济合作。探索有关城市开展点对点合作的潜力，支持点对点城市间建立互惠互利城市伙伴关系，鼓励支持有关城市在各自城市分别建立"数字丝绸之路"经济合作试验区，推动双方在数字基础设施、智慧城市、电子商务、远程医疗、"下一代互联网"、物联网、区块链、云计算、人工智能等领域的深度合作。

13. 提高数字包容性。采取多种政策措施和技术手段来缩小数字鸿沟，大力推进互联网普及，使数字经济成果普惠于民。加强对弱势群体的支持和帮助，提高弱势群体的数字技能。推动数字减贫经验交流、分享与合作。促进数字技术在学校教育及非正式教育中的使用，推动实现学校宽带接入并具备网络教学环境，使越来越多的学生可以利用数字化工具和资源进行学习。

14. 鼓励培育透明的数字经济政策。发展和保持公开、透明、包容的数字经济政策制定方式。鼓励发布相关的、可公开的政府数据，并认识到这些对于带动新技术、新产品、新服务的潜力。鼓励在线公开招标采购，支持企业创新数字产品生产和服务，同时保持需求由市场主导。

15. 推进数字市场开放和国际标准化合作。加强平台经济治理交流和实践分享，推动数字市场基于对等和共赢原则实现互相开放。根据适用的国际开放标准、指南或建议制定与电子发票相关的基本措施，促进采用可互操作的电子发票系统、电子支付、电子签名，不断扩大电子系统的互通范围。倡导共同协作制定相关技术产品和服务的国际标准，并推动其应用，这些国际标准应与包括世贸组织规则在内的普遍接受的国际规则保持一致，包括但不限于国际标准化组织（ISO）、国际电工委员会（IEC）制定的标准。

16. 重视人工智能在全面提升人民生活品质方面的重要作用，鼓励大力发展人工智能、区块链、大数据、云计算等产业，推进以数字技术深入赋能传统行业。鼓励各国秉持"以人为本""智能向善"理念，加强人工智能发展的潜在风险研判和防范，维护人民利益和国家安全，确保人工智能安全、可靠、可控。重视发挥联合国主渠道作用，加强人工智能领域的国际交流合作，携手打造开放、公平、公正、非歧视的人工智能发展国际环境，推动健全多方参与、协同共治的人工智能治理机制，形成具有广泛共识的标准规范。

17. 增强信心和信任。增强在线交易的可用性、完整性、保密性和可靠性。鼓励发展安全的数字基础设施，以促进可信、稳定和可靠的互联网应用。加强在线交易方面的国际合作，共同打击网络犯罪和保护数字技术环境。通过确保尊重个人隐私和个人数据，增强信心和信任，营造开放和安全的环境。

18. 鼓励合作并尊重自主发展道路。鼓励合作伙伴加强交流、增进相互了解，加强政策制定、监管领域的合作，减少、消除或防止不必要的监管要求的差异，以释放数字经济的活力，同时认识到所有国家应与其国际法律义务保持一致，并根据各自的发展情况、历史文化传统、国家法律体系和国家发展战略来规划发展道路。

19.鼓励共建和平、安全、开放、合作、有序的网络空间，携手构建网络空间命运共同体。发挥联合国在网络空间国际治理中的主渠道作用，支持在联合国框架下制定各国普遍接受的网络空间国际规则。倡导团结而非分裂、合作而非对抗、包容而非排他，讨论制定全球可互操作的数字规则，防止网络空间碎片化。支持维护互联网全球属性的数字技术政策，允许互联网使用者依法自主选择获得在线信息、知识和服务。认识到必须充分尊重网络主权，维护网络安全，坚决打击网络恐怖主义、网络犯罪、网络攻击，保护个人隐私、信息安全和数据安全，坚决打击虚假新闻、电信及网络诈骗、个人数据泄露，推动建立多边、民主、透明的国际互联网治理体系，实现互联网基础资源公平分配、共同管理，推动国际合作与援助，积极维护全球信息技术产品和服务的供应链开放、安全、稳定，探讨制定全球可互操作的供应链安全共同规则和标准。

20.鼓励建立多层次交流机制。促进政府、企业、科研机构、行业组织等各方沟通交流、分享观点，推动数字经济合作。加强数字经济培训和研究合作。加强"一带一路"合作伙伴间交流政策制定和立法经验，分享最佳实践。鼓励建立团结、平等、均衡、普惠的数字经济合作伙伴关系，挖掘数字经济合作潜力，平衡发展和安全，合力营造开放、公平、公正、非歧视的数字经济环境。欢迎和鼓励联合国贸易和发展会议、联合国工业发展组织、国际电信联盟和其他国际组织，在推动"一带一路"数字经济国际合作中发挥重要作用。

三、《全球人工智能治理倡议》和《人工智能全球治理上海宣言》

2023年10月18日，习近平主席在第三届"一带一路"国际合作高峰论坛开幕式主旨演讲中提出《全球人工智能治理倡议》，由中央网信办发布，围绕人工智能发展、安全、治理三方面系统阐述了人工智能治理中国方案。这是中国积极践行人类命运共同体理念，落实全球发展倡议、全球安全倡议、全球文明倡议的具体行动，得到国际社会高度关注和积极评价。[1]全文如下：

人工智能是人类发展新领域。当前，全球人工智能技术快速发展，对经济社会发展和人类文明进步产生深远影响，给世界带来巨大机遇。与此同时，人工智能技术也带来难以预知的各种风险和复杂挑战。人工智能治理攸关全人类命运，是世界各国面临的共同课题。

在世界和平与发展面临多元挑战的背景下，各国应秉持共同、综合、合作、可持续的安全观，坚持发展和安全并重的原则，通过对话与合作凝聚共识，构建开放、公正、有效的治理机制，促进人工智能技术造福于人类，推动构建人类命运共同体。

我们重申，各国应在人工智能治理中加强信息交流和技术合作，共同做好风险防范，形成具有广泛共识的人工智能治理

---

[1]《全球人工智能治理倡议》，载外交部网站，2023年10月20日。

框架和标准规范，不断提升人工智能技术的安全性、可靠性、可控性、公平性。我们欢迎各国政府、国际组织、企业、科研院校、民间机构和公民个人等各主体秉持共商共建共享的理念，协力共同促进人工智能治理。

为此，我们倡议：

——发展人工智能应坚持"以人为本"理念，以增进人类共同福祉为目标，以保障社会安全、尊重人类权益为前提，确保人工智能始终朝着有利于人类文明进步的方向发展。积极支持以人工智能助力可持续发展，应对气候变化、生物多样性保护等全球性挑战。

——面向他国提供人工智能产品和服务时，应尊重他国主权，严格遵守他国法律，接受他国法律管辖。反对利用人工智能技术优势操纵舆论、传播虚假信息，干涉他国内政、社会制度及社会秩序，危害他国主权。

——发展人工智能应坚持"智能向善"的宗旨，遵守适用的国际法，符合和平、发展、公平、正义、民主、自由的全人类共同价值，共同防范和打击恐怖主义、极端势力和跨国有组织犯罪集团对人工智能技术的恶用滥用。各国尤其是大国对在军事领域研发和使用人工智能技术应该采取慎重负责的态度。

——发展人工智能应坚持相互尊重、平等互利的原则，各国无论大小、强弱，无论社会制度如何，都有平等发展和利用人工智能的权利。鼓励全球共同推动人工智能健康发展，共享人工智能知识成果，开源人工智能技术。反对以意识形态划线或构建排他性集团，恶意阻挠他国人工智能发展。反对利用技术垄断和单边强制措施制造发展壁垒，恶意阻断全球人工智能供应链。

——推动建立风险等级测试评估体系，实施敏捷治理，分类分级管理，快速有效响应。研发主体不断提高人工智能可解释性和可预测性，提升数据真实性和准确性，确保人工智能始终处于人类控制之下，打造可审核、可监督、可追溯、可信赖的人工智能技术。

——逐步建立健全法律和规章制度，保障人工智能研发和应用中的个人隐私与数据安全，反对窃取、篡改、泄露和其他非法收集利用个人信息的行为。

——坚持公平性和非歧视性原则，避免在数据获取、算法设计、技术开发、产品研发与应用过程中，产生针对不同或特定民族、信仰、国别、性别等偏见和歧视。

——坚持伦理先行，建立并完善人工智能伦理准则、规范及问责机制，形成人工智能伦理指南，建立科技伦理审查和监管制度，明确人工智能相关主体的责任和权力边界，充分尊重并保障各群体合法权益，及时回应国内和国际相关伦理关切。

——坚持广泛参与、协商一致、循序渐进的原则，密切跟踪技术发展形势，开展风险评估和政策沟通，分享最佳操作实践。在此基础上，通过对话与合作，在充分尊重各国政策和实践差异性基础上，推动多利益攸关方积极参与，在国际人工智能治理领域形成广泛共识。

——积极发展用于人工智能治理的相关技术开发与应用，支持以人工智能技术防范人工智能风险，提高人工智能治理的技术能力。

——增强发展中国家在人工智能全球治理中的代表性和发言权，确保各国人工智能发展与治理的权利平等、机会平等、规则平等，开展面向发展中国家的国际合作与援助，不断弥合智能鸿沟和治理能力差距。积极支持在联合国框架下讨论成立国际人工智能治理机构，协调国际人工智能发展、安全与治理重大问题。

2024 年 7 月 4 日，2024 世界人工智能大会暨人工智能全球治理高级别会议发表《人工智能全球治理上海宣言》。[1] 全文如下：

我们深感人工智能对世界的深远影响和巨大潜力，认识到人工智能正在引领一场科技革命，深刻影响人类生产生活。随着人工智能技术快速发展，我们也面临前所未有的挑战，特别是在安全和伦理方面。

我们强调共同促进人工智能技术发展和应用的必要性，同时确保其发展过程中的安全性、可靠性、可控性和公平性，促进人工智能技术赋能人类社会发展。我们相信，只有在全球范围内的合作与努力下，我们才能充分发挥人工智能的潜力，为人类带来更大的福祉。

（一）促进人工智能发展

我们愿积极推进研发，释放人工智能在医疗、教育、交通、

---

[1]《人工智能全球治理上海宣言》，载外交部网站，2024 年 7 月 4 日。

农业、工业、文化、生态等各领域的应用潜力。鼓励创新思维，支持跨学科研究合作，共同推动人工智能技术突破与向善发展。共同关注和缓解人工智能对就业的影响，引导和促进人工智能赋能人类工作的质量与效率的提升。

倡导开放与共享的精神，推动全球人工智能研究资源的交流与合作。建立合作平台，促进技术转移与成果转化，推动人工智能基础设施公平分配，避免技术壁垒，共同提升全球人工智能的发展水平。

以高水平数据安全保障高质量数据发展，推动数据的依法有序自由流动，反对歧视性、排他性的数据训练，合作打造高质量数据集，为人工智能发展注入更多养料。

建立合作机制，大力推进人工智能赋能各行各业，率先在制造、物流、采矿等领域加速智能化，同步推进相关技术、标准的共用共享。

致力于培养更多的人工智能专业人才，加强教育培训与人才交流合作，提高全球范围内人工智能素养与技能水平。

呼吁各国秉持以人为本、智能向善原则，确保各国在开发和利用人工智能技术方面权利平等、机会平等、规则平等，不受任何形式的歧视。

尊重各国自主发展的权利，鼓励各国根据自身国情制定人工智能战略政策和法律法规，呼吁在人工智能技术、产品和应用的国际合作中，遵守产品与服务对象国的法律法规，遵守适用的国际法，尊重其经济社会制度、宗教文化传统和价值理念。

（二）维护人工智能安全

我们高度重视人工智能的安全问题，特别是数据安全与隐私保护，愿推动制定数据保护规则，加强各国数据与信息保护政策的互操作性，确保个人信息的保护与合法使用。

我们认识到加强监管，打造可审核、可监督、可追溯和可信赖的人工智能技术的必要性。我们将以发展的眼光看问题，在人类决策与监管下，以人工智能技术防范人工智能风险，提高人工智能治理的技术能力。我们鼓励各国结合国情，制定相应的法律和规范，建立风险等级测试评估体系和科技伦理审查制度，在此基础上，鼓励行业制定更为及时和敏捷的自律规范。

我们愿加强人工智能相关的网络安全，增强系统与应用的安全性与可靠性，防止黑客攻击与恶意软件应用。在尊重运用国际国内法律框架前提下，共同打击操纵舆论、编造与传播虚假信息的行为。

合作防范恐怖主义、极端势力和跨国有组织犯罪集团利用人工智能技术从事非法活动，共同打击窃取、篡改、泄露和非法收集利用个人信息的行为。

推动制定和采纳具有广泛国际共识的人工智能的伦理指南与规范，引导人工智能技术的健康发展，防止其被误用、滥用或恶用。

（三）构建人工智能治理体系

我们倡导建立全球范围内的人工智能治理机制，支持联合国发挥主渠道作用，欢迎加强南北合作和南南合作，提升发展中国家的代表性和发言权。我们鼓励国际组织、企业、研究机构、社会组织和个人等多元主体积极发挥与自身角色相匹配的作用，参与人工智能治理体系的构建和实施。

我们愿加强与国际组织、专业机构等合作，分享人工智能的测试、评估、认证与监管政策实践，确保人工智能技术的安全可控可靠。

加强人工智能的监管与问责机制，确保人工智能技术的合规使用与责任追究。

（四）加强社会参与和提升公众素养

我们愿建立多元化的参与机制，包括公开征求意见、社会调查等方式，让公众参与到人工智能决策过程。

加强公众对人工智能的认知与理解，提高公众对人工智能安全性的认识。开展科普活动，普及人工智能知识，提升公众的数字素养与安全意识。

（五）提升生活品质与社会福祉

我们愿积极推动人工智能在可持续发展领域的应用，包括工业创新、环境保护、资源利用、能源管理、促进生物多样性等。鼓励创新思维，探索人工智能技术在解决全球性问题中的潜力与贡献。

致力于利用人工智能提升社会福祉，特别是在医疗、教育、养老等领域。

我们深知，这份宣言的落实需要我们共同努力。我们期待全球各国政府、科技界、产业界等利益攸关方能够积极响应，共同推动人工智能的健康发展，共同维护人工智能的安全，赋能人类共同的未来。

四、《全球数据跨境流动合作倡议》

2024 年 11 月 16 日，习近平主席在亚太经合组织第三十一次领导人非正式会议讲话上，提出"中国正在因地制宜发展新质生产力，深化同各方绿色创新合作。中方将发布《全球数据跨境流动合作倡议》，愿同各方深化合作，共同促进高效、便利、安全的数据跨境流动。中方在亚太经合组织提出贸易单证数字化、绿色供应链能力建设、人工智能交流对话、粮食产业数字化等倡议，为亚太高质量发展贡献力量"[1]。

随后，在 11 月 20 日世界互联网大会乌镇峰会上，中国发布《全球数据跨境流动合作倡议》，阐明了中国在全球数据跨境流动问题上的立场主张，一方面有力呼应了国际社会各方对于全球数据跨境流动的关切，表达了促进合作的共同意愿；另一方面直面当前全球数据跨境流动中面临的诸多现实挑战，提出了因应之道。[2] 全文如下：

伴随数字技术渗透到人类生产生活的方方面面，全球数字经济快速发展，数字社会逐步成为人们分享文明进步的新空间。数据作为数字经济的关键要素，在创新发展和公共治理中正在发挥越来越重要的作用。数据跨境流动对于各国电子商务、数字贸易乃至经济科技文化等诸多方面至关重要，不仅可以有效降低贸易成本，提高企业开展国际贸易的能力，还有助于促

---

[1]《习近平在亚太经合组织第三十一次领导人非正式会议上的讲话（全文）》，载环球网，2024 年 11 月 16 日。

[2]《全球数据跨境流动合作倡议》，载中央网信办网站，2024 年 11 月 20 日。

进贸易便利化，加快产业数字化转型，弥合数字鸿沟，实现以数据流动为牵引的新型全球化。目前，国际社会正在积极探索形成全球数字领域规则和秩序，联合国制定发布《全球数字契约》、世贸组织电子商务谈判以及《全面与进步跨太平洋伙伴关系协定》（CPTPP）、《数字经济伙伴关系协定》（DEPA）等多双边实践正在开展，这些均体现了推动全球数据跨境流动合作、促进数据跨境流动已经成为各国或地区共同的意愿和选择。

我们注意到，在推动全球数据跨境流动实践的同时，各国普遍关注国家安全、公共利益、个人隐私以及知识产权等风险。我们认为，国际社会应在充分尊重各国、各地区因具体国情、社情而采取的不同政策法规和实践基础上，认真听取各方数据安全与发展的利益诉求，通过协商的方式推动国家间、地区间数据跨境流动规则形成共识。

我们呼吁各国秉持开放、包容、安全、合作、非歧视的原则，平衡数字技术创新、数字经济发展、数字社会进步与保护国家安全、公共利益、个人隐私和知识产权的关系，在推动数据跨境流动的同时实现各国合法政策目标。我们期待政府、国际组织、企业、民间机构等各主体坚守共商共建共享理念，发挥各自作用，推动全球数据跨境流动合作，携手构建高效便利安全的数据跨境流动机制，打造共赢的数据领域国际合作格局，推动数字红利惠及各国人民。

为此，我们倡议各国政府：

——鼓励因正常商业和社会活动需要而通过电子方式跨境传输数据，以实现全球电子商务和数字贸易为各国经济增长和可持续增长提供新的动力。

——尊重不同国家、不同地区之间数据跨境流动相关制度的差异性。支持不涉及国家安全、公共利益和个人隐私的数据自由流动。允许为实现合法公共政策目标对数据跨境流动进行监管，前提是相关监管措施不构成任意或不合理的歧视或对贸易构成变相限制，不超出实现目标所要求的限度。

——尊重各国依法对涉及国家安全、公共利益的非个人数据采取必要的安全保护措施，保障相关非个人数据跨境安全有序流动。

——尊重各国为保护个人隐私等个人信息权益采取的措施，鼓励各国在保护个人信息的前提下为个人信息跨境传输提供便利途径，建立健全个人信息保护法律和监管框架，鼓励就此交流最佳实践和良好经验，提升个人信息保护机制、规则之间的兼容性，推动相关标准、技术法规及合格评定程序的互认。鼓励企业获得个人信息保护认证，以表明其符合个人信息保护标准，保障个人信息跨境安全有序流动。

——鼓励探索建立数据跨境流动管理负面清单，促进数据跨境高效便利安全流动。

——合力构建开放、包容、安全、合作、非歧视的数据流通使用环境，共同维护公平公正的市场秩序，促进数字经济规范健康发展。

——提高各类数据跨境流动管理措施的透明度、可预见性和非歧视性，以及政策框架的互操作性。

——积极开展数据跨境流动领域的国际合作。支持发展中国家和最不发达国家有效参与和利用数据跨境流动以促进数字经济增长，鼓励发达国家向发展中国家，特别是最不发达国家提供能力建设和技术援助，弥合数字鸿沟，实现公平和可持续发展。

——鼓励利用数字技术促进数据跨境流动创新应用，提高保障数据跨境高效便利安全流动的技术能力，推动数据跨境流动相关的技术与安全保障能力评价标准的国际互认，做好知识产权保护工作。

——反对将数据问题泛安全化，反对在缺乏事实证据的情况下针对特定国家、特定企业差别化制定数据跨境流动限制性政策，实施歧视性的限制、禁止或者其他类似措施。

——禁止通过在数字产品和服务中设置后门、利用数字技术基础设施中的漏洞等手段非法获取数据，共同打击数据领域跨境违法犯罪活动，共同保障各国公民和企业的合法权益。

我们愿意在以上倡议基础上与各方开展和深化数据跨境流动领域的交流合作，我们呼吁各国、各地区通过双多边或地区协议、安排等形式呼应、确认上述倡议。欢迎国际组织、企业、民间机构等各主体支持本倡议。

附录二
世界主要国家数据领域相关立法及治理行动

区域	国家	数据领域相关立法及治理行动
亚洲	日本	日本重点关注通过对国内数据治理体系的立法规制，建立与欧盟、美国、英国等法域及多边机制的数据双向或多向互认机制，构建数据跨境生态圈。一是致力于完善国内数据安全，《个人信息保护法》（2017）等相关立法为推动数据跨境自由流动提供法律保障。二是积极参与多边和双边数据跨境协定谈判，推动数据跨境自由流动规则的构建，倡议跨境数据流动的全球治理合作。日本积极跟随美国数据跨境自由流动的政策主张，积极参与美国为主导的CBPR规则体系，并成为主导CPTPP的主要成员国。同时，日本作为CBPR的成员国，通过建立认证制度，为企业遵循CBPR规则实施跨境数据传输提供保障。日本又积极对接欧盟的数据保护规则，2024年1月31日，将跨境数据流相关议题纳入到《欧盟—日本经济伙伴关系协议》的相关条款中，确保欧盟和日本之间的数据跨境流动不会受制于数据本地化存储。此外，日本政府还积极推进"美国—欧盟—日本"三方的数据跨境自由流动框架，在2019年G20领导人峰会上提出"大阪轨道"倡议、欧盟"充分性认定"协议"白名单"等。日本还与英国签署贸易协定，允许两国之间的数据自由流动等。

（续表）

区域	国家	数据领域相关立法及治理行动
亚洲	韩国	韩国聚焦国家安全与个人信息保护，对等原则控制跨境数据传输流向。一是围绕国家安全和个人隐私保护，制定数据治理规范框架，出台相关政策法规，建构个人跨境数据的国内规则。韩国在个人信息领域形成《个人信息保护法》《信息通信网络的利用促进及信息保护法》《信用信息的利用及保护法》三法并存的治理局面，并以专门领域立法中个人信息保护相关的法律规范作为必要的补充。围绕公共数据治理主要有两部一般性法律：《公共机关信息公开法》和《公共数据提供和使用法》，以专门领域立法中公共数据相关的法律规范作为必要的补充。二是积极打通与欧盟、美国的数据跨境流动渠道。韩国通过GDPR相匹配的充分认定机制，实现与欧盟的数据跨境流动审查。韩国还与美国签署《美韩数字贸易协定》，与英国在2022年签署数据跨境传输的充分性协议，打通与主要数字经济体的数据传输联通机制。三是加入多边跨境数据流动机制谈判。2022年4月21日，韩国在内的七国发布宣言宣布成立APEC下的CPBR论坛，致力于促进数据自由流通与有效的隐私保护。韩国目前已经加入CBPR体系、《APEC跨境隐私执法安排》（CPEA）和RCEP等地区性数字贸易协定。
	新加坡	新加坡重点建立数据风险评估机制、数据开放立法和对接APEC体系下的隐私规则，开放数据国际合作场域。一是国内颁布相关立法，建立数据风险评估机制。《网络安全法》（2018）《个人数据保护法》《2021年个人数据保护条例》等，对包括数据泄露、执行、违法构成、上诉和禁止调用注册表等专项限制。二是建立严格而清晰的数据开放规则。政府数据开放平台公布了8700多个政府数据集，公众可以免费获得超过60个政府部门的数据。此外，新加坡还颁布了《个人资料保护法》（2012），防范对国内数据以及源于境外个人资料的滥用行为，并成立个人资料保护委员会，对不遵守《个人资料保护法》的企业进行调查。三是积极签署多边协定。新加坡是APEC成员和RCEP成员国，在多边合作框架下积极签署了APEC下的CBPR体系、《APEC数据处理者隐私识别体系》（APEC PRPS体系），加入《APEC跨境隐私执法安排》（APEC CPEA），以及执行RCEP中关于数据跨境传输的规定。同时，新加坡国内法律《2021年个人数据保护条例》第12条明确承认《亚太经合组织跨境隐私规则体系》（APEC CBPR体系）和《亚太经合组织处理者隐私识别体系》（APEC PRP体系）在新加坡境内的有效性。新加坡可以通过APEC CBPR认证或者APEC PRP认证实现跨境数据传输。

（续表）

区域	国家	数据领域相关立法及治理行动
亚洲	印尼	印尼在国内立法层面积极部署数据跨境流动政策，并在多边机制中将数据跨境流动列为优先项。跨境电子商务激活印尼数字经济发展，催生印尼对数据跨境流动的密切关注。一是印尼首先通过立法途径撤销一项有关数据本地化规定的政府条例，私营部门不再受数据存储本地化限制。2019年10月，印尼《2019年关于电子系统和交易组织的第71号政府法规》规定私营电子系统运营商可以在印尼境外管理、处理或存储电子数据或电子系统。私营电子系统运营商必须允许政府机构进行"监督"，包括授予对电子系统和数据的访问权限以用于监控和执法目的。二是颁布《个人数据保护法》对数据跨境流动过程中的个人数据进行保护。三是支持提升数据自由流动在多边机制谈判中的优先性。2020年G20峰会上，对于数据跨境流动议题，印尼提出了四项原则，即合法、公开、透明、互惠。此外，印尼还提出，在数据跨境流动中要注重数据与隐私保护。
	马来西亚	马来西亚采用个人数据传输要求立法规范和加入RCEP推动数据跨境流动两种路径，参与数字治理。《2010年个人数据保护法》于2013年11月15日生效，是一部规范个人数据处理行为的综合性立法，主要规范个人数据的收集、处理以及披露等行为。《2013年个人数据保护条例》《2013年个人数据保护（数据使用者类别）指令》《2013年个人数据保护（数据使用者注册）条例》《2013年个人数据保护（费用）条例》和《2016年个人数据保护（复合犯罪）条例》等，规定了隐私政策必须包含的内容、数据使用者应制定和实施安全政策以及个人数据保护专员可向数据使用者通知对其使用的个人数据系统进行检查等内容。马来西亚为RCEP缔约国。
	泰国	泰国于2019年颁布《个人数据保护法》，规定成立个人数据保护委员会（PDPC），负责确定保护个人数据的措施或程序，发布通知或法规，公布数据保护程序和向海外传输数据的保护标准，制定支持和保护个人数据的总体计划。
	越南	在越南，个人享有宪法规定的隐私权和保护个人秘密的权利。2023年4月17日，越南政府正式颁布了《个人数据保护法案》。2015年《民法典》和《网络信息安全法》以及其他特定行业的法律也构成了个人数据保护的法律格局。

（续表）

区域	国家	数据领域相关立法及治理行动
亚洲	老挝	老挝正在进行数字化转型，信息和通信技术产业快速发展。老挝政府制定了 2030 年信息和通信技术产业发展愿景、信息和通信技术产业发展战略等一系列规划和政策，并在 2015 年出台了《打击和预防网络犯罪法》，2017 年出台了《信息通信技术法》以及《电子数据保护法》等法律法规。其中《电子数据保护法》规范了收集、处理个人数据行为，《打击和预防网络犯罪法》规定了打击、预防、遏制网络犯罪行为，以及保护数据库系统、服务器系统、计算机信息和数据。此外，老挝技术和通信部针对以上两法颁布了实施指南，阐述了某些条款的详细信息。为了规范技术的发展，老挝已出台了《打击和制止计算机犯罪法》《电子信息保护法》和《互联网信息中心总理令》等法规。
	印度	印度重视数据主权、坚持数据本地化存储。2023 年 8 月初，印度议会通过了《数字个人数据保护法（DPDP）》，是印度经过五年多的审议后颁布的第一部关于个人数据保护的跨部门法律。目前，印度数据治理重点沿三个方向推进。首先是借鉴 GDPR 规范个人隐私保护，以及其他关于个人身份信息的国际法规所规定的原则，对个人数据进行监管。其次，建立一个非个人数据框架，促进数据开放、运用 DEPA 技术法律方法共享数据平台。再次，在国家数据共享和开放政策下开展政府数据治理。印度正在寻求弥合新兴数据创建、监管和利用可用数据之间的差距，并正在为数据治理制定法律框架，不仅希望规范个人数据处理，还寻求从数据孤岛中促进非个人数据流通。一是借鉴 GDPR 确保个人隐私保护，建立非个人数据框架创建高价值数据集，成立一个独立的非个人数据机构监督非个人数据共享。与此同时，印度制定了数据治理的技术框架，即把法律原则嵌入到技术基础设施的开发中，为困扰世界各国的数据监管挑战提供新的解决方案。比如，印度寻求实施 DEPA 等技术法律解决方案，营造一个双盲的数据共享环境，最大限度地保护了数据主体的隐私信息，统一管理者的角色关系。二是加强跨境数据流动中的隐私保护，确保数据主权不被侵犯。印度拒绝签署 2019 年在日本 G20 峰会上推动的"大阪宣言"，担心谈判与其数据本地化的政策重点相冲突。2022 年 4 月 25 日，在欧盟委员会主席冯德莱恩访问印度之际，双方宣布成立欧盟—印度贸易与技术委员会，这是继美国之后欧盟

（续表）

区域	国家	数据领域相关立法及治理行动
亚洲	印度	与别国成立的第二个贸易与技术委员会。2023 年 2 月 6 日，印欧发布《关于成立欧盟—印度贸易与技术委员会的联合声明》和《欧盟—印度贸易与技术委员会的职权范围》，确定了由欧盟负责数字技术与贸易的执行副主席及印度分管外交、商工、电子与信息技术的部长担任委员会联合主席；由联合主席召集代表参加委员会部长级会议，会议每年至少召开一次，且由欧盟和印度轮流举行；委员会下设立战略技术、数字治理与数字互联互通工作组，绿色与清洁能源技术工作组，贸易、投资与弹性价值链工作组，各工作组负责联络各利益相关方，有效落实委员会部长级会议成果。
	斯里兰卡	斯里兰卡是第一个对个人数据保护进行综合立法的国家。2022 年 3 月 18 日，斯里兰卡《个人数据保护法》由其议会通过，并于 3 月 19 日由议会议长签署认证，作为《斯里兰卡民主社会主义共和国公报》第二编的补充内容于 2022 年 3 月 25 日公布。斯里兰卡《个人数据保护法》是对个人数据的处理行为进行规范的法律。
	巴基斯坦	巴基斯坦于 2020 年出台《个人数据保护法案》的征求意见稿，为信息安全与个人隐私保护提供法律保护框架，旨在管理个人数据的收集、处理、使用及披露，并就以任何方式收集、获取或处理个人数据而侵犯个人数据隐私权的罪行制定条文。巴基斯坦《个人数据保护法案》顺应了欧美发达国家的信息立法潮流以及巴基斯坦本国的隐私安全需求。作为发展中国家，巴基斯坦的个人信息防护意识也是在向国际社会传递一种信号。
	孟加拉国	孟加拉国邮政、电信和信息技术部在 2023 年 3 月 14 日发布《2023 年数据保护法草案》，放宽数据存储本地化要求，重视国际合作和保障措施对促进数据流动的重要性。孟加拉国支持商业数据跨境流动，并制定部门监管机构规定和跨境执法合作条例，鼓励数据跨境流动。但草案存在诸多不足，比如个人数据和敏感数据定义模糊、监管机构和执法机构权责不明等。
	哈萨克斯坦	哈萨克斯坦全力打造个人数据安全壁垒，并通过外方核心技术让渡、服务器和运维团队本地化等方式，在引入国外技术提升国内数字主权能力和防止外部因素侵蚀数字主权这两个目标间达成了平衡。一是制定个人数据保护法律法规。哈萨克斯坦共和国 2013 年 5 月 21 日《个人数据保护法》对个人数据的收集和处理作出一般性规定，特别是包括广泛的要求用于数据本地化。此外，哈萨克斯坦共和国

（续表）

区域	国家	数据领域相关立法及治理行动
亚洲	哈萨克斯坦	关于数字技术监管的一些立法的修正和补充法于2020年7月出台，扩大了组织的数据保护义务。修正案引入了对数据收集和处理的进一步要求、数据运营商的义务，并重新定义了关键概念。修正案进一步确立了数据保护机构的权限，包括其权力和作用。二是推动数字化转型建设。哈萨克斯坦的数字化转型设定了五个主要优先领域：传统经济部门数字化、政府治理和公共服务数字化、建设安全高效的数据传输处理存储基础设施、培育人力资本、打造新技术生态系统等。三是建设数据中心，成为中亚数据跨境流动中心。哈萨克斯坦计划到2027年在"可及网络"国家项目框架内建设3座超大规模数据中心（可容纳1000个服务器箱），用于数据处理和发展"云技术"市场。这些中心处理和存储"过境"数据，以满足国际市场的需求，其中包括欧洲和东亚之间的"过境"数据。
	乌兹别克斯坦	乌兹别克斯坦推行较为激进的数据本地存储政策，强化本国数字主权。一是在对外合作中优先推动数字化转型。数字化转型的重点领域包括：数字政务、数字产业、数字教育和数字基础设施。新的乌兹别克斯坦《2022—2026年发展战略》计划将数字经济作为经济发展的主要动力。二是激进的数据本地存储政策，主要目的是为了抵御跨国互联网公司对本国数字主权的潜在侵蚀和威胁，保护本国公民个人数据的安全，强化本国数字主权。2019年7月，乌兹别克斯坦通过了《个人数据法》。2021年1月14日，米尔济约耶夫总统签署了《个人数据法》修正案，规定使用信息技术和网络处理乌兹别克斯坦公民个人数据的企业所有者和运营商，有义务确保其收集、分析和存储个人数据的数据库在物理上位于乌兹别克斯坦境内，并以规定方式在国家个人数据库登记册中注册。10月29日，米尔济约耶夫签署了《刑法》和《行政处罚法》修正案，规定在利用信息技术处理公民的个人数据时，如果不遵守在乌兹别克斯坦境内存储和处理个人数据的要求，将面临金额不等的罚款和最高两年的监禁。三是对外合作强化数字主权。乌兹别克斯坦在数字政务、数字基础设施等国家数字主权能力建设的初始阶段，积极借助多方技术和资金，体现出相当的政策灵活度。为了迅速补上数字政务和数字基础设施的短板，选择与中国、俄罗斯、英国、日本、韩国、印度、阿联酋等多国合作，获取急需的资金和技术。

（续表）

区域	国家	数据领域相关立法及治理行动
亚洲	吉尔吉斯斯坦	吉尔吉斯斯坦在提供基本互联网连接方面存在问题。在《2019—2023年数字化转型构想》框架内，该国电子政务系统稳步扩大向公众提供的电子服务，到2023年在线提供80%的政府服务。此外，吉尔吉斯斯坦通过与世界银行合作，主要目标是通过光缆在吉尔吉斯斯坦提供高速互联网接入，同时降低网费。
	塔吉克斯坦	塔吉克斯坦是全球网速最慢的国家之一，用于存储用户财务信息的安全服务器非常少。2010年，该国对移动公司和互联网服务提供商征收3%的消费税，随着新《税法》的出台，税率从2022年开始增至7%。塔吉克斯坦目前正处于数字化转型的早期发展阶段，希望与中方在数字领域开展合作，进一步提高塔吉克斯坦乃至整个中亚地区在这一领域的经济效率。高科技领域是塔吉克斯坦经济的优先领域之一，与其他国家的合作有助于这一领域的发展。塔吉克斯坦正在信息和数字技术领域实施共同项目，在电子政务和智能城市领域交流经验。塔吉克斯坦于2018年8月3日颁布的《人事保护法》，符合该国宪法数据保护的规定。数据出口仅限于具有"充分"保护的国家，以及一些常见的例外情况。没有数据本地化规定。
	土库曼斯坦	土库曼斯坦计划建起与世界隔绝的独立互联网体系，政府不支持互联网对外开放。土库曼斯坦对公民个人隐私的保护，仅体现在2017年发布的《私人生活信息法及其保护法》，内阁是管理机构，其中提及允许将数据导出到保障信息安全的国家，但缺乏完善的规定细则，也未设置数据本地化规定。
	阿联酋	阿联酋数据治理政策兼顾个人隐私保护和数据开放共享，隐私合规的全球性企业在阿联酋部署业务能够实现协同效应，并为自由区制定专门数据保护条例。一是制定前沿科技战略计划。阿联酋一直是数字化转型的区域先驱，近年来推出一系列相关战略和举措。阿联酋于2018年推出了《国家人工智能战略2031》，旨在使阿联酋于2031年成为全球人工智能的领导者。二是阿联酋为个人数据保护制定法律框架，是阿联酋数据领域与国际接轨的重要一步。根据阿联酋《个人数据保护法》第22条，如个人数据要跨境传输至阿联酋以外地区，则该地区立法必须对个人数据提供适当的保护水平，具体包括保护个人数据的机密性和隐私性相关的主要条款、措施、控制、要求和规则，以及与通过监管或司法实体对控制者或处理者实施的

（续表）

区域	国家	数据领域相关立法及治理行动
亚洲	阿联酋	条款。个人数据也可以传输到与阿联酋有双边或多边个人数据保护协议的国家。三是在自由区设置专门数据保护条例，在数据主体权和控制者义务方面与 GDPR 一致，以便于推动跨境数据流动。自由区内和特定行业内可能并不适用《个人数据保护法》。在阿联酋自由区中，迪拜国际金融中心和阿布扎比全球市场都颁布了适用于其区域内的数据保护法。迪拜国际金融中心的一般数据保护框架是《数据保护法》和更新后的数据保护条例。该框架于 2020 年 5 月 21 日颁布，并于 2020 年 7 月 1 日生效。《数据保护法》适用于在迪拜国际金融中心注册并处理个人数据的公司，无论处理是在迪拜国际金融中心还是以外进行，在某些情况下，也适用于在迪拜国际金融中心处理个人数据的外国公司。《数据保护法》与 GDPR 密切相关，规定了有关在迪拜国际金融中心中收集、处理、披露和使用个人数据的详细规则和条例。阿布扎比全球市场自由区的相关数据保护法是《数据保护条例》，适用于阿布扎比全球市场内部个人数据的处理。与迪拜国际金融中心《数据保护法》类似，《数据保护条例》借鉴了国际标准和最佳实践，特别是 GDPR。
	阿曼	阿曼加强数字战略应用，并颁布个人数据保护法，支持共建"一带一路"和"数字丝绸之路"。一是制定数字战略。阿曼于 2016 年出台了《数字阿曼战略 2030》，旨在为阿曼正在进行的数字化转型和第四次工业革命奠定基础，利用人工智能提高生产力，实现经济增长。二是颁布个人数据保护法。阿曼在 2022 年 2 月 9 日发布关于《个人数据保护法》第 6 号苏丹尼法令，并于 2023 年 2 月 13 日正式生效。《个人数据保护法》旨在保护个人的隐私和个人数据的安全，确保其合法和公正的处理，并增强数据的保密性。三是投资建设数据中心。阿曼有 7 处运营中的数据中心，规划及在建的数据中心有 5 处。该国通过 5G 网络赋能其数字基础设施，以增加对数据中心行业的投资。除此之外该国还在扩建连接到欧洲、中东、非洲和亚太地区的 14 条海底光纤。
	科威特	科威特的数据保护规则与欧盟 GDPR 相似，将新技术纳入法律规制。《数据隐私保护条例》自 2021 年 4 月 4 日起生效，其域外适用范围涵盖向科威特用户提供通信和信息技术服务以及运营网站、智能应用程序或云计算服务的人员（服务提供商）。

（续表）

区域	国家	数据领域相关立法及治理行动
亚洲	卡塔尔	卡塔尔推动数字政府合作，重视金融领域数据跨境流动。2014年发布了《卡塔尔数字政府战略2020》，该战略的愿景是让所有个人和企业都能从与政府机构的数字化沟通中受益，同时政府机构将致力于提供更透明、更高效的服务。卡塔尔国的《数据保护法》于2016年生效，是首个颁布全面适用的数据保护法的海合会成员国。数据保护办公室是卡塔尔金融中心（QFC）的独立机构，负责执行QFC的数据保护条例，该条例于2022年6月19日生效。
	沙特阿拉伯	沙特阿拉伯王国重视数据存储本地化，跨境数据传输和域外管辖权受到严格监管，投入巨大资金建设数据中心。沙特阿拉伯规范数据治理的法律框架主要由《个人数据保护法》（PDPL）及适用于某些行业或部门的特定法规组成，设置了严格的数据本地化存储要求，如"传输必须限于其目的所需要的最低限度的个人数据"等。
	巴林	巴林不断探索兼顾数据本地存储和个人数据保护、促进数据跨境自由流动的最佳政策，以便于从国际数据经济的深入合作中获益，在海湾国家中政策最为开放。一是制定与海湾国家统一的个人数据保护法律规制。巴林王国《个人数据保护法》2019年8月1日生效，对违规行为实施多种责任追究，包括撤销数据保护局（DPA）的授权、发布违规声明、暂停数据处理、罚款（高达53000美元）或监禁。二是为吸引外国投资，提出"数据大使馆"理念，促进国家间的跨境数据流动。巴林不断发展云服务并打造数据中心，在政策层面推出了一系列法规促进数字经济的发展，包括云优先（Cloud First）政策以及《关于向外国主体提供云计算服务法》，旨在提供一个法律框架，鼓励外国主体在数据中心内使用和投资云计算服务。
	伊朗	伊朗加入金砖国家，没有明确的个人数据保护法案，但已慢慢地发展自己的国家内部网，即清真网络，将自己（尽可能地）与互联网的其他部分隔离开来，包括更大程度上的数据本地化。伊朗政府实行广泛的网络审查制度。2015年，伊朗推出了自己的搜索引擎，只显示经过批准的网站。2016年8月，伊朗建立了首个政府付费的云数据中心。2016年5月，伊朗订购WhatsApp和Telegram等外国通讯应用程序，以便在本地存储伊朗用户的数据。
欧洲	英国	英国重点在促进公共数据开放、依据GDPR签署跨国合作协议，推进数据领域国际合作。一是立法促进公共数据开放。比如《地方政府透明准则》（2014）、《公共信息再利用条例》（2005）、《信息自由法》（2000）等，并与开放政府合作伙伴联盟的创始成员国签署相关

（续表）

区域	国家	数据领域相关立法及治理行动
欧洲	英国	协议，通过开放数据惩治腐败、增强民生、提升政府透明度。二是英国脱欧后，欧盟通过了两项将个人数据保护传输到英国的充分性认定，有效期限制为4年。"英美数据桥"规定，当第三国未通过英国充分性认定时，公共部门和私营部门可以通过英国GDPR第46条规定的适当保障措施进行跨境数据传输。政府公共部门之间的数据传输可以通过政府机构之间的法律文书和行政安排进行。2022年3月21日，新的英国国际数据传输协议（IDTA）和新的2021年欧盟标准合同条款的附录（SCCs附录）开始生效，跨国公司、企业集团或从事联合经济活动可在符合GDPR和相关条款基础上开展商业数据跨境流动。三是推进数据跨境传输与充分性决定进程，促进数据领域国际合作。英国与欧盟签订GDPR和《执行指令》的充分性协议，持续到2025年6月27日。2022年7月5日，英国与韩国原则上签署了数据充分性协议，该协议将允许国家之间的数据自由流动，标志着英国自离开欧盟以来签署的第一份原则性数据充分性协议，但英国尚未发布正式实施该协议的相关法规。2022年10月7日，美国商务部长和英国负责数字、文化、媒体和体育事务的大臣代表美国和英国政府，就英美双边数据跨境流动与数据充分性保障取得的重大进展发表声明。英国计划将韩国与美国、澳大利亚、迪拜国际金融中心、哥伦比亚和新加坡，列为签署数据充分性协议的优先国家，其还计划在长期内与巴西、印度、印度尼西亚和肯尼亚达成伙伴关系。
	德国	德国在《数字化战略2025》引领下，加强个人数据保护，较为灵活地实施数据跨境流动，积极开展数据领域合作。一是在全球背景下建立以德国数字主权为主旋律的《数字化战略2025》。德国提出一项关于技术和外交政策的综合行动计划，将数字战略与计划中的国家安全战略联系起来。根据GDPR和《新联邦数据保护法》《电信和电信媒体数据保护法》，对个人数据跨境进行隐私保护。二是为个人数据跨境提供三种合规路径：（1）根据GDPR对国家进行充分性认定。（2）提供5种适当保障措施，包括公共机构之间的协议或行政安排、有约束力的企业规则（BCRs）、欧盟委员会通过或批准的标准合同条款（SCCs）、经数据监管机关批准的行为准则和基于经批准的认证机制进行传输等。（3）克减情形。三是调动德国数字创新生态系统的优劣势，获得更多数字技术合作机会。四是为欧洲塑造全球技术框架，在全球云治理工作中嵌入欧洲云认证和GaiaX架构，将数

（续表）

区域	国家	数据领域相关立法及治理行动
欧洲	德国	字监管和技术标准制定纳入转折点和国家安全战略，加强德国外交和安全政策界在制定和执行监管协议方面的参与。五是优化出口管制、投资检测和市场准入工具，与盟国合作，创建一个面向21世纪的多边技术治理委员会。六是加强技术领域国际联盟、组建技术合作伙伴和标准。在数字技术领域推广"民主信任区"的理念，采用以开放互联网访问为基本权利的全球连接学说，建立德国开放技术基金会，反对关键技术和新技术领域标准制定的政治化。在欧盟—美国技术对话中表现出合作参与，特别是在TTC中。七是防止数字"不结盟运动"的出现。联邦政府于2022年恢复与印度的数字对话，并邀请该国参加了当年的G7峰会。2023年6月26日，中国国家互联网信息办公室主任庄荣文在京会见德国数字化和交通部部长维辛一行，双方共同签署《关于中德数据跨境流动合作的谅解备忘录》。
	法国	法国构建统一的数据治理体系，数据开放领域在世界各国位于领先地位。一是组建层次分明的治理主体。宏观层面，法国政府设立了欧洲首个专门管理国家数据治理的首席数据治理官，负责部门内、部门间数据汇聚、数据安全、数据质量、数据开放共享，以及基于大数据辅助政府决策等工作。微观层面，法国设立的数据治理机构在不同领域各司其职。二是推动灵活与开放的治理措施。在公共数据公开层面，法国政府在各个领域都推出了便于公民访问和获取所需资源和数据的数字化信息平台。三是建立充分的保障机制。包括财政支持，在数据开放、打击盗版、信息安全和个人隐私保护等领域提供法律支持，法国数据治理能力的长期发展离不开电子数据实验室及其附属人工智能实验室提供的技术支持。四是法国的数据开放为其他国家树立了典范。法国在GDPR基础上进一步加强对个人数据保护。在相关细则中加入AI等前沿技术规制。在数据开放领域，法国近几年来是该领域前三国家之一。
	土耳其	土耳其《个人数据保护法》修正案借鉴欧盟GDPR，数据跨境传输须经土耳其个人数据保护局批准，支持与"一带一路"倡议伙伴国家开展数字基建、数据中心等合作项目。一是颁布国内立法规范数据跨境流动。2024年6月1日，土耳其个人数据保护局（KVKK）宣布2024年3月12日批准的《个人数据保护法》修正案于2024年6月1日正式生效。二是与合作伙伴国家积极开展数据领域国际合作。2024年2月22日，在土耳其伊斯坦布尔举行"共建'一带一路'迎来第11个年头"主题论坛。此外，土耳其还加入了欧盟75亿欧元数字化领域合作计划，已与欧盟签署该计划的合作伙伴关系协议。

（续表）

区域	国家	数据领域相关立法及治理行动
欧洲	俄罗斯	俄罗斯针对信息安全、个人数据安全、网络数据安全和人工智能数据安全是其立法重点，强调数据本地化存储作为数据跨境自由流动的必要前提。俄罗斯国家数据安全治理制度体现在四个重要方面：一是信息安全贯穿俄罗斯国家数据安全治理始终，个人数据安全突出俄罗斯国家数据安全治理特点，网络数据安全凸显网络安全与国家安全的密切关系，人工智能数据安全则是俄罗斯国家数据安全治理发展新方向。俄罗斯数据安全治理机构的权责分为三个层次：俄联邦总统、联邦会议、宪法法院为第一层，俄罗斯联邦中央政府及其分支部门为第二层，俄罗斯联邦地方政府及其分支部门为第三层。在相关制度的保障下，俄罗斯为保障数据安全治理从提升数据安全防御策略、打造数据安全人才培养体系、加强该领域国际合作等层面实施了一系列举措。二是俄罗斯采取严格的数据跨境流动限制措施。俄罗斯等信息技术发展中国家在科技领域处于弱势地位，因此始终以保障国家主权、抵御数据跨境流动的风险作为核心诉求，要求数据流动均在国内进行。《俄罗斯联邦关于信息、信息技术和信息保护法》和《俄罗斯联邦个人数据法》是俄罗斯关于数据存储的两部立法。经过修改后，明确规定个人数据必须在本国存储与处理，严格限制数据跨境流动。在数据存储方面，《〈俄罗斯联邦关于信息、信息技术和信息保护法〉修正案及个别互联网信息交流规范的修正案》规定，网络数据运营者有义务在对俄罗斯联邦公民个人信息进行收集、记录、整理、保存、核对之后的半年内，将这些信息数据存储于俄罗斯境内。三是在数据处理方面，《关于"进一步明确互联网个人数据处理规范"对俄罗斯联邦系列法律的修正案》对《俄罗斯联邦关于信息、信息技术和信息保护法》第16条以及《俄罗斯联邦个人数据法》第18条进行了修改，明确规定网络数据运营者需要保证使用俄罗斯境内的数据存储系统，才能对俄罗斯公民的个人数据进行收集、记录、整理、保存、核对和提取。这些修改在法律层面上确立了数据本地化留存与处理规则。四是在对外合作方面，俄罗斯实施"白名单"制度，严格限制数据流出。除了1981年《个人数据自动化处理中的个人保护公约》缔约国以及"白名单"确定的国家之外，其他国家的数据控制者或处理者需在满足一定条件下才可以将个人数据转移出境。其中，包括数据主体的书面同意、保护数据主体的生命利益、保护俄罗斯国家安全等条件。中国在俄罗斯更新充分性认定国家的名单中。未来一段时间，俄罗斯国家数据安全将重点聚焦于人工智能数据安全的发展。

（续表）

区域	国家	数据领域相关立法及治理行动
北美洲	美国	美国为确保其信息通信产业和数字经济领域的全球领先优势，在主张数据跨境自由流动的同时，通过"长臂管辖"规则获取国外数据，通过出口管制、外资审查等制度对数据出境设置了诸多限制。近期，美国不断出台数据跨境监管政策，其数据跨境主张发生持续变化，以此服务构筑数字经济"小院高墙"，美国贸易代表戴琪明确表示美国撤回在世界贸易组织谈判中美国坚持的数据跨境自由流动主张。一是通过构建"长臂管辖"的法规制度实现跨境调取数据的合法化。2018年，美国议会通过《澄清境外数据的合法使用法》（《CLOUD法》），扩大了美国执法机关调取海外数据的权力。但其他国家调取存储在美国的数据则必须通过美国"适格外国政府"的审查，满足美国设定的人权、法治和数据自由流动标准。二是将数据和物项、技术结合以限制敏感物项、先进技术相关数据出境。美国《出口管理条例》规定向外国人转让、披露受管制技术及相关技术数据的行为"视同出口"，且即便数据不出境，只要该物项已由美国境内的非美国人获取，也视同出境。美国依据《出口管理条例》形成"受管控非密数据列表"，涉及国家经济、政府管理、敏感技术等数据，并严控出境。三是通过外资审查机制严格限制特定领域的外国投资及数据出境。《外国投资风险审查现代化法》强化了对涉及美国关键基础设施、技术和数据等领域的外国投资的审查力度，如美国的外资安全审查机制要求美国涉及的通信基础设施应位于美国境内，要求国外网络运营商涉及美国用户的通信数据、交易数据、个人数据等仅存储在美国境内，并且将外资涉及美国公民敏感个人信息纳入审查范围。四是逐步制定专门针对数据出境管理规则的限缩性政策，美国还通过发布行政命令要求外国在美企业剥离业务等手段来限制数据出境。
	加拿大	政府分工参与数据治理，设置隐私专员制度，颁布《个人信息保护与电子文件法案》（PIPEDA）和《人工智能和数据法案》。一是拥有较为完整的组织设计机制。加拿大公共服务与采购部负责技术治理、国防部通信安全局负责技术治理与审计监控、国库委员会秘书处和国家图书档案馆负责审计监控与服务保障。二是加拿大的法律体系发展成熟，为加拿大联邦政府数据治理的实行提供了保障。加拿大具备成熟的法律体系，《隐私法》《个人信息保护和电子文件法》《信息获取法》《信息安全法》《加拿大安全信息共享法》《加拿大国家图书档案馆法》等法律的出台，为加拿大联邦政府的数据治理提供了

（续表）

区域	国家	数据领域相关立法及治理行动
北美洲	加拿大	良好的法律环境。针对相应的法律，出台一系列政策。加拿大联邦政府相继颁布《隐私影响评估指令（2010）》《关于隐私实践的指令（2014）》和《隐私保护政策（2018）》等，为个人信息和隐私保护的具体实践过程提供参考。《电子邮件管理标准（2014）》和《电子文件和记录管理解决方案标准（2010）》等政策文本，则对政府机构内电子邮件、电子文件等在内的信息系统信息的生命周期管理提出了建议。三是加强审计监控。一方面，加拿大联邦政府针对拥有特殊权利的机构设立了独立的外部审计机构。比如通信安全专员办公室、加拿大安全情报局、联邦政府成立安全情报审查委员会等。另一方面，建立风险管理框架，配套一系列指南和工具执行。四是在技术、安全和数据开放共享方面提供政府服务保障维度。（1）加拿大联邦政府从技术战略、技术安全管理和云技术应用管理等三个方面建立起了完整的技术治理模式，先后颁布了《信息和技术政策框架》《信息技术管理政策》和《信息技术管理指令》等政策。加拿大联邦政府一方面高度重视云计算的应用，发布《加拿大白皮书：数据主权和公共云》，阐述商业云环境下的数据主权问题，并且强调云技术安全及其风险问题，从而积极应对云技术可能带来的挑战；另一方面，更新云采用战略，利用云技术提供更好的政府服务，从而最大程度地利用云技术所带来的机遇。（2）加拿大联邦政府的安全治理体现在信息安全、网络安全和网络空间安全这三个全球非传统安全领域。（3）开放政府数据是大部分政府选择的数据治理价值的实现渠道，加拿大联邦政府在这方面的工作在全球范围内一直都具有典型的示范效应。五是与G7、欧盟积极建立数字伙伴关系，《美墨加协定》提升数字贸易便利化措施。《欧盟—加拿大数字伙伴关系》联合行动项目重点包括《G7建设安全、有弹性的数字基础设施行动计划》，数字身份、数字证书和信任服务，人工智能、半导体、量子技术、全球系统建模、语言技术、网络安全及相应标准、平台合作、数字技能等。
	墨西哥	国内制定个人数据保护立法框架，设置专门的个人数据保护监管机构，并在《美墨加协定》中开展数据跨境流动。一是形成内部个人数据保护立法框架。墨西哥数据保护的法律框架载于《墨西哥宪法》第6条和第16条，以及2010年7月发布的《保护私人持有的个人数据联邦法》（《联邦法》）和2011年12月发布的《联邦法》配套的《条例》。2017年1月颁布的《保护义务主体持有的个人数据联邦法》

（续表）

区域	国家	数据领域相关立法及治理行动
北美洲	墨西哥	为在联邦、州和市一级行政、立法和司法部门、自治机构、政党、信托机构和公共基金的任何政府部门、实体、机关和机构保护个人数据制定了法律框架，此外，《刑法典》《信贷信息公司监管法》《融资技术机构监管法》《版权法》和《联邦消费者保护法》，以及《民法典》和《商法典》中的一些具体规定，也与数据保护有关。二是建立个人数据保护监管机构，联邦信息获取和数据保护协会，负责监督与审查《私有主体数据保护法》遵守情况。三是在《美墨加协定》（USMCA）下推进数据跨境流动。USMCA 包含了数字贸易章节，保护了电子传输的关税免除和数据流动的自由。要求成员国不得设立或维持限制数据跨境传输的措施，除非这些措施是合法的、必要的，并且与所追求的公共政策目标相称。
	古巴	古巴议会于 2022 年 8 月 25 日通过并公布第 149 号法律《个人数据保护法》，是古巴首次专门就个人信息保护立法，加强对公民个人信息的全方位保护。该法由总则、数据主体权利及其行使、个人数据处理三章及特别规定和最后条款组成。
	哥伦比亚	呼吁数据本地化存储。与数据保护相关的主要立法有：（1）2008 年第 1266 号成文法，对哥伦比亚境内外收集的金融数据、信用记录和商业信息的处理作出了规定。（2）2012 年 10 月 17 日颁布的第 1581 号法律《个人数据保护法》，旨在保障个人了解、更新和更正数据库中收集的个人信息的宪法权利，并确保个人数据的处理符合其隐私权。该法适用于所有从事任何涉及个人数据处理活动的公共或私营主体，无论数据是否在哥伦比亚境内收集的。此外，还有其他特定行业或数据类型的法律法规，如《健康信息保护法》和《金融信息保护法》。
南美洲	巴西	巴西在保护个人隐私基础上积极开放数据跨境国际合作，强化巴西数据保护局角色。一是出台《通用数据保护法》（GPD）确立个人数据跨境流动的法律机制。二是发布《个人数据国际传输条例》（2023）草案和《标准合同条款》，明确其适用于两类数据跨境传输方式。一类是提供符合法律充分保护水平的国家或国际组织；另一类是"提供并保证遵守法律规定的原则、权利和数据保护制度"，包括标准合同条款、全球性企业规则等。三是授权巴西数据保护局（ANPD）评估数据出境与审查监管角色。四是释放数据跨境流动国际合作积极信号，在 G20、金砖国家机制中扮演重要角色。《条例草

（续表）

区域	国家	数据领域相关立法及治理行动
南美洲	巴西	案》都留有与其他国家或地区合作的空间并表达出合作的意向。比如，第一，在充分性决定方面，ANPD 将优先评估保证巴西互惠待遇的外国或国际组织的数据保护水平。第二，其他国家的标准合同条款可以视为《条例草案》标准合同的有效替代方案。第三，全球性公司规则与欧盟有约束力的公司规则、中国个人信息保证类似，都适用于同一经济集团的组织之间的数据传输。
	秘鲁	秘鲁国内制定个人数据保护法，谋求 APEC 和"一带一路"倡议的合作。一是在 2011 年 6 月颁布第 29733 号《个人数据保护法》，发布《个人数据保护法条例》规定了有关数据保护的具体规则、条款和规定。二是谋求在亚太地区与 APEC、"一带一路"倡议下推动更加包容的数字化转型与合作。
	委内瑞拉	委内瑞拉尚未制定个人数据保护条例和相关的数字战略，但与中国签署多项数字基础设施建设项目协议。委内瑞拉积极推动数字转型背景下的"全球南方"发展与合作。
	厄瓜多尔	自 2021 年 5 月 26 日起，厄瓜多尔通过了《个人数据保护组织法》，主要目的是保障个人数据的保护权，包括对信息和个人数据的访问和决定，以及相应的保护。中国在厄瓜多尔积极合作共建"数字基建"项目。
	阿根廷	阿根廷制定国内法律，数字经济政策相继出台，积极参与数字经济国际规则制定。一是阿根廷个人数据保护法于 2000 年 11 月 2 日生效，其修订草案于 2022 年 9 月公布并于同年 11 月通过。修订草案在许多方面遵循了欧盟 GDPR 的规定。另外，阿根廷加入了《关于在自动处理个人数据方面保护个人的第 108 号公约》和《关于在自动处理个人数据方面保护个人的公约》的修订议定书，但国会批准尚未完成。二是出台一系列数字经济发展政策。2018 年 11 月，阿根廷政府通过《数字议程 2030》，将发展数字经济放在国家战略的位置上。2019 年，阿根廷颁布《信息通信法》和《个人数据保护法》，发展数字基础设施，保障个人使用网络安全。阿根廷还提出《国家电信联通计划》，旨在提高全国的互联网接入率、宽带网络速度、4G 覆盖率等。《阿根廷制造 4.0》和人工智能计划也致力于推动建立新兴技术的虚拟展示平台和人工智能发展网络。三是积极参与数字经济国际规则制定。2018 年，在阿根廷举办的 G20 峰会将数字经济列为重要议题。峰会围绕工业革命、数字经济测度、数字经济工作技

（续表）

区域	国家	数据领域相关立法及治理行动
南美洲	阿根廷	能、缩小性别数字化鸿沟和数字政府等领域，深入探讨推动数字经济有效发展的行动。阿根廷在与哥伦比亚、哥斯达黎加等国家提交的 WTO 联合提案中表示，希望扩大与电子商务直接相关的货物和服务贸易。阿根廷与法国、韩国、加拿大等国在人工智能、数字化政府、物联网等方面开展双边合作。
	智利	智利制定《个人数据保护法》，并在 DEPA 与 "一带一路" 倡议下积极开展数字合作，申请加入 RCEP。一是完善国内立法。对公共和私人数据库中的个人数据处理进行了总体定义和规范。《个人数据保护法》规定，只有在法律（如劳动法、医疗保健法等）允许或基于数据主体事先知情的书面同意的情况下，才能处理个人数据。此外，《个人数据保护法》包含关于处理与经济、银行和金融义务有关的个人数据的特殊规定。二是国际合作开放。加入 DEPA 和 "一带一路"，并成为首个加入 RCEP 的拉美国家。智利数字产业发展领先拉美，是 DEPA 发起国，与中国对标数字新业态发展，并积极申请加入 RCEP。
	乌拉圭	乌拉圭制定个人数据保护法律，制定国家数字发展议程，积极与中国开展数字发展合作。乌拉圭的数据保护受 2008 年 8 月颁布的《个人数据和人身数据保护法》监管。乌拉圭长期以来一直倾向于借鉴欧盟的相关法律。2021 年 5 月 4 日，乌拉圭总统路易斯·拉卡列·波乌签署并批准《乌拉圭 2025 年数字议程》，打造一个数字化、有活力的社会。行动领域包括包容性数字社会、提高战略领域的竞争力和创新力、提升公共部门的透明度与效率，为国家电信基建的连通性和互联网安全提供动力，建设国家数字政策的监管框架等。在国际合作方面，乌拉圭是第一个加入欧洲理事会 "第 108 号公约" 的非欧洲国家。同时，还与中国在 "一带一路" 框架下签署绿色低碳、数字经济等方面合作。
非洲	埃及	埃及是北部非洲数字经济中心，形成以开罗为中心的产业聚集区，宽带网络和电商发展迅猛。埃及加快数字经济转型，出台严格数据本地存储的法律法规，加强国际合作。一是在 2018 年提出 "数字埃及倡议"，2020 年推出埃及《数据保护法》，遵循属人兼属地原则，数据处理记录应存储本地。埃及宪法一直有关于隐私权相关的条款，也有例如《网络安全法》《电信法》和《电子签名法》等法律。2016 年 1 月 12 日，埃及通信和信息技术部向立法改革高级委员会提交

（续表）

区域	国家	数据领域相关立法及治理行动
非洲	埃及	了《网络安全和信息犯罪法》，并于2018年通过，同年通过的还有埃及《消费者保护法》。但在2020年之前，埃及还没有保护隐私和个人数据的全面法律。2020年，埃及出台了第一部数据保护法，也被认为是世界上十大最严格的数据保护法之一。该法律关于"个人数据""数据主体"等概念都有独立的定义，并未一概使用欧盟标准（GDPR），迈出了埃及数据安全领域自主发展的关键一步。埃及已将个人隐私权保护作为一项基本原则写入《宪法》；《民法典》规定了侵犯隐私数据的一般侵权责任；《劳动法》规定了雇员个人数据的保护；《网络安全法》规定了网络经营者的个人数据保护义务等。在埃及《数据保护法》生效后，上述法律对于数据的相关规定仍将适用。埃及《数据保护法》规定了数据跨境传输需同时满足同等保护水平的实质性要求以及获得保护机构许可的程序性要求。二是提出数字经济转型计划并展开全国范围内实践探索。"数字埃及"计划是埃及政府提出的数字经济转型计划。2017年发布的《埃及信息与通信技术战略2030》指出："通过'数字埃及'计划促进实现《埃及2030愿景》目标。""数字埃及"计划的提出标志着当代埃及数字经济转型的起点。"数字埃及"计划旨在利用数字化转型为埃及奠定数字化驱动增长的基础。计划具有三个支点，分别是："数字化转型""数字技能和数字职业""数字创新"。从数字经济转型实践举措看，埃及政府并重数字经济习惯的培养和数字经济基础的强化。首先，埃及政府从打造"数字化政府"入手，通过向民众与企业提供各类数字化政府服务，使他们熟悉、掌握、适应数字支付和数字化业务模式，培养他们的数字经济行为习惯。其次，政府从数字化基础设施、数字化技术、数字金融服务、总体法律和监管环境等四方面强化数字经济基础，保证数字经济转型成功实现。三是积极推进数字国际合作。埃及与中国共建"绿色丝绸之路"和"数字丝绸之路"建设项目。目前埃及还没有签署《马拉博公约》。
	摩洛哥	摩洛哥是非洲数据保护最活跃的国家之一。发展数字合作伙伴关系，增强数字主权。一是准备启动"数字摩洛哥2030战略"，将数字化转型视为优先事项。该战略基于两个核心主轴：首先是推进公共服务的数字化，以提高效率和便利性；其次是激发数字经济的活力，旨在开发本土数字解决方案，创造附加值，并通过这一过程增加就业机会，是加强非洲国家间合作的关键工具。通过与信息技术、研究和开发领域的主要跨国公司签署一系列协议，摩洛哥正在加速其

（续表）

区域	国家	数据领域相关立法及治理行动
非洲	摩洛哥	数字化转型，并增强国内的人力资源能力。二是颁布非洲地区较为成熟的法律保护个人隐私。2009年摩洛哥就颁布了第一部数据保护法——《关于人身保护的法律》，构建了全面的数据保护框架。如第2（1）条规定，该法律适用于个人数据的处理，无论处理方式如何（自动还是非自动方式），处理个人数据的国营和私营公司以及个人都受法律约束。但该法律没有域外适用性。三是参与若干国际数据保护倡议和论坛协会，如《第108号公约》、全球隐私大会和法语国家数据保护机构协会。与中东和北非地区的其他国家相比，摩洛哥社会和政治更加稳定，并且拥有相对先进的电子商务法律和全面的数据保护框架。摩洛哥也是第一个与欧盟谈判全面贸易协定的地中海国家，与发达国家的紧密合作促进了摩洛哥数据安全法律和监管框架的发展。摩洛哥是第一批签署"一带一路"谅解备忘录的阿拉伯国家和非洲国家之一。2022年，摩洛哥更是成为北非地区首个与中国签署共建"一带一路"合作规划的国家。
	突尼斯	突尼斯是北非最早进行数据保护改革的国家，参照欧盟GDPR标准，与欧盟保持紧密数字经济贸易关系。一是通过数据保护法，与欧盟GDPR保持良好衔接。突尼斯是北非最早进行数据保护改革的国家，2002年突尼斯宪法中加入了关于个人数据保护的条文。2004年，突尼斯通过了《数据保护法》，是马格里布地区的第一部数据保护法。突尼斯《数据保护法》强调，数据保护是宪法规定的隐私权的延伸。二是与欧盟、中国开展国际合作。突尼斯与欧盟有着紧密的贸易关系，双方签署了多项贸易协定和政策。为了使突尼斯数据保护框架与欧盟框架保持一致，突尼斯于2017年签署并批准了欧洲委员会《第108号公约》。2018年，突尼斯部长会议批准了《数据保护法》修订，使得突尼斯数据保护标准与欧盟GDPR一致。突尼斯还于2019年签署了《马拉博公约》。中国同突尼斯于2018年7月签署共建"一带一路"谅解备忘录后，双方在共建"一带一路"框架下开展了卓有成效的合作。
	阿尔及利亚	阿尔及利亚颁布个人数据保护法，参与共建"一带一路"。2018年，阿尔及利亚通过了数据保护法：《关于人身保护的法律》，是阿尔及利亚第一部全面的数据保护法，目的是制定保护个人数据的规则。第2条阐明了保护个人数据的基本原则，指出个人数据的处理必须尊重人的尊严、隐私和公民自由。与GDPR类似，该法适用于公共

（续表）

区域	国家	数据领域相关立法及治理行动
非洲	阿尔及利亚	和个人实体对个人数据的任何处理，但不具有域外适用性。阿尔及利亚《数据保护法》不仅保护个人数据，还对《阿尔及利亚共和国宪法》关于数据保护的第47条和第55条作出了新的修订。2022年，阿尔及利亚还成立了国家个人数据保护局，作为数据保护法的执行机构。阿尔及利亚与中国有良好的"一带一路"建设项目合作基础。
	卢旺达	卢旺达希望成为非洲的"新加坡"，正在快速推动技术领域和数字空间进步。有关保护个人数据和隐私的第058/2021号法律（数据保护法）于2021年10月15日在政府官方公报上公布并生效。《数据保护法》实施了《卢旺达宪法》第23条，保障隐私权作为一项基本权利。《数据保护法》规定了自其公布之日起2年的过渡期，以允许控制者和处理者遵守当地注册程序，并确保其运营和活动充分遵守《数据保护法》的要求。这是卢旺达的第一项此类法律，引入了有关合法性、公平、透明度、目的限制和准确性的原则，以及指定一名数据保护干事。
	肯尼亚	肯尼亚是东部非洲数字经济中心。一是出台多部数字经济战略。肯尼亚政府出台多部关于数字经济的发展战略，包括《2030年远景规划》《国家信息与通信技术政策指南》《工业转型计划》《国家宽带战略》《数字经济蓝图》《数字经济战略》《后疫情时期经济复苏战略》等。2019年，肯尼亚政府发布《国家人工智能战略》，将人工智能和区块链视为关键技术，给予政策支持。二是将GDPR作为基准框架，2019年11月8日批准国内首部专门针对个人数据保护的《数据保护法》（DPA）。继卢旺达后，肯尼亚成为第二个拥有专门数据保护法律的东非国家。三是加强数字基础设施、研发中心投资建设，积极开展数字合作。
	乌干达	乌干达通过数据保护和隐私法，依托非盟加入国际合作。乌干达共和国于2019年2月通过了《2019年数据保护和隐私法》（ACT），旨在通过规范数据的访问、收集、处理和传输来保护乌干达公民（数据主体）的隐私。该法案符合多项国际公约，包括乌干达签署的《世界人权宣言》。
	埃塞俄比亚	"非洲灯塔"埃塞俄比亚在多项数字政策指导下加快数字转型，颁布个人数据保护法对接国际标准。一是数字战略与立法工作。《数字埃塞俄比亚2025》植根于埃塞俄比亚本土改革议程、国家十年远景计划、可持续发展目标和非洲联盟大陆数字化转型战略，旨在利用数

（续表）

区域	国家	数据领域相关立法及治理行动
非洲	埃塞俄比亚	字机遇，推动埃塞俄比亚迈向创新型知识型经济。2024 年 4 月 4 日，埃塞俄比亚人民代表院第 20 届常会上审议并批准了《个人数据保护法案》。这标志着埃塞俄比亚数字化转型迈出了重要一步，并彰显了埃塞俄比亚致力于迅速促进包容性和安全的数字经济的决心。此外，还制定了更具体的战略，如《国家普惠金融战略》和埃塞俄比亚国家银行的《国家数字支付战略》，旨在改变支付生态系统，支持建设轻现金和普惠金融经济。二是积极与中国开展跨国数字合作。
	坦桑尼亚	坦桑尼亚启动"数字坦桑尼亚"项目计划。坦桑尼亚政府在世界银行的支持下，与移动网络运营商合作开展了名为"数字坦桑尼亚"项目，旨在到 2025 年实现 80% 的宽带普及率。《2022 年个人数据保护法》强调政府科技推动因素的整合对于数字议程的成功至关重要。政府带头扩建国家信息通信技术宽带骨干网，显著增强了全国（包括偏远地区）的数字连接。
	塞内加尔	"西非小巴黎"塞内加尔通过一系列法律法规，强调数字主权，有望成为中国"数字丝绸之路"关键节点。2016 年发布了《2025 年数字塞内加尔发展战略》，将法律与制度框架、人力资源、数字信任列为推动数字经济发展的三大前提。该国从数字经济法律与监管机制入手，2018 年颁布《电子通信法》，旨在加强电信、信息通信技术和数字经济在该国发展战略中的核心作用；同年该国还成立了由总理领导的"国家数字委员会"，以规划数字经济国家战略；2020 年，塞政府出台《关于在塞内加尔创建和鼓励初创企业法》，确立了对此类企业特定管理和支持框架，以打造健康的数字生态系统。塞政府组建了国有数字技术专业公司，加强数字基础设施建设；创建了数字和信息系统安全总局、国家网络安全学院，加强数字信任；建立了国家数据中心和 4 个国家三级数据中心，管理国家数据和加强数据主权建设；启动了国家海底电缆建设，改善互联网接入并降低成本；将光纤和移动网络覆盖范围扩大到 90%，并拟引入 5G 技术；启用了国家数字技术园区，加大数字领域投资；利用数字技术促进和支持妇女和残疾人发展，确保数字包容性。在塞内加尔强调数字主权，积极与中国共建"数字丝路"，有望成为"数字丝路"关键节点。

（续表）

区域	国家	数据领域相关立法及治理行动
非洲	塞拉利昂	"智慧国家"塞拉利昂重点打造科技强国战略。正寻求筹集高达1.5亿美元，推出一项广泛的数字创新枢纽战略，该战略由一个新技术城领导，涵盖从就业创造、培训到创业以及支持外来投资的方方面面。科技城战略的一个关键部分是确保公司承诺在该区内建立设施，包括数据中心和技术学校。塞拉利昂政府和科技创新局2019年制定了《创新与数字战略（2019—2029）》，未来10年科技发展重心集中在IT和信息与通信技术（ICT）领域，其科技发展主要聚焦数字化网络构建、人工智能（AI）政务治理、互联网建设和普及等重点领域，具体包括公民身份数字化、政府集成数据库和数据服务平台建设、互联网等基础设施引进和建设、人工智能（AI）在政务、教育、卫生和司法等方面应用等。
	科特迪瓦	科特迪瓦重视数字主权和数据保护，致力于国内网络安全建设。在国际电信联盟举办的世界电信日庆祝活动上，科特迪瓦数字化转型与数字化部长卡里·科纳特表示，数字经济是瓦塔拉总统推行的发展战略中的重要一环，在国家经济结构中占据重要位置，并能够提供新的机遇。科特迪瓦近5年已实现了许多重大突破：移动通信普及率上升40个百分点，于2023年12月达到172%；高速上网普及率上升约30%；海底光缆由三条提高到五条，第六条正在建设中，将大幅提升网络连接速度；部署25000公里长光纤以便利政府数字化服务及缩小数字鸿沟；移动支付使用者2023年已超过2500万。同时，科政府致力于加强网络安全法律机制建设和打击网络犯罪，已通过相关法案，并实行国家网络安全战略。
	尼日利亚	尼日利亚是西部非洲数字经济中心，是非洲最大数字经济体，形成以拉各斯为核心的产业聚集区，发展较全面。尼日利亚重视数据本地化存储。尼日利亚联邦共和国宪法第37条规定了隐私权。2019年尼日利亚数据保护条例（NDPR）是尼日利亚的主要数据保护法规。负责管理NDPR的监管机构是国家信息技术发展局，规定了（除其他外）数据主体的权利、数据控制者和数据处理者的义务，以及向外国领土转移数据的条件。尽管其他立法，例如《网络犯罪法》（2015年）和《国家身份管理委员会法》（2007年）包含了与数据保护有关的条款。

（续表）

区域	国家	数据领域相关立法及治理行动
非洲	喀麦隆	喀麦隆2020年启动建立数字经济发展中心，计划2035年成为一个新兴数字经济体。喀麦隆重视个人隐私保护和数据本地化存储，2023年5月30日，喀麦隆数字转型加速项目协调员就有关喀麦隆个人数据保护的法律草案和有关个人数据保护的法律实施法令草案面向公众征求意见。2018年11月，由中国与喀麦隆共同建设的南大西洋国际海底光缆正式投入商用，全长6000公里，是第一条连通了南大西洋海域、非洲大陆和南美洲大陆的洲际海缆。
非洲	南非	南非是南部非洲数字经济中心，在该国通信和数字技术部五年规划等引领下，形成以约翰内斯堡和开普敦为中心的产业聚集区，拥有发达的数字基础设施和总部经济。南非数字基础设施建设相对完善，在非洲形成较为开放、有竞争力的数字市场，并积极开展国际合作。一是建立法律框架。2013年《个人信息保护法》于2020年7月1日生效。涵盖在其业务活动中收集、存储、处理和/或传播个人信息的所有责任方。二是加快形成数字生态体系。（1）南非数字基础设施建设相对完善，移动下载速度是非洲大陆最快的。南非在国际互联互通方面已经建立了一个开放的、有竞争力的机制，目前共有11条海底光缆在南非分布，有5条海底电缆将南非与亚洲和欧洲相连并有6个登陆点，从而推动了南非国际宽带使用的快速增长。（2）数字公共平台服务是数字经济的重要推动者。基于2018年联合国电子政务发展指数，南非的政务平台建设在非洲位列第二，仅次于毛里求斯。南非的公共平台特色是允许国营和私营部门进入该领域服务。（3）数字金融服务加速转型。（4）数字创业充满活力。（5）不断提升民众数字技能。（6）积极开展跨国电子商务。三是加强国际合作。南非与中国有良好的国际合作基础。"中非数字创新伙伴计划"制定并顺利实施，数字基建项目合作稳步推进。
非洲	赞比亚	赞比亚共和国重视个人数据安全，同时积极吸引外商投资。赞比亚共和国2021年颁布的《数据保护法》通过立法规制对个人数据的处理做出了一系列的保护和管控，并就相应违法行为定罪量刑，为赞比亚公民个人数据保护、国家数据发展和安全奠定了较好的法律基础。议会于2021年3月23日批准了《数据保护法（2021）》（以下简称数保法），并于次日正式颁布该法案。数保法共11部分82条，通过定义和解释涉及个人数据和个人数据保护的相关名词，规范个人数据的处理，设立专门机构并赋予其相应的执法权力，限制数据

（续表）

区域	国家	数据领域相关立法及治理行动
非洲	赞比亚	控制者的注册和数据审计员的许可，规定数据控制者和数据处理者的职责以及规定数据主体的权利等方式和手段，以立法形式为个人数据的使用和处理提供了有效、系统的保护，充分体现了赞比亚政府对个人数据安全的重视。国际合作方面，谷歌、华为都已进驻赞比亚数字市场。
	津巴布韦	津巴布韦开放数字市场，推进跨国合作。《国家发展战略一》是津巴布韦实现2030年愿景的首个五年计划，目标是建设一个充满活力的中高收入社会。在首个五年发展计划中，津巴布韦将重点关注经济增长与稳定、粮食和营养安全、治理、人才发展、环境保护、住房建设、数字经济、卫生、基础设施发展、国际交流与合作、社会保障以及权力下放等领域。中国表示将继续加深与津巴布韦的全面战略合作关系，帮助该国实现《国家发展战略一》和2030年愿景的目标。
大洋洲	澳大利亚	澳大利亚致力于打造世界一流的数据和数字能力政府，拥有较为成熟的跨境数据流动规制体系，与美国、欧盟、G7等西方发达经济体维持良好的数字合作伙伴关系。一是制定2030年数字蓝图，最大限度发挥数据价值。2023年12月，澳大利亚政府发布了《数据和数字政府战略》，制定了明确的愿景，即通过世界一流的数据和数字能力为所有人和企业提供简单、安全和互联的公共服务。二是拥有联邦、各州及领地层面的强制法律规定和部门操作指南的双重指导。澳大利亚开展跨境数据流动，在法律上以《隐私法案1988》(*The Privacy Act 1988*) 框架要求为主，其核心目标是在确保尊重个人隐私的情况下，推动国家间的数据跨境自由流动。各州议院也基于该法案颁布在不同地区适用的数据保护法，例如新南威尔士州的《隐私与个人信息保护法（1998）》、维多利亚州的《隐私和数据保护法案2014》等。此外，澳大利亚信息专员办公室还发布《澳大利亚隐私原则指南》等，对澳大利亚隐私法案中的具体条例进行解读与指导。三是对数据进行分类，并建立不同的监管与风险评估制度。澳大利亚将可跨境流动的数据分为政府数据、个人数据和健康数据三大类。根据《隐私法案1988》规定，如没有触犯澳大利亚隐私原则，个人数据应允许跨境流动，但健康数据禁止跨境流动。此外，该法案将政府数据细分为不需要额外安全保护的数据和需要额外安全保护的数据两种类型，采用保护性标识和不同管理措施相结合的方式，依据"创始人"制度进行全程监管，构建政府数据外包的风险评估制度，

（续表）

区域	国家	数据领域相关立法及治理行动
大洋洲	澳大利亚	并明确机构主体责任。四是兼顾区域和其他国家跨境数据流动规制对本国的约束力，保证本国数据跨境流动的灵活性。一方面，作为 OECD、APEC 和 WTO 的成员国，澳大利亚积极加入区域性跨境数据流动规制体系，包括参照《OECD 隐私保护和个人数据跨境流动指南》制定隐私规则、加入 APEC 框架下的 CBPR 机制、推动 WTO"增量改革"并与其他成员国共同签署《关于电子商务的联合声明》等，推动区域跨境数据流动，积极对接欧盟 GDPR 标准。另一方面，澳大利亚正积极与其他国家开展数字经济合作。此外，澳大利亚是"五眼联盟"的成员，正积极与各成员国共享国际情报，交换信息，推动数据跨国监管合作。五是设立信息专员制度，向境外推广本国的跨境数据流动规制体系。澳大利亚信息专员办公室依据《澳大利亚信息专员法》负责对信息公开和隐私保护的相关事务进行整合处理。它的组成包括信息专员、信息自由专员和隐私专员。
	新西兰	新西兰更加关注政府数据战略与公民数字发展，推动跨境电商国际合作。一是制定隐私保护框架，设置隐私专员。依据《2020 年隐私法》、行为守则以及其他行业的隐私保护法律，设有隐私专员。二是提升数字政府服务水平。2018 年 10 月，新西兰内阁政府行政委员会公布题为《强化跨政府的数据领导力，提供更加高效的公共服务》的内阁政策文章，设立政府首席数据官一职，并赋予其在行政机关内部设定数据治理标准的权力。该职负责为新西兰行政机关数据治理设定战略方向，领导新西兰政府应对数据相关的新兴问题，共同开发数据管理框架。随后政府首席数据官分别于 2018 年、2021 年发布《新西兰政府数据战略与路线图》，统一规划政府机构数据管理。战略分为围绕数据、能力、领导力、基础设施四个重点领域设计相应的纲领计划安排，旨在维持并提升公众信任与信心，实现政府数据的良好治理。三是积极启动数字贸易跨国合作。智利、新加坡和新西兰共同启动 DEPA，是全球首个关于数字经济合作的国际协定，涵盖电子发票、人工智能监管、数字身份验证、电子付款等议题。三国将通过协商，为数字贸易条规设立标准，支持中小企业在数字时代转型发展。欧盟委员会宣布与新西兰缔结自由贸易协定，为企业带来机遇，包括促进数据流动、防止不合理的数据本地化要求以及保持高标准的个人数据保护。

参考文献

1. "17 Countries with GDPR-like Data Privacy Laws", January 13, 2022, https://insights.comforte.com/countries-with-gdpr-like-data-privacy-laws.

2. "A European Strategy for Data", February 19, 2020, https://eur-lex.europa.eu/legal-content/EN/TXT/?uri=CELEX%3A52020DC0066.

3. "Checlist of African Data Protecion Laws", https://securiti.ai/wp-content/uploads/2022/01/African-Data-Protection-Laws.pdf.

4. "Comprehensive and Progressive Agreement for Trans-Pacific Partnership (CPTPP)", https://www.dfat.gov.au/trade/agreements/in-force/cptpp/comprehensive-and-progressive-agreement-for-trans-pacific-partnership.

5. "Digital economy", https://u.ae/en/about-the-uae/economy/digital-economy.

6. "Electronic Communications Privacy Act of 1986 (ECPA)", https://bja.ojp.gov/program/it/privacy-civil-liberties/authorities/statutes/1285.

7. "Europe's Digital Decade: Digital Targets for 2030", https://commission.europa.eu/strategy-and-policy/priorities-2019-2024/europe-fit-digital-age/europes-digital-decade-digital-targets-2030_en.

8. "Executive Order 13913 of April 4, 2020, Establishing the Committee for the Assessment of Foreign Participation in the United States Telecommunications Services Sector", *Federal Register*, Vol. 85, No. 68, 2020.

9. "Executive Order on Preventing Access to American' Bulk Sensitive Personal Data and United States Government-Related Data by Countries of Concern", https://www.whitehouse.gov/briefing-room/presidential-actions/2024/02/28/executive-order-on-preventing-access-to-americans-bulk-sensitive-personal-data-and-united-states-government-related-data-by-countries-of-concern/.

10. "Federal Data Strategy 2020 Action Plan", https://strategy.data.gov/assets/docs/2020-federal-data-strategy-action-plan.pdf.

11. "GDPR Compliance Countries", https://travasecurity.com/gdpr-compliance-countries/.

12. "GDPR, Recital 51", https://gdpr-info.eu/recitals/no-51/.

13. "General Personal Data Protection Act (LGPD)", https://lgpd-brazil.info/.

14. "Global Cross-border Privacy Rules (CBPR) Framework (2023)", p.21, https://www.globalcbpr.org/wp-content/uploads/Global-CBPR-Framework-2023.pdf.

15. "H.R.4943-CLOUD Act", February 6, 2018, https://www.congress.gov/bill/115th-congress/house-bill/4943.

16. "H.R.7520-Protecting Americans' Data from Foreign Adversaries Act of 2024", https://www.congress.gov/bill/118th-congress/house-

bill/7520/summary/53.

17. "H.R.7521-Protecting Americans from Foreign Adversary Controlled Applications Act", https://www.congress.gov/118/bills/ hr7521/BILLS-118hr7521rfs.pdf.

18. "H.R.815-Making Emergency Supplemental Appropriations for the Fiscal Year Ending September 30, 2024, and for Other Purposes", https://www.congress.gov/bill/118th-congress/house-bill/815/text.

19. "How to survive a superpower split", *Economist*, April 11, 2023, https://www.economist.com/international/2023/04/11/how-to-survive-a-superpower-split.

20. "India's National Data Governance Framework Policy (DRAFT)", May 2022, https://dig.watch/resource/indias-national-data-governance-framework-policy-draft.

21. "Indo-Pacific Economic Framework for Prosperity (IPEF)", https://ustr.gov/trade-agreements/agreements-under-negotiation/indo-pacific-economic-framework-prosperity-ipef.

22. "Japan Act on the Protection of Personal Information (APPI): An Overview", *Usercentrics*, Feb. 1, 2023.

23. "Justice Department Issues Final Rule Addressing Threat Posed by Foreign Adversaries' Access to Americans' Sensitive Personal Data", December 27, 2024, https://www.justice.gov/opa/pr/justice-department-issues-final-rule-addressing-threat-posed-foreign-adversaries-access.

24. "Missed Connections: An Incomplete Digital Revolution in Latin America and the Caribbean", August 4, 2024, https://www.

undp.org/latin-america/blog/missed-connections-incomplete-digital-revolution-latin-america-and-caribbean-0.

25. "National Digital Economy Policy and Strategy (2020-2030)", https://youngafricanpolicyresearch.org/wp-content/uploads/2023/07/Policy-National_Digital_Economy_Policy_and_Strategy.pdf.

26. "OECD Guidelines on the Protection of Privacy and Transborder Flows of Personal Data", https://bja.ojp.gov/sites/g/files/xyckuh186/files/media/document/oecd_fips.pdf.

27. "Open, Public, Electronic, and Necessary Government Data Act or the OPEN Government Data Act", March 29, 2017, https://www.congress.gov/bill/115th-congress/house-bill/1770.

28. "Overview of Nigeria's Draft National Artificial Intelligence Strategy 2024", https://www.afriwise.com/blog/overview-of-nigerias-draft-national-artificial-intelligence-strategy-2024.

29. "Revision Munich Security Report 2023", MSC, February 2023, https://d3mbhodo1l6ikf.cloudfront.net/2023/Munich%20Security%20Report%202023/MunichSecurityReport2023_Re_vision.pdf.

30. "Request for Information: AI-Ready Open Government Data Assets", April 17, 2024, https://www.commerce.gov/news/blog/2024/04/request-information-ai-ready-open-government-data-assets.

31. "Second Report on the State of the Digital Decade Calls for Strengthened Collective Action to Propel the EU's Digital Transformation", July 2, 2024, https://ec.europa.eu/commission/presscorner/detail/en/ip_24_3602.

32. "Shaping Europe's Digital Future", 2020, https://eufordigital. eu/wp-content/uploads/2020/04/communication-shaping-europes-digital-future-feb2020_en_4.pdf.

33. "South Africa's Communications & Digital Technology Infrastructure", https://www.dcdt.gov.za/minister-s-speeches/534-south-africa-s-digital-transformation-infrastructure-roadmap.html.

34. "The Federal Big Data Research and Development Strategic Plan", May 2016, https://obamawhitehouse.archives.gov/sites/default/files/microsites/ostp/NSTC/bigdatardstrategicplan-nitrd_final-051916.pdf.

35. "The Long View: How Will the Global Economic Order Change by 2050?", PWC, February 2017, p.4.

36. "The OECD Privacy Framework 2013", https://www.afapdp. org/wp-content/uploads/2018/06/oecd_privacy_framework.pdf; "APEC Privacy Framework 2015", https://www.apec.org/docs/default-source/publications/2017/8/apec-privacy-framework-(2015)/217_ecsg_2015-apec-privacy-framework.pdf?sfvrsn=1fe93b6b_1.

37. "The UAE Digital Government Strategy 2025", https://u.ae/en/about-the-uae/strategies-initiatives-and-awards/strategies-plans-and-visions/government-services-and-digital-transformation/uae-national-digital-government-strategy.

38. "UAE, Kenya Finalise Terms of Comprehensive Economic Partnership Agreement", February 23, 2024，https://www.wam.ae/en/article/b1t55mn-uae-kenya-finalise-terms-comprehensive-economic.

39.《"一带一路"数字经济国际合作北京倡议》，载中国驻卢森堡大使馆网站。

40.《"中国＋中亚五国"数据安全合作倡议》，载外交部网站，2022年6月8日。

41.《"抓住数字机遇，共谋合作发展"国际研讨会在京举行》，载外交部网站，2020年9月11日。

42.《〈"一带一路"数字经济国际合作北京倡议〉在京发布》，载中国一带一路网站，2023年10月19日。

43.《标准化助中国创新走向世界》，《科技日报》2023年10月13日。

44.《联合国机构警告数字鸿沟扩大风险》，载新华网，2024年4月16日。

45.《全球人工智能治理倡议》，载外交部网站，2023年10月20日。

46.《全球数据安全倡议》，载外交部网站，2020年10月29日。

47.《全球数据跨境流动合作倡议》，载中央网信办网站，2024年11月20日。

48.《人工智能全球治理上海宣言》，载外交部网站，2024年7月4日。

49.《习近平：实施国家大数据战略加快建设数字中国》，载求是网，2017年12月9日。

50.《习近平在亚太经合组织第三十一次领导人非正式会议上的讲话（全文）》，载环球网，2024年11月16日。

51.《携手构建人类命运共同体：中国的倡议与行动》，载中国政府网，2023 年 9 月 26 日。

52.《携手构建网络空间命运共同体》，载世界互联网大会网站，2019 年 10 月 16 日。

53.《中阿数据安全合作倡议》，载外交部网站，2021 年 3 月 29 日。

54. Agam Shah, Jared Council, "USMCA Formalizes Free Flow of Data, Other Tech Issues", The Wall Street Journal, January 29, 2020.

55. Alex He, "The Digital Silk Road and China's Influence on Standard Setting", April 2022, https://www.cigionline.org/publications/the-digital-silk-road-and-chinas-influence-on-standard-setting/.

56. Andrew Baker and Richard Murphy, "Creating a Race to the Top in Global Tax Governance: The Political Case for Tax Spillover Assessments", Globalizations, Vol.18, Issue.1, 2021, pp. 22—38.

57. Antony J. Blinken, "Secretary Antony J. Blinken on Advancing Technology for Democracy", March 30, 2023, https://www.state.gov/secretary-antony-j-blinken-on-advancing-technology-for-democracy/.

58. Anu Bradford, The Brussels Effect: How the European Union Rules the World, Oxford University Press, 2020.

59. Anupam Chander, Margot E. Kaminski, and William McGeveran, "Catalyzing Privacy Law", Minnesota Law Review, April 24, 2020.

60. APEC, "APEC CBPRs System Program Requirements", December 26, 2012.

61. APEC, "APEC Framework for Security the Digital Economy",

November 2019.

62. APEC, "APEC Privacy Framework 2015".

63. ASEAN, "The Joint Media Statement of the 19th ASEAN Telecommunications and Information Technology Ministers Meeting and Related Meetings", October 25, 2019.

64. Christopher Carothers and Taiyi Sun, "Bipartisanship on China in a Polarized America", *International Relations*, September 26, 2023, https://doi.org/10.1177/00471178231201484.

65. Dan Simmons, "6 Countries with GDPR-Like Data Privacy Law", Comforte Blog, January 17, 2019.

66. Daniel M. Kliman and Richard Fontaine, "Global Swing States: Brazil, India, Indonesia, Turkey and the Future of International Order", GMF /Center for a New American Security, November 2012.

67. Director of National Intelligence, Statement for the Record, "Worldwide Threat Assessment of the US Intelligence Community", February 13, 2018.

68. Dubai International Financial Center, "Mohammed Bin Rashid Enacts New DIFC Data Protection Law", June 1, 2020.

69. European Commission, "International Data Flows: Commission Launches the Adoption of Its Adequacy Decision on Japan", September 5, 2018.

70. European Commission, "Passenger Name Record", April 27, 2016.

71. European Commission, "Shaping Europe's Digital Future",

February 19, 2020.

72. Jeffery Cooper, "The Cyber Frontier and America at the Turn of the 21st Century: Reopening Frederick Jackson Turner's Frontier", *First Monday*, Vol. 5, No. 7, 2000.

73. Margarita Gelepithis and Martin Hearson, "The Politics of Taxing Multinational Firms in a Digital Age", https://doi.org/10.1080/13501763.2021.1992488.

74. Martin Hearson, "Transnational Expertise and the Expansion of the International Tax Regime: Imposing 'Acceptable' Standards", *Review of International Political Economy*, Vol. 25, Issue.5, 2018, pp. 647—671.

75. Mathew S. Erie, Thomas Streinz, "The Beijing Effect: China's Digital Silk Road As Transnational Data Governance", *Journal of International Law and Politics*, Vol.54, No.1, 2021, pp. 1—92.

76. Müge Fazlioglu, "US State Comprehensive Privacy Laws Report", https://iapp.org/resources/article/us-state-privacy-laws-overview/.

77. Nathan Hodge and Mary Ilyushina, "Putin Signs Law to Create an Independent Russian Internet", CNN, May 1, 2019.

78. Olaf Scholz, "The Global Zeitenwende: How to Avoid a New Cold War in a Multipolar Era", *Foreign Affairs*, January/February, 2023, https://www.foreignaffairs.com/germany/olaf-scholz-global-zeitenwende-how-avoid-new-cold-war.

79. Personal Information Protection Commission, "The Act on the Protection of Personal Information", December 2016.

80. Rasmus Corlin Christensen and Martin Hearson, "The New

Politics of Global Tax Governance: Taking Stock A Decade After the Financial Crisis", *Review of International Political Economy*, Vol.26, Issue.5, 2019, pp. 1068—1088.

81. Rutrell Yasin, "White House launches $200M 'Big Data R&D' initiative", March 29, 2012, https://www.route-fifty.com/digital-government/2012/03/white-house-launches-200m-big-data-rd-initiative/281148/.

82. Sarah O'Brien, Asélle Ibraimova, "The Fourth Anniversary of the GDPR: How the GDPR Has Had a Domino Effect", May 24, 2022, https://www.technologylawdispatch.com/2022/05/privacy-data-protection/the-fourth-anniversary-of-the-gdpr-how-the-gdpr-has-had-a-domino-effect/.

83. South African Government Gazette, "Protection of Personal Information Act", November 2013.

84. The White House, "Executive Order on Addressing United States Investments in Certain National Security Technologies and Products in Countries of Concern", August 9, 2023.

85. USAID, "Digital Strategy 2020—2024".

86. WTO, "E-commerce Co-Convenors Set Out Roadmap for Concluding Negotiations in Early 2024", Novemeber 30, 2023, https://www.wto.org/english/news_e/news23_e/jsec_30nov23_e.htm.

87. 阿里巴巴数据安全研究院：《全球数据跨境流动政策与中国战略研究报告》，载中国大数据网站，2019 年 9 月 1 日。

88. 阿里研究院：《准确把握数字经济趋势　迈向"数字文明"

新时代》，2022 年 3 月 11 日。

89. 程海烨、王健：《美国升级跨境数据安全规制新动向》，《现代国际关系》2024 年第 12 期。

90. 程海烨、王健：《美欧跨大西洋数据流动的重启及其前景》，《现代国际关系》2023 年第 10 期。

91. 程海烨：《拜登政府的数字合作战略：意图、行动与限度》，《世界经济与政治论坛》2022 年第 4 期。

92. 葛亮：《对标世界高水平打造国际数据流通试验区》，《上海信息化》2023 年第 3 期。

93. 郭德香：《我国数据出境安全治理的多重困境与路径革新》，《法学评论》2024 年第 3 期。

94. 贺晓丽：《美国联邦大数据研发战略计划述评》，《行政管理改革》2019 年第 2 期。

95. 洪延青：《"法律战"旋涡中的执法跨境调取数据：以美国、欧盟和中国为例》，《环球法律评论》2021 年第 1 期。

96. 黄宁、李杨：《"三难选择"下跨境数据流动规制的演进与成因》，《清华大学学报（哲学社会科学版）》2017 年第 5 期。

97. 黄日涵、高恩泽：《"小院高墙"：拜登政府的科技竞争战略》，《外交评论（外交学院学报）》2022 年第 2 期。

98. 贾开：《走向数字未来 新技术革命与全球治理选择》，社会科学文献出版社 2022 年版。

99. 蒋旭栋：《据跨境规则演进的双重逻辑：技术治理与地缘政治》，《信息安全与通信保密》2023 年第 11 期。

100. 金晶：《欧盟的规则，全球的标准？数据跨境流动监管的

"逐顶竞争"》,《中外法学》2023 年第 1 期。

101. 廖体忠:《国际税收政策的世纪选择与未来出路》,《国际税收》2021 年第 2 期。

102. 刘宏松、程海烨:《美欧数字服务税规则博弈探析》,《欧洲研究》2022 年第 3 期。

103. 美中关系全国委员会　中美绿色基金:《中美数字经济二轨对话共识备忘录》,2023 年 12 月。

104. 商务部国际贸易经济合作研究院、上海数据交易所:《全球数据跨境流动规则全景图》。

105. 沈伟、冯硕:《全球主义抑或本地主义:全球数据治理规则的分歧、博弈与协调》,《苏州大学学报（法学版）》2022 年第 3 期。

106. 施锦芳、隋霄:《日本数字贸易规则制定方式、模板应用及启示》,《长安大学学报（社会科学版）》2023 年第 6 期。

107. 谈晓文、蒋程虹:《依托数据市场规则引领,打造数据产业"北京效应"》,《文汇报》2024 年 10 月 20 日。

108. 唐新华:《美国技术联盟策略演变与国际战略格局重塑》,《当代世界》2024 年第 5 期。

109. 王金波:《WTO 电子商务谈判与全球数字治理体系的完善》,《全球化》2024 年第 3 期。

110. 王拓、于泓等:《电子提单的国际应用与中国应对》,《中国外资》2024 年第 15 期。

111. 习近平:《汇聚"全球南方"磅礴力量,共同推动构建人类命运共同体——在"金砖 +"领导人对话会上的讲话》,载中国政府网，2024 年 10 月 24 日。

112. 夏玮、李依琳：《筑牢数据跨境安全防线，贡献数据治理"上海方案"》，《文汇报》2024 年 10 月 20 日。

113. 夏燕、沈天月：《美国 CLOUD 法案的实践及其启示》，《中国社会科学院研究生院学报》2019 年第 5 期。

114. 杨剑：《开拓数字边疆：美国网络帝国主义的形成》，《国际观察》2012 年第 2 期。

115. 岳树梅、徐昌登：《RCEP 跨境数据流动例外条款适用研究》，《国际经济法学刊》2024 年第 2 期。

116. 张涛、马海群、刘硕等：《英国国家数据安全治理：制度、机构及启示》，《信息资源管理学报》2022 年第 6 期。

117. 张艳：《加速构建数据跨境流动上海方案》，《检察风云》2024 年第 18 期。

118. 张玉环：《WTO 争端解决机制危机：美国立场与改革前景》，《中国国际战略评论》2019 年第 2 期。

119. 赵若锦、李俊、张威：《新加坡数字经贸规则体系构建及对我国的启示》，《国际贸易》2023 年第 12 期。

120. 中国信息通信研究院：《全球数字经济白皮书（2023 年）》。

121. 中华人民共和国常驻联合国代表团：《第 78 届联合国大会协商一致通过加强人工智能能力建设国际合作决议》，2024 年 7 月 1 日。

122. 周念利、于美月，《美国主导 IPEF 数字贸易规则构建：前瞻及应对》，《东北亚论坛》2023 年第 4 期。

后　记

　　数据作为数字时代的新型生产要素，打破了传统生产要素的质态，是中国发展新质生产力的重要基础，也是提高国家治理能力的重要支撑。2025年是"十四五"规划的收官之年，也是进一步全面深化改革的重要一年，更是数据工作"改革攻坚年"。2025年全国数据工作会议要求，做好2025年数据工作应"着力促进数据领域国际合作深化。积极参与高标准国际经贸规则建设，打造网络空间命运共同体"。统筹做好数字经济领域国际合作，完善国际数字治理"中国方案"，持续优化数据跨境流动规则是中国今后在数据领域提升国际合作水平的指导思想。

　　近年来，我们围绕全球数据治理与国际合作展开研究。这份研究报告有幸被列入"上海智库报告文库"，首先要感谢上海市哲学社会科学规划办公室的大力支持，以及包括市委宣传部副部长、上海社会科学院党委书记权衡研究员、上海社会科学院中国学所所长沈桂龙研究员在内的各位评审专家的宝贵建议以及国家数据局、国家高端智库理事会相关课题的资助与指导。

　　其次，要感谢上海交通大学国际与公共事务学院的刘宏松教授、中国国际问题研究院姜志达研究员、上海临港新片区管委会制度处王立坤副研究员、复旦大学发展研究院副研究员/上海数据研究院特聘研究员姚旭以及上海社会科学院国际问题研究所同事吴泽林副研究员、柯静副研究员、张群博士、张严峻博士、孟令浩博士以及李颖、李丹凤等在课题研究过程中提供的相关帮助。

最后，要感谢上海人民出版社专业和高效的编辑团队的辛勤付出。

作　者

2025 年 4 月

图书在版编目（CIP）数据

共商共建共享 : 全球数据治理的"中国方案" / 王
健，程海烨著. -- 上海 : 上海人民出版社，2025.
ISBN 978-7-208-19376-5

Ⅰ. TP274

中国国家版本馆 CIP 数据核字第 2025JG9117 号

责任编辑　　郭敬文
封面设计　　汪　昊

共商共建共享:全球数据治理的"中国方案"
王　健　程海烨　著

出　　版　上海人&出版社
　　　　　（201101　上海市闵行区号景路 159 弄 C 座）
发　　行　上海人民出版社发行中心
印　　刷　上海中华印刷有限公司
开　　本　787×1092　1/16
印　　张　19.75
插　　页　2
字　　数　221,000
版　　次　2025 年 6 月第 1 版
印　　次　2025 年 6 月第 1 次印刷
ISBN 978 - 7 - 208 - 19376 - 5/D · 4465
定　　价　88.00 元